"十三五"国家重点出版物出版规划项目

现代机械工程系列精品教材

普通高等教育3D版机械类系列教材

山东省普通高等教育一流教材

互换性与测量技术基础（3D版）

王长春　任秀华　李建春　杨宏伟　陈清奎　编著

张进生　主审

机械工业出版社

本书是由山东高校机械工程教学协作组组织编写的"普通高等教育3D版机械类系列教材"之一。本书共分为10章，主要内容包括：互换性、标准化与优先数系等基本知识，光滑圆柱体结合的极限与配合及其国家标准与选择，测量技术基础，几何公差及公差带特点、公差原则、几何公差选择与几何误差检测，表面粗糙度标准与表面粗糙度检测，光滑工件尺寸的检验、光滑极限量规设计，尺寸链基础，滚动轴承、键、螺纹以及齿轮的精度设计与应用示例，机械精度设计示例。

　　本书对各章的知识重点与难点均配置了基于虚拟现实（VR）技术与增强现实（AR）技术开发的3D虚拟仿真教学资源。

　　本书适用于普通工科院校机械类各专业的本科生，也适用于各类成人教育、自学考试等机械类专业学生，还可供从事机械设计的工程技术人员参考。

图书在版编目（CIP）数据

互换性与测量技术基础：3D版/王长春等编著. —北京：机械工业出版社，2018.4（2025.1重印）

"十三五"国家重点出版物出版规划项目　现代机械工程系列精品教材
普通高等教育3D版机械类系列教材

ISBN 978-7-111-59457-4

Ⅰ.①互…　Ⅱ.①王…　Ⅲ.①零部件-互换性-高等学校-教材②零部件-测量技术-高等学校-教材　Ⅳ.①TG801

中国版本图书馆CIP数据核字（2018）第054500号

机械工业出版社（北京市百万庄大街22号　邮政编码100037）
策划编辑：蔡开颖　责任编辑：蔡开颖　段晓雅　杨　璇
责任校对：樊钟英　封面设计：张　静
责任印制：郜　敏
三河市宏达印刷有限公司印刷
2025年1月第1版第11次印刷
184mm×260mm·15.5印张·378千字
标准书号：ISBN 978-7-111-59457-4
定价：49.80元

电话服务　　　　　　　　　　　　网络服务
客服电话：010-88361066　　机　工　官　网：www.cmpbook.com
　　　　　010-88379833　　机　工　官　博：weibo.com/cmp1952
　　　　　010-68326294　　金　书　网：www.golden-book.com
封底无防伪标均为盗版　　机工教育服务网：www.cmpedu.com

普通高等教育 3D 版机械类系列教材
编审委员会

　　虚拟现实（VR）技术是计算机图形学和人机交互技术的发展成果，具有沉浸感（Immersion）、交互性（Interaction）、构想性（Imagination）等特征，能够使用户在虚拟环境中感受并融入真实、人机和谐的场景，便捷地实现人机交互操作，并能从虚拟环境中得到丰富、自然的反馈信息。在特定应用领域中，VR技术不仅可解决用户应用的需要，若赋予丰富的想象力，还能够使人们获取新的知识，促进感性和理性认识的升华，从而深化概念，萌发新的创意。

　　机械工程教育与VR技术的结合，为机械工程学科的教与学带来显著变革：通过虚拟仿真的知识传达方式实现更有效的知识认知与理解。基于VR的教学方法，以三维可视化的方式传达知识，表达方式更富有感染力和表现力。VR技术使抽象、模糊成为具体、直观，将单调乏味变成丰富多变、极富趣味，令常规不可观察变为近在眼前、触手可及，通过虚拟仿真的实践方式实现知识的呈现与应用。虚拟实验与实践让学习者在创设的虚拟环境中，通过与虚拟对象的主动交互，亲身经历与感受机器拆解、装配、驱动与操控等，获得现实般的实践体验，增加学习者的直接经验，辅助将知识转化为能力。

　　教育部编制的《教育信息化十年发展规划（2011—2020年）》（以下简称《规划》），提出了建设数字化技能教室、仿真实训室、虚拟仿真实训教学软件、数字教育教学资源库和20000门优质网络课程及其资源，遴选和开发1500套虚拟仿真实训实验系统，建立数字教育资源共建共享机制。按照《规划》的指导思想，教育部启动了包括国家级虚拟仿真实验教学中心在内的若干建设工程，力推虚拟仿真教学资源的规划、建设与应用。近年来，很多学校陆续采用虚拟现实技术建设了各种学科专业的数字化虚拟仿真教学资源，并投入应用，取得了很好的教学效果。

　　"普通高等教育3D版机械类系列教材"是由山东高校机械工程教学协作组组织驻鲁高等学校教师编写的，充分体现了"三维可视化及互动学习"的特点，将难于学习的知识点以3D教学资源的形式进行介绍，其配套的虚拟仿真教学资源由济南科明数码技术股份有限公司开发完成，并建设了"科明365"在线教育云平台（www.keming365.com），提供了适合课堂教学的"单机版"、适合集中上机学习的"局域网络版"、适合学生自主学习的"手机版"，构建了"没有围墙的大学""不限时间、不限地点、自主学习"的学习资源。

　　古人云，天下之事，闻者不如见者知之为详，见者不如居者知之为尽。

　　该系列教材的陆续出版，为机械工程教育创造了理论与实践有机结合的条件，很好地解决了普遍存在的实践教学条件难以满足卓越工程师教育需要的问题。这将有利于培养制造强国战略需要的卓越工程师，助推中国制造2025战略的实施。

张进生
于济南

前　言

本书是由山东高校机械工程教学协作组组织编写的"普通高等教育3D版机械类系列教材"之一。

党的二十大报告提出，要"推进教育数字化，建设全民终身学习的学习型社会、学习型大国"，"培育创新文化，弘扬科学家精神，涵养优良学风，营造创新氛围"。我们要以教育数字化推动育人方式、教学资源的创新，促进教育研究和实践范式变革，为促进人的全面发展、实现中国式教育现代化，进而为全面建成社会主义现代化强国、实现第二个百年奋斗目标奠定坚实基础。

本书的编写贯彻党的二十大精神，按照高等学校机械类专业教学指导委员会机械类专业的培养计划及各课程教学大纲的要求，本着"老师易教、学生易学"的目的，在各章设置了教学导读内容，同时在部分章节增加了知识拓展内容，并对各章的知识重点与难点利用虚拟现实（VR）技术、增强现实（AR）技术以"3D"形式进行介绍，体现"三维可视化及互动学习"的特点。本书配有二维码链接的3D虚拟仿真教学资源，手机用户请使用微信的"扫一扫"观看、互动使用。二维码中标有 图标的表示免费使用，标有 图标的表示收费使用。本书提供免费的教学课件，欢迎选用本书的教师登录机工教育服务网（www.cmpedu.com）下载。济南科明数码技术股份有限公司还开发有单机版、局域网版、互联网版的3D虚拟仿真教学资源，可供师生在线（www.keming365.com）使用。

本书适用于普通工科院校机械类各专业的本科生，也适用于各类成人教育、自学考试等机械类专业学生，还可供从事机械设计的工程技术人员参考。

本书由潍坊学院王长春、山东建筑大学任秀华、泰山学院李建春、滨州学院杨宏伟、山东建筑大学陈清奎编著；与本书配套的3D虚拟仿真教学资源由济南科明数码技术股份有限公司开发完成，并负责网上在线教学资源的维护、运营等工作，主要开发人员包括陈清奎、刘海、何强、栾飞、周鹏、李晓东、李洪营等。本书由山东大学机械工程学院张进生教授担任主审。

由于编者水平有限，书中难免存在错漏和不当之处，敬请广大读者批评指正。

编　者

目 录

第1章

概　　论

⚙ **教学导读** ‖

　　本章介绍互换性、标准化、加工误差等概念，介绍优先数系及其特点和计量技术的意义。要求学生掌握的知识点为：互换性、优先数系、加工误差、标准和标准化等概念，互换性的作用与种类，标准的组成与标准化历程。零部件的互换性与优先数系选用是本章的重点和难点。

🔧 1.1　互换性

1.1.1　互换性的概念

　　在工程或日常生活中随处可见互换现象，如图 1-1 和图 1-2 所示自行车零件（自行车轴组件和自行车链轮）坏了，维修人员可迅速换上同一规格的新零件；室内使用的荧光灯管坏了，可换装上相同规格新灯管。这些产品更换后能够很好地满足使用要求。这是因为合格的产品和制件具有在材料性能、几何尺寸、使用功能上彼此相互替换的性能。

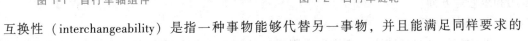

　　图 1-1　自行车轴组件　　　　　　　　图 1-2　自行车链轮

　　互换性（interchangeability）是指一种事物能够代替另一事物，并且能满足同样要求的特性。

　　在机械制造工程领域中，任何机械产品都是由许多零部件组成，而这些零部件是在不同的工厂和车间制成的，这就经常要求产品的零部件具有互换性。那么，什么是机械零部件的互换性呢？机械零部件的互换性是指同一规格零部件按规定的技术要求制造，能够彼此相互替换使用而效果相同的特性。

零部件互换性的含义在于在装配前从同一规格的零部件中任取其一，装配时不需挑选或修配，装配后就能达到预先规定的功能要求。

本书将主要论述机械制造工程领域里的产品或制件的几何参数互换性及其测量技术的基本理论和方法。

1.1.2　互换性的分类

广义上讲，零部件的互换性应包括几何参数、力学性能和理化性能等多方面的互换性。在本书中仅讨论零部件的几何参数互换性，即几何参数方面的公差和检测。

1. 按实现方法及互换程度分

按实现方法及互换程度的不同，互换性分为完全互换性和不完全互换性两类。

完全互换性（简称为互换性）是指零部件装配或更换时，不需要挑选或修配，就可完全满足使用要求。

不完全互换性（也称为有限互换性）是指零部件装配时，允许有附加条件的选择或调整。不完全互换性又包括概率互换性、分组互换性、调整互换性和修配互换性等。

2. 按应用部位或使用范围分

对标准部件或机构来讲，互换性分为内互换性和外互换性。

内互换性是指部件或机构内部组成零件间的互换性。

例如：滚动轴承内、外圈滚道直径与滚动体（滚珠或滚柱）直径间的配合为内互换性。

外互换性是指部件或机构与其相配合零件间的互换性。

例如：滚动轴承内圈内径与传动轴的配合、滚动轴承外圈外径与壳体孔的配合为外互换性。

实际生产组织中究竟采用何种形式的互换性，主要由产品的精度要求、复杂程度、生产规模、生产设备及技术水平等一系列因素来决定。

1.1.3　互换性的作用

互换性在提高产品质量和可靠性、提高经济效益等方面均具有重大意义。互换性原则已成为现代制造业中一个普遍遵守的原则。互换性生产对我国现代化生产具有十分重要的意义。

互换性必须遵守经济性原则，不是在任何情况下都适用的。有时零件只能采取单个配制才符合经济性原则，这时零件虽不能互换，但也有公差和检测的要求，如模具常用修配法制造。

机械工程中互换性主要体现在技术经济性上，其作用在产品或零部件的设计、制造、使用和维修等方面。

1. 设计方面

若零部件具有互换性，就能最大限度地使用标准件，减少产品中非标准零部件的使用量，便可以减少绘图和计算的工作量，缩短产品的设计周期，有利于产品更新换代，有助于产品的多样化与系列化，促进产品结构、性能的不断改进，全面提升产品附加值，提高产品效益。

2. 制造方面

互换性有利于组织专业化生产，使用专用设备和 CAM 技术，产品的质量和数量必然会得到明显提高，生产成本随之也会显著降低。互换性是提高生产水平和进行文明生产的有力手段。

装配时，由于零部件具有互换性，不需要辅助加工和修配，所以可以大幅度的降低装配工作的劳动强度，缩短装配周期，还可采用流水线或自动装配，从而大幅度提高装配生产率。

3. 使用和维修方面

零部件具有互换性，对于某些易损件可以提前配置备用件。在更换那些已经磨损或损坏的零部件时，使用备用件或标准件，可大幅减少机器的维修时间和费用，保证机器能连续持久的运转，提高机器的使用价值。

1.2 标准化与标准

1.2.1 标准化与标准的含义

现代制造业生产的特点是规模大、社会生产分工细、协作单位多、互换性要求高。为了适应生产中各部门的协调和各生产环节的衔接，必须有一种手段，使分散的、局部的生产部门和生产环节保持必要的统一，成为一个有机的整体，以实现互换性生产。标准与标准化正是联系这种关系的主要途径和手段。

实行标准化是广泛实现互换性生产的前提与重要方法，如极限与配合等互换性标准都是重要的基础标准。

1. 标准

标准是对重复性事物和概念所做的统一规定。它以科学、技术和实践经验的综合成果为基础，经有关方面协商一致，由主管机构批准，以特定形式发布，作为共同遵守的准则和依据。标准对于改进产品质量，缩短产品周期，开发新产品和协作配套，提高社会经济效益，发展社会主义市场经济和对外贸易等有非常重要的意义。

标准必须对被规定的对象提出必须满足和应该达到的各方面的条件和要求，对于实物和制件对象提出相应的制作工艺过程和检验规范等规定。标准有如下内在的特性。

（1）标准涉及对象的重复性 标准所涉及对象必须是具有重复性特征的事物和概念。若事物和概念没有重复性，就无须标准。

（2）标准涉及对象的认知性 对标准涉及对象做统一规定，必须反映其内在本质并符合客观发展规律，这样才能最大限度地限制它们在重复出现中的杂乱和无序化，从而获得最佳的社会和经济效益。

（3）制定标准的协商性 标准是一种统一规定。标准的推行将涉及社会、经济效益。因而，在制定标准过程中必须既考虑所涉及各个方面的利益，又考虑社会发展和国民经济的整体和全局的利益。这就要求标准的制定不但要有科学的基础，还要有广泛的调研和涉及利益多方的参与协商。

（4）标准的法规性　标准的制定、批准、发布、实施、修订和废止等，具有一套严格的形式。标准制定后，有些是要强制执行的，如一些食品、环境、安全等标准；而本书涉及的主要是一些技术标准，都是各自涉及范围内大家共同遵守的统一的技术依据、技术规范或规定。

2. 标准化

标准化是指为了在一定的范围内获得最佳秩序，对实际的或潜在的问题制定共同的和重复使用的规则的活动。标准化是社会化生产的重要手段，是联系设计、生产和使用方面的纽带，是科学管理的重要组成部分，更是实现互换性的基础。

标准化工作包括制定标准、发布标准、组织实施标准、修改标准和对标准的实施进行监督的全部活动过程。这个过程是从探索标准化对象开始，经调查、试验和分析，进而起草、制定和贯彻标准，而后修订标准。因此，标准化是个不断循环而又不断提高其水平的过程。

标准化对于改进产品、过程和服务的适用性，防止贸易壁垒，促进技术合作方面具有特别重要的意义。例如：优先数系、几何公差及表面质量参数的标准化，计量单位及检测规定的标准化等。可见，在机械制造业中，任何零部件要使其具有互换性，都必须实现标准化，没有标准化，就没有互换性。

1.2.2　标准的分类

在技术经济领域内，标准可分为技术标准和管理标准两类不同性质的标准。标准分类关系图如图1-3所示。

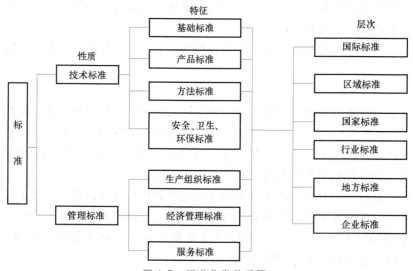

图1-3　标准分类关系图

1. 标准的种类

按标准的使用范围分，我国标准分为国家标准、行业标准、地方标准和企业标准共4级。

1）国家标准。对需要在全国范围内统一的技术要求，应当制定国家标准。

2）行业标准。对没有国家标准，而又需要在全国某行业范围内统一的技术要求，应当制定行业标准。但在有了国家标准后，该项行业标准就废止了。

3）地方标准。对没有国家标准和行业标准，而又需要在省、自治区、直辖市范围内统一的工业产品的安全、卫生等要求，应当制定地方标准。但在公布相应的国家标准或行业标准后，该地方标准就废止了。

　　4）企业标准。对企业生产的产品，在没有国家标准和行业标准的情况下，制定企业标准作为组织生产的依据。对于已有国家标准或行业标准的，企业也可以制定严于国家标准或行业标准的企业标准，在企业内部使用。

　　2. 标准的层次

　　按标准的作用范围分，标准分为国际标准、区域标准、国家标准、行业标准、地方标准和企业标准。

　　国际标准、区域标准、国家标准、地方标准分别是由国际标准化的标准组织、区域标准化的标准组织、国家标准机构、国家的某个区域一级所通过并发布的标准。对于已有国家标准或行业标准，企业也可制定产于国家标准或行业标准的企业标准，在企业内部使用。

　　3. 基础标准

　　按标准化对象的特征分，标准分为：基础标准，产品标准，方法标准和安全、卫生、环保标准等。

　　基础标准是指在一定范围内作为标准的基础并普遍使用，具有广泛指导意义的标准，如极限与配合标准、几何公差标准、渐开线圆柱齿轮精度标准等。

　　基础标准是以标准化共性要求和前提条件为对象的标准，是为了保证产品的结构功能和制造质量而制定的、一般工程技术人员必须采用的通用性标准，也是制定其他标准时可依据的标准。

　　本书所涉及的标准就是基础标准。

　　4. 标准的划分

　　标准按照其性质可分为技术标准和管理标准。

　　技术标准是指根据生产技术活动的经验和总结，作为技术上共同遵守的法规而制定的标准。技术标准包括基础标准、产品标准、方法标准、环保标准等。

　　管理标准是指对标准化领域中需要协调统一的管理事项所制定的标准。管理标准包括生产组织标准、经济管理标准、服务标准等。

1.2.3　标准化发展历程

　　1. 国际标准化的发展历程

　　标准化在人类开始创造工具时就已出现。标准化是社会生产劳动的产物。标准化在近代工业兴起和发展的过程中显得重要起来。早在19世纪，标准化在造船、铁路运输等行业中的应用十分突出，在机械行业中的应用也很广泛。到20世纪初，一些国家相继成立全国性的标准化组织机构，推进了各国的标准化事业发展。随着生产的发展，国际交流越来越频繁，因而出现了地区性和国际性的标准化组织。

　　1926年成立了国际标准化协会（简称为ISA），1947年重建国际标准化协会并改名为国际标准化组织（简称为ISO）。现在，这个世界上最大的标准化组织已成为联合国甲级咨询机构。ISO9000系列标准的颁发，使世界各国的质量管理及质量保证的原则、方法和程序，都统一在国际标准的基础之上。

2. 我国标准化的发展历程

我国标准化是在 1949 年新中国成立后得到重视并发展起来的，1958 年发布第一批 120 项国家标准。从 1959 年开始，陆续制定并发布了极限与配合、形状与位置公差、公差原则、表面粗糙度、光滑极限量规、渐开线圆柱齿轮精度等许多公差标准。我国在 1978 年恢复为 ISO 成员国，承担 ISO 技术委员会秘书处工作和国际标准草案起草工作。

从 1979 年开始，我国制定并发布了以国际标准为基础的新的公差标准。从 1992 年开始，我国又发布了以国际标准为基础修订的 G/T 类新版标准。

1988 年全国人大常委会通过并由国家主席发布了《中华人民共和国标准化法》，1993 年发布了《中华人民共和国产品质量法》。为了保障人体健康、人身与财产安全，在 2001 年 12 月，国家质量监督检验检疫总局颁布的《强制性产品认证管理规定》，明确规定了凡列入强制性认证内容的产品，必须经国家指定的认证机构认证合格，取得指定认证机构颁发的认证证书，取得认证标志后，方可出厂销售、出口和使用。

2009 年《产品几何技术规范标准（GPS）》的颁布与实行，进一步推动了我国标准与国际标准的接轨，我国标准化的水平在社会主义现代化建设过程中不断发展提高，对我国经济的发展做出了很大的贡献。

我国作为制造业大国，伴随着全球经济一体化，陆续修订了相关国家标准，修订的原则是立足我国实际的基础上向国际标准靠拢。

3. 我国计量技术的发展历程

在我国悠久的历史上，很早就有关于几何量检测的记载。早在秦朝时期就统一了度量衡制度，西汉已有了铜制卡尺。但长期的封建统治使得科学技术未能进一步发展，计量技术一直处于落后的状态，直到 1949 年新中国成立后才扭转了这种局面。

国务院 1959 年发布了《关于统一计量制度的命令》，1977 年发布了《中华人民共和国计量管理条例》，1984 年发布了《关于在我国统一实行法定计量单位的命令》。

1985 年全国人大常委会通过并由国家主席发布了《中华人民共和国计量法》。

我国健全各级计量机构和长度量值传递系统，规定采用国际米制作为长度计量单位，保证全国计量单位统一和量值准确可靠，有力地促进我国科学技术的发展。

伴随我国计量制度建设与发展，我国的计量器具业获得了较大的发展，能够批量生产用于几何量检测的多品种计量仪器，如万能测长仪、万能工具显微镜等。同时，还设计制造出一些具有世界先进水平的计量仪器，如激光光电光波比长仪、光栅式齿轮全误差测量仪、原子力显微镜等。

1.3 优先数和优先数系

制定标准以及设计零件的结构参数时，都需要通过数值表示。任何产品的参数指标，不仅与自身的技术特性有关，还直接、间接地影响与其配套系列产品的参数值。例如：螺母直径数值，影响并决定螺栓直径数值以及丝锥、螺纹塞规、钻头等系列产品的直径数值。将由于参数值间的关联产生的扩散称为数值扩散。

为满足不同的需求，产品必然出现不同的规格，形成系列产品。产品数值的杂乱无章会给组织生产、协作配套、使用维修带来困难，故需对数值进行标准化。

1.3.1 优先数系及其公比

优先数系是工程设计和工业生产中常用的一种数值制度。优先数与优先数系是19世纪末（1877年）由法国人查尔斯·雷诺（Charles Renard）首先提出的。当时载人升空的气球所使用的绳索尺寸由设计者随意规定，多达425种。雷诺根据单位长度不同直径绳索的重量级数来确定绳索的尺寸，按几何公比递增，每进5项使项值增大10倍，把绳索规格减少到17种，并在此基础上产生了优先数系的系列，后人为了纪念雷诺将优先数系称为Rr数系。

国家标准GB/T 321—2005《优先数和优先数系》规定十进等比数列为优先数系，并规定了五个系列，分别用系列符号R5、R10、R20、R40和R80表示，其中前四个系列是常用的基本系列，而R80则作为补充系列，仅用于分级很细的特殊场合。

优先数系基本系列的常用值见表1-1。优先数系补充系列的常用值见表1-2。

优先数系是十进等比数列，其中包含10的所有整数幂（0.01、0.1、1、10、100等）。只要知道一个十进段内的优先数值，其他十进段内的数值就可由小数点的前后移位得到。

优先数系中的数值可方便地向两端延伸，由表1-1中的数值，使小数点前后移位，便可以得到所有小于1和大于10的任意优先数。

优先数系的公比为 $q_r = \sqrt[r]{10}$。

表1-1 优先数系基本系列的常用值（摘自 GB/T 321—2005）

基本系列	1~10 的常用值									
R5	1.00		1.60		2.50		4.00		6.30	10.00
R10	1.00	1.25	1.60	2.00	2.50	3.15	4.00	5.00	6.30	8.00	10.00
R20	1.00 1.12 1.25 1.40 1.60 1.80 2.00 2.24 2.50 2.80 3.15 3.55 4.00 4.50 5.00 5.60 6.30 7.10 8.00 9.00 10.00									
R40	1.00 1.06 1.12 1.18 1.25 1.32 1.40 1.50 1.60 1.70 1.80 1.90 2.00 2.12 2.24 2.36 2.50 2.65 2.80 3.00 3.15 3.35 3.55 3.75 4.00 4.25 4.50 4.75 5.00 5.30 5.60 6.00 6.30 6.70 7.10 7.50 8.00 8.50 9.00 9.50 10.00									

表1-2 优先数系补充系列的常用值（摘自 GB/T 321—2005）

R80 的常用值（1~10）
1.00　1.03　1.06　1.09　1.12　1.15　1.18　1.22　1.25　1.28
1.32　1.36　1.40　1.45　1.50　1.55　1.60　1.65　1.70　1.75
1.80　1.85　1.90　1.95　2.00　2.06　2.12　2.18　2.24　2.30
2.36　2.43　2.50　2.58　2.65　2.72　2.80　2.90　3.00　3.07
3.15　3.25　3.35　3.45　3.55　3.65　3.75　3.85　4.00　4.12
4.25　4.37　4.50　4.62　4.75　4.87　5.00　5.15　5.30　5.45
5.60　5.80　6.00　6.15　6.30　6.50　6.70　6.90　7.10　7.30
7.50　7.75　8.00　8.25　8.50　8.75　9.00　9.25　9.50　9.75　10.00

优先数在同一系列中，每隔 r 个数，其值增加10倍。

这五种优先数系的公比分别用代号 q_5、q_{10}、q_{20}、q_{40}、q_{80} 表示，下标5、10、20、40、80分别表示各系列中每个"十进段"被细分的段数。

基本系列 R5、R10、R20、R40 的公比分别为

$$q_5 = \sqrt[5]{10} \approx 1.5849 \approx 1.60$$

$$q_{10} = \sqrt[10]{10} \approx 1.2589 \approx 1.25$$

$$q_{20} = \sqrt[20]{10} \approx 1.1220 \approx 1.12$$

$$q_{40} = \sqrt[40]{10} \approx 1.0593 \approx 1.06$$

补充系列 R80 的公比为

$$q_{80} = \sqrt[80]{10} \approx 1.0292 \approx 1.03$$

1.3.2 优先数与优先数系的构成规律

优先数系中的任何一个项值均称为优先数。

优先数的理论值为 $(\sqrt[r]{10})^N$，其中 N 是任意整数。按照此式计算得到优先数的理论值，除 10 的整数幂外，大多为无理数，工程技术中不宜直接使用。

实际应用的数值都是经过化整处理后的近似值，根据取值的有效数字位数，优先数的近似值可以分为：计算值（取 5 位有效数字，供精确计算用）；常用值（即优先值，取 3 位有效数字，是经常使用的）；化整值（是将常用值化整处理后所得的数值，一般取 2 位有效数字）。

优先数系主要有以下规律。

（1）任意相邻两项间的相对差近似不变（按理论值则相对差为恒定值） 如 R5 系列约 60%，R10 系列约为 25%，R20 系列约为 12%，R40 系列约为 6%，R80 系列约为 3%，由表 1-1 和表 1-2 可以明显地看出这一点。

（2）任意两项优先数计算后仍为优先数 任意两项的理论值经计算后仍为一个优先数的理论值。计算包括任意两项理论值的积或商，任意一项理论值的正、负整数乘方等。

（3）优先数系具有相关性 优先数系的相关性表现为：在上一级优先数系中隔项取值，就得到下一系列的优先数系；反之，在下一系列中插入比例中项，就得到上一系列。

例如：在 R40 系列中隔项取值，就可得到 R20 系列；在 R10 系列中隔项取值，就能得到 R5 系列；又如，在 R5 系列中插入比例中项，就得 R10 系列；在 R20 系列中插入比例中项，就得 R40 系列。

这种相关性也表现在：R5 系列中的项值包含在 R10 系列中，R10 系列中的项值包含在 R20 系列中，R20 系列中的项值包含在 R40 系列中，R40 系列中的项值包含在 R80 系列中。

（4）优先数系的派生系列 为了使优先数系具有更宽广的适应性，可以从基本系列中，每逢 p 项留取一个优先数，生成新的派生系列，以符号 Rr/p 表示。

例如：派生系列 R10/3，就是从基本系列 R10 中，自 1 以后每逢 3 项留取一个优先数而组成的，即 1.00，2.00，4.00，8.00，16.0，32.0，64.0 等。

1.3.3 优先数系的特点

优先数系作为数值标准化的重要内容，广泛应用于产品的各种技术参数，主要优点如下。

1. 国际统一的数值分级制，共同的技术基础

优先数系是国际统一的数值分级制，是各国共同采用的基础标准。它适用于不同领域各种技术参数的分级，为技术经济工作上的统一、简化以及产品参数的协调提供了共同的基础。

2. 数值分级合理

数系中各相邻项的相对差相等，即数系中数值间隔相对均匀。因而选用优先数系，技术参数的分布经济合理，能在产品品种规格数量与用户实际需求间达到理想的平衡。

3. 规律明确，利于数值的扩散

优先数系是等比数列，其各项的对数又构成等差数列；同时，任意两优先数理论值的积、商和任一项的整次幂仍为同系列的优先数。这些特点能方便设计计算，也有利于数值的计算。

4. 具有广泛的适应性

优先数系的项值可向两端无限延伸，所以优先数的范围是不受限制的。此外，还可采取派生系列的方法，给优先数系数值及数值间隔的选取带来更多的灵活性，也给不同的应用带来更多的适应性。

1.3.4 优先数系的选用规则

优先数系的应用很广泛，适用于各种尺寸、参数的系列化和质量指标的分级，对保证各种工业产品的品种、规格、系列的合理化分档和协调配套具有十分重要的意义。

选用基本系列时，应遵守先疏后密的规则，即按 R5、R10、R20、R40 的顺序依次选用；当基本系列不能满足要求时，可选用派生系列，注意应优先采用公比较大和延伸项含有项值 1 的派生系列；根据经济性和需要量等不同条件，还可分段选用最合适的系列，以复合系列的形式来组成最佳系列。

由于优先数系中包含有各种不同公比的系列，因而可以满足各种较密和较疏的分级要求。优先数系以其广泛的适用性，成为国际上通用的标准化数系。工程技术人员应在一切标准化领域中尽可能地采用优先数系，以达到对各种技术参数协调、简化和统一的目的，促进国民经济更快、更稳地发展。

1.4 零件的机械精度与加工误差

机器精度是由整机精度和各个组成零件的精度构成，零件的精度是整机精度的基础。影响零件精度的最基本因素是零件的尺寸、形状和位置以及表面粗糙度，因而，机械精度设计的主要内容包括尺寸公差、几何公差、表面质量等几个方面的选择与设计。机械精度控制是保证零件质量和整机精度的重要方式与手段。

零件加工时，任何一种加工方法都不可能把零件做得绝对准确，一批零件加工完成后的尺寸之间存在着不同程度的差异，同时，还存在着形状、位置以及表面粗糙度等多方面的差异。

由于加工工艺系统的误差和制造企业的不同，造成一批完工零件的尺寸各不相同，即使在完全相同的工艺条件下，也同样存在着尺寸的差异。所以说，加工误差是永远不能消除的，只能通过提高技术水平减少加工误差。从满足产品使用性能要求来看，也不要求一批相同规格的零件尺寸完全相同，而是根据使用要求的高低，允许存在一定的误差。

加工误差包括以下几种：

1. 尺寸误差

尺寸误差是指一批零件的尺寸变动，加工后零件的提取尺寸与理想尺寸之差，如直径误差、孔间距误差等。

2. 形状误差

形状误差是指加工后零件的实际表面形状相对于其理想表面形状的差异，如圆度误差、直线度误差等。

3. 位置误差

位置误差是指加工后零件的表面、轴线或对称平面之间的相互位置相对于其理想位置的差异，如平行度误差、位置度误差、圆跳动误差等。

4. 表面粗糙度误差

表面粗糙度误差是指加工后零件表面上形成的较小间距和峰谷组成的微观几何形状误差。

知识拓展：质量管理体系简介

　　质量工程是以控制、保证、改进产品质量为目标，把质量检测技术、质量管理理论及其实践与现代工程技术成果有机结合而开发、应用的综合工程技术。质量工程涉及质量设计、质量检验、质量控制和质量管理等众多内容。保证产品质量是要求零部件具有互换性的基本目的，因此，零部件的互换性与质量工程的联系紧密。从互换性生产的角度看，质量工程中的全面质量管理、质量特性等特别值得关注。

　　ISO9000 质量管理体系是由国际标准化组织（ISO）制定，是国际上通用的质量管理体系，通常包括质量方针、目标以及质量策划、质量控制、质量保证和质量改进等内容，现在执行的是 GB/T 19001—2008《质量管理体系　要求》。

习 题 一

1-1　互换性的含义表现在哪些方面？互换性有何作用？

1-2　互换性分为哪几类？

1-3　为何采用优先数系？优先数系的基本系列有几种？

1-4　试写出下列基本系列和派生系列中自 10 开始的 5 个优先数的常用值：R5，R10/3，R20/3。

1-5　在尺寸公差表格中，自 IT6 级开始各等级尺寸公差的计算式分别为 $10i$、$16i$、$25i$、$40i$、$64i$、$100i$、$160i$ 等；在螺纹公差表中，自 3 级开始的等级系数为 0.50、0.63、0.80、1.00、1.25、1.60、2.00，试判断它们各属于何种优先数的系列？

第2章

光滑圆柱体结合的极限与配合

教学导读 ▌▌

　　本章首先介绍了标准公差、基本偏差等基本术语，以此为基础介绍标准公差与基本偏差的标准规定及其计算方法、国家标准推荐的常用公差带与配合等，最后讲述了极限与配合的选择方法，此外还简要介绍了一般公差。知识拓展部分对大尺寸段与小尺寸段的极限与配合进行了简介。要求学生掌握的知识点为：标准公差等级划分、标准公差数值计算、公称尺寸段分段，基本偏差的划分与代号、孔与轴基本偏差的计算与换算、公差带和配合的表达、极限与配合的选择步骤与计算方法、未注尺寸的公差。其中孔与轴基本偏差的计算与换算、极限与配合的选择是本章的重点和难点。

🔖 2.1 概述

　　圆柱体结合是由孔与轴构成的、在机械制造中应用最广泛的一种结合。它对机械产品的使用性能和寿命有很大影响。光滑圆柱体结合的极限与配合是机械工业中重要的基础标准。它不仅适用于圆柱体内、外表面的结合，也适用于其他结合中由单一尺寸确定的部分，如键结合中键与键槽、花键结合中内花键与花键轴等。

　　"极限"主要反映机器零件使用要求与制造要求之间的矛盾；而"配合"则反映组成机器的零件之间的装配关系。极限与配合的标准化有利于机器的设计、制造、检测、使用和维修，有利于保证产品的精度、使用性能和寿命，也有利于刀具、量具、夹具和机床等工艺装备的标准化。极限与配合国家标准不仅是机械工业各部门进行产品设计、工艺设计和制定其他标准的基础，也是广泛组织协作和专业化生产的重要依据。该标准几乎涉及国民经济的各个部门，是特别重要的基础标准之一。

　　随着现代科学技术的飞速发展，产品加工精度和质量要求越来越高，为便于国际交流和采用国家标准的需要，我国参照国际标准（ISO）并结合实际生产状况颁布了一系列的国家标准，并对旧标准不断修订。新修订的孔、轴极限与配合国家标准主要由以下几部分组成：

　　GB/T 1800.1—2009《产品几何技术规范（GPS）　极限与配合　第1部分：公差、偏差和配合的基础》。

　　GB/T 1800.2—2009《产品几何技术规范（GPS）　极限与配合　第2部分：标准公差等级和孔、轴极限偏差表》。

GB/T 1801—2009《产品几何技术规范（GPS） 极限与配合 公差带和配合的选择》。

GB/T 1803—2003《极限与配合 尺寸至 18mm 孔、轴公差带》。

GB/T 1804—2000《一般公差 未注公差的线性和角度尺寸的公差》。

📌 2.2 极限与配合的基本术语及定义

2.2.1 孔、轴的定义

1. 孔

孔通常是指工件的圆柱形内表面，如图 2-1 所示齿轮、套筒、轴承等零件的圆孔；也包括由两平行平面或平行切面形成的非圆柱形内表面，如图 2-1 所示齿轮及轴上键槽的宽度表面。从装配关系上看，孔是包容面，孔的内部没有材料。随着工件表面余量的切除，孔的尺寸逐渐由小变大。

孔的公称尺寸用 D 表示，图 2-2 中标注的尺寸 D_1、D_2、$\cdots$、D_6 所确定的表面都称为孔。

2. 轴

轴通常是指工件的圆柱形外表面，如图 2-1 所示轴、齿轮、套筒、轴承等零件的圆轴；也包括由两平行平面或平行切面形成的非圆柱形外表面，如图 2-1 所示平键的宽度表面。从装配关系上看，轴是被包容面，轴的内部有材料。随着工件表面余量的切除，轴的尺寸逐渐由大变小。

图 2-1 轴及轴上零件

轴的公称尺寸用 d 表示，图 2-2 中标注的尺寸 d_1、d_2、$\cdots$、d_4 所确定的表面都称为轴。

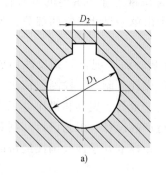
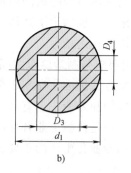
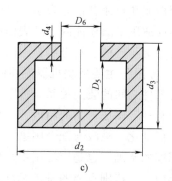

a) b) c)

图 2-2 孔和轴的示意图

2.2.2 有关尺寸的术语与定义

1. 尺寸

尺寸是指以特定单位表示线性值的数值，如长度、宽度、高度、半径、直径及中心距等。尺寸由数字和单位组成。机械制图中图样上的尺寸若以毫米（mm）为单位时，无须标注计量单位的符号或名称，若采用其他单位时必须注明相应的单位符号。

2. 公称尺寸

公称尺寸是由图样规范确定的理想形状要素的尺寸。

公称尺寸是设计者根据使用要求，考虑零件的强度、刚度、结构和工艺等多种因素，经过计算、设计给定的尺寸。

孔的公称尺寸用 **D** 表示，轴的公称尺寸用 **d** 表示，相配合的孔与轴的公称尺寸相同。

图 2-3 中的直径 $\phi40mm$、$\phi20mm$ 及长度 60mm 都是公称尺寸。

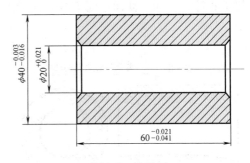

图 2-3　套筒图

公称尺寸应尽量采用 GB/T 2822—2005 中的标准尺寸，10~100mm 尺寸范围的标准尺寸见表 2-1。选取标准尺寸可减少定值刀具、量具和夹具的规格和数量。公称尺寸是计算极限偏差、极限尺寸的起始尺寸。它只表示尺寸的基本大小，并不是在实际加工中要求得到的尺寸。

表 2-1　10~100mm 尺寸范围的标准尺寸（摘自 GB/T 2822—2005）　（单位：mm）

R 常用值			R 化整值			R 常用值			R 化整值		
R10	R20	R40	R10	R20	R40	R10	R20	R40	R10	R20	R40
10.0	10.0		10	10				35.5		36	36
	11.2			11			35.5	37.5			38
	12.5	12.5	12	12	12			40.0	40	40	40
12.5		13.2			13	40.0	40.0	42.5			42
		14.0			14			45.0			45
	14.0	15.0		14	15		45.0	47.5		45	48
		16.0			16			50.0			50
	16.0	17.0	16	16	17		50.0	53.0	50	50	53
16.0		18.0			18	50.0		56.0			56
	18.0	19.0		18	19		56.0	60.0		56	60
		20.0			20			63.0			63
	20.0	20.2	20	20	21		63.0	67.0	63	63	67
20.0		22.4			22	63.0		71.0			71
	22.4	23.6		22	24		71.0	75.0		71	75
		25.0			25			80.0			80
	25.0	26.5	25	25	26		80.0	85.0	80	80	85
25.0		28.0			28	80.0		90.0			90
	28.0	30.0		28	30		90.0	95.0		90	95
31.5	31.5	31.5	32	32	32	100.0	100.0	100.0	100	100	100
		33.5			34						

3. 局部尺寸

（1）实际（组成）要素　实际（组成）要素是指由接近实际（组成）要素所限定的工件实际表面的组成要素部分。由于存在测量误差，即使同一零件的相同部位用同一量具重复测量多次，测量得到的实际（组成）要素的尺寸也不完全相同，因此实际（组成）要素的尺寸并非尺寸的真值。

此外，由于形状误差等因素影响，零件同一表面不同部位的实际（组成）要素的尺寸通常不相等，在同一截面不同方向上的实际（组成）要素的尺寸也可能不相同，如图2-4所示。

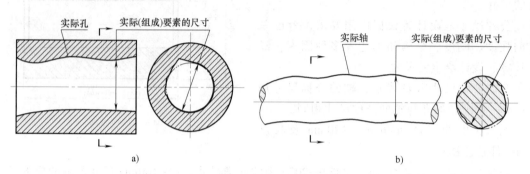

图2-4　实际（组成）要素

a）孔　b）轴

（2）提取（组成）要素的局部尺寸　提取（组成）要素是指按规定方法，由实际（组成）要素提取有限数目的点形成实际（组成）要素的近似替代。一切提取（组成）要素上两对应点之间距离称为提取（组成）要素的局部尺寸。孔和轴提取（组成）要素的局部尺寸分别用 D_a、d_a 表示，如图2-5所示。

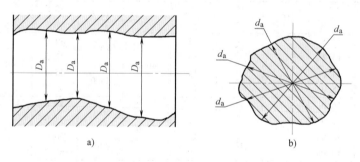

图2-5　提取（组成）要素的局部尺寸

a）孔　b）轴

4. 极限尺寸

（1）尺寸要素　尺寸要素是指由一定大小的线性尺寸或角度尺寸确定的几何形状。尺寸要素可以是圆柱形、球形、两平行对应面、圆锥形或楔形等。

（2）极限尺寸　极限尺寸是指尺寸要素允许的尺寸的两个极值。极限尺寸是在设计确定公称尺寸的同时，考虑加工的经济性并满足零件的使用要求确定的。它可能大于、等于或小于公称尺寸。

1）上极限尺寸。上极限尺寸是指尺寸要素允许的最大尺寸。孔和轴的上极限尺寸分别用 D_{max} 和 d_{max} 表示。图2-3中孔、轴的上极限尺寸分别为 $\phi20.021mm$、$\phi39.997mm$。

2）下极限尺寸。下极限尺寸是指尺寸要素允许的最小尺寸。孔和轴的下极限尺寸分别用 D_{min} 和 d_{min} 表示。图2-3中孔、轴的下极限尺寸分别为 $\phi20mm$、$\phi39.984mm$。

极限尺寸可限制提取（组成）要素的局部尺寸。若零件提取（组成）要素的局部尺寸小于或等于上极限尺寸，大于或等于下极限尺寸，表明零件合格，即

孔 $\qquad D_{\min} \leqslant D_{a} \leqslant D_{\max}$

轴 $\qquad d_{\min} \leqslant d_{a} \leqslant d_{\max}$

2.2.3 有关偏差与公差的术语与定义

1. 尺寸偏差

尺寸偏差简称为偏差，是指某一尺寸减去公称尺寸所得的代数差，因此偏差可以是正值、负值或零，在进行计算时，除零外必须带有正号或负号。

1）上极限偏差。上极限偏差是指上极限尺寸减去公称尺寸所得的代数差。

孔和轴的上极限偏差分别用 ES、es 表示，其计算公式为

$$ES = D_{\max} - D \tag{2-1}$$

$$es = d_{\max} - d \tag{2-2}$$

2）下极限偏差。下极限偏差是指下极限尺寸减去公称尺寸所得的代数差。

孔和轴的下极限偏差分别用 EI、ei 表示，其计算公式为

$$EI = D_{\min} - D \tag{2-3}$$

$$ei = d_{\min} - d \tag{2-4}$$

如图 2-3 所示，上、下极限偏差均标注在公称尺寸的右侧。

图 2-3 中孔的上、下极限偏差分别为 $+21\mu m$、$0\mu m$；轴的上、下极限偏差分别为 $-3\mu m$、$-16\mu m$。

3）实际偏差。实际偏差是指提取（组成）要素的局部尺寸减去公称尺寸所得的代数差。

孔和轴的实际偏差分别用 E_{a}、e_{a} 表示，其计算公式为

$$E_{a} = D_{a} - D \tag{2-5}$$

$$e_{a} = d_{a} - d \tag{2-6}$$

实际偏差应限制在极限偏差范围内，也可达到极限偏差。孔或轴实际偏差的合格条件为

孔 $\qquad EI \leqslant E_{a} \leqslant ES$

轴 $\qquad ei \leqslant e_{a} \leqslant es$

2. 尺寸公差

尺寸公差是尺寸允许的变动量，简称为公差。

尺寸公差等于上极限尺寸减下极限尺寸之差，也等于上极限偏差减下极限偏差之差。

公差是一个没有符号的绝对值，没有正、负值之分，也不可能为零（公差为零，零件无法加工）。

孔、轴的尺寸公差分别用 T_{D}、T_{d} 表示。

尺寸公差、极限尺寸和极限偏差的关系为

$$T_{D} = D_{\max} - D_{\min} = ES - EI \tag{2-7}$$

$$T_{d} = d_{\max} - d_{\min} = es - ei \tag{2-8}$$

图 2-6 中表示出孔、轴的公称尺寸、极限尺寸和极限偏差、公差的关系。

3. 极限偏差与公差的区别

1）从数值上看，极限偏差是代数值，可以为正值、负值或零；公差一定为正值。

2）从工艺上看，极限偏差限制实际偏差，其大小表示零件实际偏差允许变动的极限

值，是判断零件尺寸是否合格的依据；公差表示零件尺寸允许的变动范围，影响制造精度，反映零件的加工难易程度。

3）从作用上看，极限偏差反映公差带位置，影响配合的松紧程度；公差等级代表公差带大小，影响零件的配合精度。

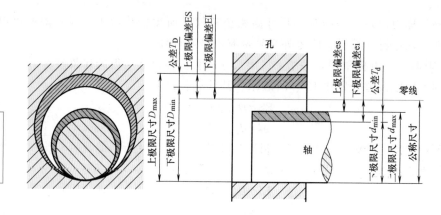

图 2-6　极限与配合示意图

4. 公差带与公差带图

1）公差带图。由于公差或偏差的数值比公称尺寸的数值小得多，在图中不便用同一比例表示，同时为了简化，只画出放大的孔、轴公差区域和位置，采用这种表达方法的图形称为公差带图，如图 2-7 所示。公差带图中尺寸以 mm 为单位，偏差和公差习惯上以 μm 为单位（只标注数值，不标注单位），也可以用 mm 为单位。公差带图由零线、公称尺寸和公差带组成。

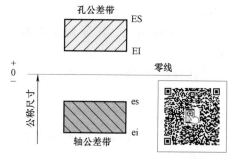

图 2-7　公差带图

2）零线。在公差带图中，零线是表示公称尺寸的一条直线，以其为基准确定偏差和公差。通常，零线沿水平方向绘制，偏差位于零线上方为正，位于零线下方为负，位于零线上的偏差为零。

3）公差带。在公差带图中，代表上、下极限偏差或上、下极限尺寸的两条直线所限定的区域称为公差带。公差带由公差带大小和公差带位置两个要素组成，公差带大小由标准公差确定，公差带位置由基本偏差确定。

公差带在零线垂直方向上的宽度代表公差值，沿零线方向的长度可适当选取。为清晰醒目，将公差带画成封闭线框。在绘制公差带图时，应以不同的方式来区分孔、轴公差带，如图 2-7 所示。

4）基本偏差。基本偏差是指国家标准规定的，用来确定公差带相对零线位置的那个极限偏差，可以是上极限偏差或下极限偏差，一般为靠近零线或位于零线的那个极限偏差。如图 2-7 所示，孔的基本偏差为下极限偏差，轴的基本偏差为上极限偏差。

5）标准公差。标准公差是指国家标准中规定的，用以确定公差带大小的任一公差。

2.2.4 有关配合的术语与定义

1. 配合

配合是指公称尺寸相同、相互结合的孔和轴公差带之间的相互位置关系。

2. 间隙或过盈

孔的尺寸减去相配合的轴的尺寸所得的代数差，差值为正时，称为间隙，用 X 表示；差值为负时，称为过盈，用 Y 表示。

3. 配合种类

根据零件配合松紧度的不同，即组成配合的孔与轴的公差带位置不同，将配合分为间隙配合、过盈配合和过渡配合三种。

1）间隙配合。间隙配合是指具有最小间隙且大于或等于零的配合。

此时，孔的公差带全在轴公差带之上，如图 2-8 所示。

孔、轴极限尺寸或极限偏差的关系为 $D_{min} \geqslant d_{max}$ 或 $EI \geqslant es$。

由于孔和轴有各自的尺寸公差带，因此装配后孔、轴的间隙随孔、轴尺寸的变化而变化。

孔的上极限尺寸（或孔的上极限偏差）减去轴的下极限尺寸（或轴的下极限偏差）所得的代数差为最大间隙，用 X_{max} 表示。

孔的下极限尺寸（或孔的下极限偏差）减去轴的上极限尺寸（或轴的上极限偏差）所得的代数差为最小间隙，用 X_{min} 表示。

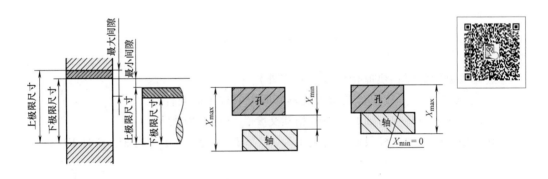

图 2-8　间隙配合

$$X_{max} = D_{max} - d_{min} = ES - ei \tag{2-9}$$

$$X_{min} = D_{min} - d_{max} = EI - es \tag{2-10}$$

间隙配合的平均松紧程度有时也用平均间隙来衡量，最大和最小间隙的平均值称为平均间隙，用 X_{av} 表示。

$$X_{av} = \frac{X_{max} + X_{min}}{2} \tag{2-11}$$

间隙数值的前面必须带有正号（除零外）。

2）过盈配合。过盈配合是指具有最小过盈且等于或小于零的配合。

此时，孔的公差带全在轴的公差带之下，如图 2-9 所示。

孔、轴极限尺寸或极限偏差的关系为 $D_{max} \leq d_{min}$ 或 $ES \leq ei$。

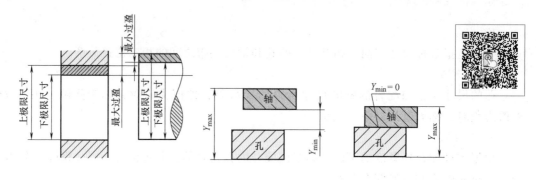

图 2-9　过盈配合

同理，装配后孔、轴的过盈也随孔、轴尺寸的变化而变化。孔的下极限尺寸（或孔的下极限偏差）减去轴的上极限尺寸（或轴的上极限偏差）所得的代数差为最大过盈，用 Y_{max} 表示；孔的上极限尺寸（或孔的上极限偏差）减去轴的下极限尺寸（或轴的下极限偏差）所得的代数差为最小过盈，用 Y_{min} 表示。

$$Y_{max} = D_{min} - d_{max} = EI - es \qquad (2-12)$$

$$Y_{min} = D_{max} - d_{min} = ES - ei \qquad (2-13)$$

过盈配合的平均松紧程度有时也用平均过盈来衡量，最大过盈和最小过盈的平均值称为平均过盈，用 Y_{av} 表示。

$$Y_{av} = \frac{Y_{max} + Y_{min}}{2} \qquad (2-14)$$

过盈数值的前面必须带有负号（除零外）。

3）过渡配合。过渡配合是指可能具有间隙或过盈的配合。

此时，孔的公差带与轴的公差带相互交叠，如图 2-10 所示。

孔、轴极限尺寸或极限偏差的关系为 $D_{max} > d_{min}$ 且 $D_{min} < d_{max}$ 或 $ES > ei$ 且 $EI < es$。

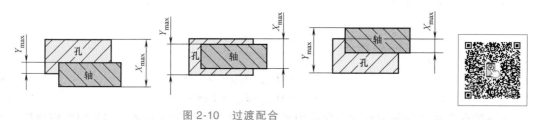

图 2-10　过渡配合

在过渡配合中，装配后孔、轴的间隙或过盈也是变化的。最大间隙 X_{max} 和最大过盈 Y_{max} 分别按式（2-9）和式（2-12）计算。

最大间隙和最大过盈的平均值称为平均间隙（或平均过盈），用 X_{av}（或 Y_{av}）表示。

$$X_{av}（或\ Y_{av}）= \frac{X_{max} + Y_{max}}{2} \qquad (2-15)$$

按式（2-15）计算所得的数值为正值时是平均间隙，为负值时是平均过盈。

由于机器中零件的工作情况、结构设计和使用要求不同，因此相结合零件的配合性质也不一样。装配时要得到合适的松紧程度，就需要由各种不同的孔、轴公差带来实现。图2-11、图2-12所示为二级圆柱齿轮减速器三维结构图及其低速级齿轮轴系结构图，其中起轴向定位作用的轴套孔与轴颈的配合、轴承端盖定位圆柱面与壳体孔的配合较松，装拆方便，允许的配合间隙较大，应采用间隙配合；轴与齿轮孔处的配合要紧固，两者之间无相对运动，能传递载荷和转矩，而且不经常拆卸，应采用过盈配合；轴与滚动轴承内圈处的配合定心精度要求较高，配合虽然紧固，但装拆较易，此处的配合比轴与齿轮孔处的配合要松一些。

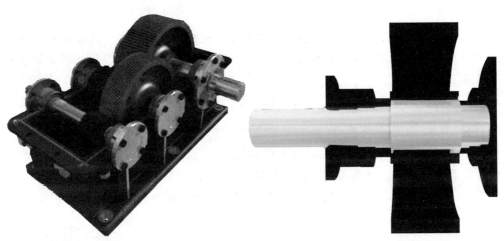

图 2-11　二级圆柱齿轮减速器三维结构图　　图 2-12　低速级齿轮轴系结构图

4. 配合公差及配合公差带图

1）配合公差。配合公差是指组成配合的孔与轴的公差之和，用T_f表示。

它是允许间隙或过盈的变动量，是一个没有符号的绝对值。

在间隙配合中，配合公差等于最大间隙与最小间隙之差的绝对值，表示间隙的允许变动量，即

$$T_f = |X_{max} - X_{min}| = T_D + T_d \qquad (2\text{-}16)$$

在过盈配合中，配合公差等于最大过盈与最小过盈之差的绝对值，表示过盈的允许变动量，即

$$T_f = |Y_{min} - Y_{max}| = T_D + T_d \qquad (2\text{-}17)$$

在过渡配合中，配合公差等于最大间隙与最大过盈之差的绝对值，即

$$T_f = |X_{max} - Y_{max}| = T_D + T_d \qquad (2\text{-}18)$$

式（2-16）～式（2-18）表明，配合公差越小，则满足此要求的孔、轴公差就应越小，孔、轴的尺寸精度要求就越高，这将导致制造难度增加、成本提高。因此设计时应综合考虑使用要求和加工精度两个因素，进行合理选取，从而提高综合技术经济效益。

2）配合公差带图。配合公差带图是用来直观地表达孔、轴配合的松紧程度及其变动情

况的图形。

在配合公差带图中，横坐标为零线，表示零间隙或零过盈。

零线上方的纵坐标为正值，代表间隙。

零线下方的纵坐标为负值，代表过盈。

配合公差带两条横线上的坐标值代表极限间隙或极限过盈，它反映配合的松紧程度；两条横线之间的距离为配合公差，它反映配合的松紧变化程度，如图 2-13 所示。

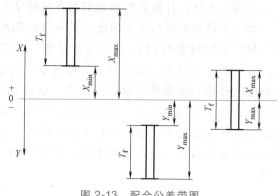

图 2-13　配合公差带图

例 2-1　求下列三组配合中孔、轴的公称尺寸、极限尺寸、公差、极限间隙或极限过盈、平均间隙或平均过盈及配合公差，指出其配合种类，并画出孔、轴的公差带图和配合公差带图。

① 孔 $\phi 30^{+0.021}_{0}$ mm 与轴 $\phi 30^{-0.020}_{-0.033}$ mm 相配合。

② 孔 $\phi 30^{+0.021}_{0}$ mm 与轴 $\phi 30^{+0.021}_{+0.008}$ mm 相配合。

③ 孔 $\phi 30^{+0.021}_{0}$ mm 与轴 $\phi 30^{+0.048}_{+0.035}$ mm 相配合。

解　根据题目要求，计算得到的各项参数见表 2-2，图 2-14 和图 2-15 所示为三组配合孔、轴的公差带图和配合公差带图。

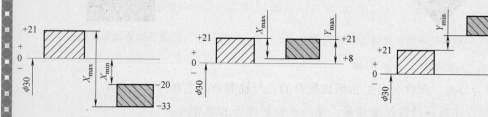

图 2-14　三组配合孔、轴的公差带图

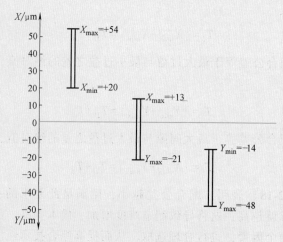

图 2-15　三组配合孔、轴的配合公差带图

表 2-2　例 2-1 计算结果表　　　　　（单位：mm）

所求参数	相配合的孔、轴	①		②		③	
		孔	轴	孔	轴	孔	轴
公称尺寸		30	30	30	30	30	30
极限尺寸	$D_{max}(d_{max})$	30.021	29.980	30.021	30.021	30.021	30.048
	$D_{min}(d_{min})$	30.000	29.967	30.000	30.008	30.000	30.035
极限偏差	ES(es)	+0.021	−0.020	+0.021	+0.021	+0.021	+0.048
	EI(ei)	0	−0.033	0	+0.008	0	+0.035
公差 $T_D(T_d)$		0.021	0.013	0.021	0.013	0.021	0.013
极限间隙	X_{max}	+0.054		+0.013			
	X_{min}	+0.020					
极限过盈	Y_{max}			−0.021		−0.048	
	Y_{min}					−0.014	
平均间隙或平均过盈	X_{av}	+0.037					
	Y_{av}			−0.004		−0.031	
配合公差 T_f		0.034		0.034		0.034	
配合种类		间隙配合		过渡配合		过盈配合	

5. 配合制

配合制是指用标准化的孔、轴公差带（即同一极限制的孔和轴）组成各种配合要求的一种配合制度。

为了设计、制造方便及获得最佳的技术经济效益，无需将孔、轴公差带同时变动，只要固定一个公差带位置，变更另一个公差带位置即可满足各种配合要求。

GB/T 1800.1—2009 规定了两种配合制，即基孔制配合和基轴制配合。

1）基孔制配合。基孔制配合是指基本偏差为一定的孔的公差带，与不同基本偏差的轴的公差带形成各种配合的一种制度，如图 2-16a 所示。

在基孔制配合中，孔为基准孔，其下极限尺寸与公称尺寸相等，下极限偏差（基本偏差）为零；上极限偏差为正值，其公差带偏置在零线上方。

2）基轴制配合。基轴制配合是指基本偏差为一定的轴的公差带，与不同基本偏差的孔的公差带形成各种配合的一种制度，如图 2-16b 所示。

在基轴制配合中，轴为基准轴，其上极限尺寸与公称尺寸相等，上极限偏差（基本偏差）为零；下极限偏差为负值，其公差带偏置在零线下方。

基准孔或基准轴的另一极限偏差值随其公差带的大小而变化。根据孔、轴公差带相对位置的不同，两种配合制都可形成不同松紧程度的间隙配合、过渡配合和过盈配合。

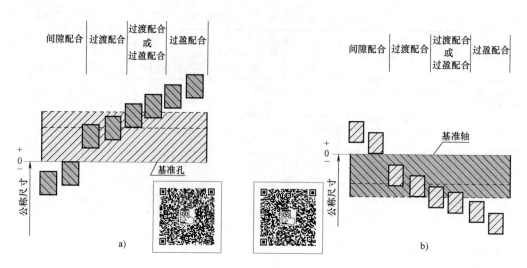

图 2-16　基孔制配合与基轴制配合

a）基孔制配合　b）基轴制配合

2.3　极限与配合国家标准

各种配合是由孔与轴公差带之间的位置关系决定的，而孔、轴公差带是由其大小和位置决定的，公差带的大小由公差确定，公差带的位置由基本偏差确定。为了使公差带的大小和位置标准化，实现互换性并满足各种使用要求，极限与配合国家标准规定了孔和轴的标准公差系列与基本偏差系列。

2.3.1　标准公差

标准公差是极限与配合国家标准规定的、用以确定公差带大小的任一公差，其符号为"IT"。它的数值取决于孔或轴的公称尺寸和标准公差等级。

1. 标准公差因子

标准公差因子是确定标准公差值的基本单位，是制定标准公差数值系列的基础。

利用统计法在生产实践中可发现：在相同的加工条件下，公称尺寸不同的孔或轴加工后产生的加工误差不相同，而且误差的大小无法比较。在尺寸较小时加工误差与公称尺寸呈立方抛物线关系，在尺寸较大时接近线性关系。

由于误差是由公差来控制，因此标准公差的数值不仅与标准公差等级的高低有关，而且与公称尺寸的大小有关，这种关系可以用标准公差因子的形式来表示。标准公差因子是公称尺寸的函数。

1）当公称尺寸≤500mm时，标准公差因子 i（单位为 μm）的计算公式为

$$i = 0.45\sqrt[3]{D} + 0.001D \tag{2-19}$$

式中，D 是公称尺寸分段的几何平均值（mm）。

式（2-19）等号右边的第一项主要反映加工误差与公称尺寸呈立方抛物线关系，第二项反映了由温度变化引起的测量误差，该测量误差与公称尺寸呈线性关系。随着公称尺寸的增大，第二项的影响效果越来越显著。

2）当公称尺寸>500~3150mm时，标准公差因子 I（单位为 μm）的计算公式为

$$I = 0.004D + 2.1 \tag{2-20}$$

当公称尺寸>3150mm时，按式（2-20）来计算标准公差，也不能完全反映实际误差的分布规律。但目前尚未确定出更合理的计算公式，只能暂时按直线关系式计算。

2. 标准公差等级

公差等级是指确定尺寸精确程度的等级，其代号用 IT（ISO Tolerance）和阿拉伯数字表示。在极限与配合制中，同一公差等级对所有公称尺寸的一组公差被认为具有同等精确程度。

为满足生产使用要求，国家标准对公称尺寸≤500mm的孔、轴规定了20个标准公差等级，其代号分别为 IT01、IT0、IT1、IT2、…、IT18，从 IT01 到 IT18 等级依次降低，而相应的标准公差数值依次增大。

3. 标准公差数值的计算

在公称尺寸≤500mm的常用尺寸范围内，标准公差数值计算公式见表2-3；公称尺寸>500~3150mm的标准公差数值计算公式见表2-4。

表 2-3　公称尺寸≤500mm 的标准公差数值计算公式

标准公差等级	计算公式	标准公差等级	计算公式	标准公差等级	计算公式
IT01	$0.3 + 0.008D$	IT5	$7i$	IT12	$160i$
IT0	$0.5 + 0.012D$	IT6	$10i$	IT13	$250i$
IT1	$0.8 + 0.020D$	IT7	$16i$	IT14	$400i$
IT2	$(IT1) \times (IT5/IT1)^{1/4}$	IT8	$25i$	IT15	$640i$
IT3	$(IT1) \times (IT5/IT1)^{1/2}$	IT9	$40i$	IT16	$1000i$
IT4	$(IT1) \times (IT5/IT1)^{3/4}$	IT10	$64i$	IT17	$1600i$
		IT11	$100i$	IT18	$2500i$

表 2-4　公称尺寸 500~3150mm 的标准公差数值计算公式

标准公差等级	计算公式	标准公差等级	计算公式	标准公差等级	计算公式
IT1	$2I$	IT7	$16I$	IT13	$250I$
IT2	$2.7I$	IT8	$25I$	IT14	$400I$
IT3	$3.7I$	IT9	$40I$	IT15	$640I$
IT4	$5I$	IT10	$64I$	IT16	$1000I$
IT5	$7I$	IT11	$100I$	IT17	$1600I$
IT6	$10I$	IT12	$160I$	IT18	$2500I$

由表 2-3 和表 2-4 可知，公差等级 IT5 ~ IT18 的标准公差数值是由公差等级系数和标准公差因子的乘积决定的，其数值 IT 可表示为

$$IT = ai \text{ 或 } IT = aI \tag{2-21}$$

式中，a 是标准公差等级系数。

a 采用 R5 系列中的优先数，公比 $q = \sqrt[5]{10} \approx 1.6$。从 IT6 级开始，每增加 5 个等级，$a$ 值增大到 10 倍。

在常用尺寸段范围内，IT01、IT0、IT1 三个高公差等级的标准公差数值主要考虑测量误差的影响，因此其标准公差数值与公称尺寸呈线性关系，且三个标准公差等级之间的常数和系数均采用优先数系的派生系列 R10/2 中的优先数。IT2 ~ IT4 的标准公差数值大致按公比 $q = (IT5/IT1)^{1/4}$ 的等比数列递增。

4. 公称尺寸分段

根据标准公差数值计算公式，每一个公称尺寸都对应一个标准公差数值，这将导致公称尺寸数目众多、标准公差数值表庞大复杂，在生产实际中使用起来很不方便，同时不利于公差数值的标准化和系列化。而且当公称尺寸相近时，同一公差等级的公差数值相差很小。因此，为了简化标准公差数值表、统一公差数值，国家标准将公称尺寸分成若干段，具体分段情况见表 2-5。

公称尺寸分为主段落和中间段落。在标准公差表格中，一般使用主段落，对过盈或间隙比较敏感的一些配合，使用分段比较密的中间段落。

标准公差数值计算公式中的公称尺寸 D 应按所属尺寸分段（$>D_1 \sim D_2$）内首、尾两尺寸的几何平均值 $D = \sqrt{D_1 D_2}$ 代入计算。

但对于 $\leqslant 3mm$ 的公称尺寸段，其几何平均值为 $D = \sqrt{1 \times 3}\ mm = 1.732mm$。

按几何平均值计算出公差数值，再把尾数化整，即得出标准公差数值，见表 2-6。实际使用时一般用查表法确定标准公差数值。由表 2-6 可知，在同一个尺寸段中，标准公差等级越低，标准公差数值就越大，则尺寸精度越低。

例 2-2 求公称尺寸为 20mm，公差等级为 IT6、IT7 的标准公差数值。

解 公称尺寸为 20mm，属于 18 ~ 30mm 的尺寸段。这一尺寸段的几何平均值 D 和标准公差因子 i 分别由下式计算得到。

$$D = \sqrt{18 \times 30}\ mm \approx 23.24mm$$

$$i = 0.45\sqrt[3]{D} + 0.001D = (0.45\sqrt[3]{23.24} + 0.001 \times 23.24)\ \mu m = 1.31\mu m$$

查表 2-3 可得

$$IT6 = 10i = 10 \times 1.31\mu m \approx 13\mu m$$

$$IT7 = 16i = 16 \times 1.31\mu m \approx 21\mu m$$

表2-5　公称尺寸分段　　　　　　　　　　　　　　（单位：mm）

主段落		中间段落		主段落		中间段落	
大于	至	大于	至	大于	至	大于	至
—	3	无细分段		250	315	250	280
3	6					280	315
6	10			315	400	315	355
10	18	10	14			355	400
		14	18	400	500	400	450
18	30	18	24			450	500
		24	30	500	630	500	560
30	50	30	40			560	630
		40	50	630	800	630	710
50	80	50	65			710	800
		65	80	800	1000	800	900
80	120	80	100			900	1000
		100	120	1000	1250	1000	1120
120	180	120	140			1120	1250
		140	160	1250	1600	1250	1400
		160	180			1400	1600
180	250	180	200	1600	2000	1600	1800
		200	225			1800	2000
		225	250	2000	2500	2000	2240
						2240	2500
				2500	3150	2500	2800
						2800	3150

2.3.2　基本偏差

基本偏差是用来确定公差带相对零线位置的上极限偏差或下极限偏差。它是公差带位置标准化的唯一指标。

1. 基本偏差代号

为满足各种不同配合的需要，国家标准对孔、轴各规定了28个公差带位置，分别由28个基本偏差代号来确定。图2-17所示为基本偏差系列。

基本偏差代号用拉丁字母表示，大写字母代表孔，小写字母代表轴。在26个字母中，除去易与其他符号混淆的5个字母I(i)、L(l)、O(o)、Q(q)、W(w)，再加上7个双字母CD(cd)、EF(ef)、FG(fg)、JS(js)、ZA(za)、ZB(zb)、ZC(zc)，共28个字母作为孔和轴的基本偏差代号。其中，JS、js将逐渐代替近似对称的基本偏差J和j。因此，在国家标准中，孔仅保留J6、J7和J8，轴仅保留j5、j6、j7和j8。除JS和js外，其余基本偏差均与公差等级无关。

表 2-6　标准公差数值（摘自 GB/T 1800.1—2009）

公称尺寸/mm 大于	至	IT01	IT0	IT1	IT2	IT3	IT4	IT5	IT6	IT7	IT8	IT9	IT10	IT11	IT12	IT13	IT14	IT15	IT16	IT17	IT18
		μm													mm						
—	3	0.3	0.5	0.8	1.2	2	3	4	6	10	14	25	40	60	0.1	0.14	0.25	0.40	0.60	1.0	1.4
3	6	0.4	0.6	1	1.5	2.5	4	5	8	12	18	30	48	75	0.12	0.18	0.30	0.48	0.75	1.2	1.8
6	10	0.4	0.6	1	1.5	2.5	4	6	9	15	22	36	58	90	0.15	0.22	0.36	0.58	0.90	1.5	2.2
10	18	0.5	0.8	1.2	2	3	5	8	11	18	27	43	70	110	0.18	0.27	0.43	0.70	1.10	1.8	2.7
18	30	0.6	1	1.5	2.5	4	6	9	13	21	33	52	84	130	0.21	0.33	0.52	0.84	1.30	2.1	3.3
30	50	0.6	1	1.5	2.5	4	7	11	16	25	39	62	100	160	0.25	0.39	0.62	1.00	1.60	2.5	3.9
50	80	0.8	1.2	2	3	5	8	13	19	30	46	74	120	190	0.3	0.46	0.74	1.20	1.90	3.0	4.6
80	120	1	1.5	2.5	4	6	10	15	22	35	54	87	140	220	0.35	0.54	0.87	1.40	2.20	3.5	5.4
120	180	1.2	2	3.5	5	8	12	18	25	40	63	100	160	250	0.4	0.63	1.00	1.60	2.50	4.0	6.3
180	250	2	3	4.5	7	10	14	20	29	46	72	115	185	290	0.46	0.72	1.15	1.85	2.90	4.6	7.2
250	315	2.5	4	6	8	12	16	23	32	52	81	130	210	320	0.52	0.81	1.30	2.10	3.20	5.2	8.1
315	400	3	5	7	9	13	18	25	36	57	89	140	230	360	0.57	0.89	1.40	2.30	3.60	5.7	8.9
400	500	4	6	8	10	15	20	27	40	63	97	155	250	400	0.63	0.97	1.55	2.50	4.00	6.3	9.7
500	630	—	—	9	11	16	22	32	44	70	110	175	280	440	0.7	1.10	1.75	2.8	4.4	7.0	11.0
630	800	—	—	10	13	18	25	36	50	80	125	200	320	500	0.8	1.25	2.0	3.2	5.0	8.0	12.5
800	1000	—	—	11	15	21	28	40	56	90	140	230	360	560	0.9	1.40	2.3	3.6	5.6	9.0	14.0
1000	1250	—	—	13	18	24	33	47	66	105	165	260	420	660	1.05	1.65	2.6	4.2	6.6	10.5	16.5
1250	1600	—	—	15	21	29	39	55	78	125	195	310	500	780	1.25	1.95	3.1	5.0	7.8	12.5	19.5
1600	2000	—	—	18	25	35	46	65	92	150	230	370	600	920	1.5	2.30	3.7	6.0	9.2	15.0	23.0
2000	2500	—	—	22	30	41	55	78	110	175	280	440	700	1100	1.75	2.80	4.4	7.0	11.0	17.5	28.0
2500	3150	—	—	26	36	50	68	96	135	210	330	540	860	1350	2.1	3.30	5.4	8.6	13.5	21.0	33.0

注：1. 公称尺寸大于 500mm 的 IT1～IT5 的标准公差数值为试行的。
　　2. 公称尺寸小于或等于 1mm，无 IT14～IT18。

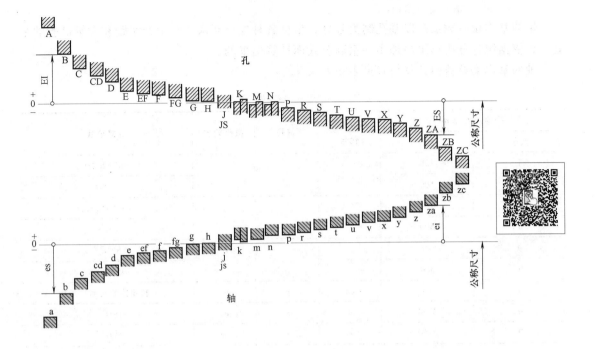

图 2-17　基本偏差系列

2. 基本偏差系列

图 2-17 所示为公称尺寸相同的 28 种孔和轴基本偏差相对零线的位置，其在图中具有倒影关系。基本偏差系列各公差带只画出一端，"开口"的另一端未画出，因为它由公差等级来确定，即由公差等级确定公差带的大小。

（1）轴的基本偏差系列　由图 2-17 可以看出轴的基本偏差具有以下特点。

1）代号为 a~g 的基本偏差为上极限偏差 es，其值为负，绝对值逐渐减小。

2）代号为 h 的基本偏差为上极限偏差 es，并且 es = 0。它是基轴制配合中基准轴的基本偏差代号。

3）基本偏差代号为 js 的公差带相对于零线对称分布，基本偏差可取上极限偏差 es = +IT/2，也可取下极限偏差 ei = −IT/2。

4）代号为 j~zc 的基本偏差为下极限偏差 ei，除 j 外其余皆为正值，并且基本偏差数值逐渐增大。

（2）孔的基本偏差系列　由图 2-17 可以看出孔的基本偏差具有以下特点。

1）代号为 A~G 的基本偏差为下极限偏差 EI，其值为正，基本偏差数值逐渐减小。

2）代号为 H 的基本偏差为下极限偏差 EI，并且 EI = 0。它是基孔制配合中基准孔的基本偏差代号。

3）基本偏差代号为 JS 的公差带相对于零线对称分布，基本偏差可取上极限偏差 ES = +IT/2，也可取下极限偏差 EI = −IT/2。

4）代号为 J~ZC 的基本偏差为上极限偏差 ES，除 J、K 外其余皆为负值，且绝对值逐渐增大。

3. 轴的基本偏差数值的确定

轴的基本偏差数值是以基孔制为基础，根据各种配合要求，在生产实践和大量试验的基础上，依据统计分析结果整理出一系列公式而计算出来的。

轴的基本偏差数值计算公式见表2-7。

表2-7 轴的基本偏差数值计算公式

公称尺寸/mm		基本偏差代号	符号	极限偏差	计算公式
大于	至				
1	120	a	–	es	$265+1.3D$
120	500				$3.5D$
1	160	b	–	es	$\approx 140+0.85D$
160	500				$\approx 1.8D$
0	40	c	–	es	$52D^{0.2}$
40	500				$95+0.8D$
0	10	cd	–	es	c 和 d 值的几何平均值
0	3150	d	–	es	$16D^{0.44}$
0	3150	e	–	es	$11D^{0.41}$
0	10	ef	–	es	e 和 f 值的几何平均值
0	3150	f	–	es	$5.5D^{0.41}$
0	10	fg	–	es	f 和 g 值的几何平均值
0	3150	g	–	es	$2.5D^{0.34}$
0	3150	h	无符号	es	0
0	500	j			无公式
0	3150	js	+ –	es ei	$0.5ITn$
0	500	k	+	ei	$0.6\sqrt[3]{D}$
500	3150		无符号		0
0	500	m	+	ei	IT7–IT6
500	3150				$0.024D+12.6$
0	500	n	+	ei	$5D^{0.34}$
500	3150				$0.04D+21$
0	500	p	+	ei	IT7+（0~5）
500	3150				$0.072D+37.8$
0	3150	r	+	ei	p 和 s 值的几何平均值
0	50	s	+	ei	IT8+（1~4）
50	3150				$IT7+0.4D$
24	3150	t	+	ei	$IT7+0.63D$
0	3150	u	+	ei	IT7+D
14	500	v	+	ei	$IT7+1.25D$

（续）

公称尺寸/mm		基本偏差代号	符号	极限偏差	计算公式
大于	至				
0	500	x	+	ei	$IT7+1.6D$
18	500	y	+	ei	$IT7+2D$
0	500	z	+	ei	$IT7+2.5D$
0	500	za	+	ei	$IT8+3.5D$
0	500	zb	+	ei	$IT9+4D$
0	500	zc	+	ei	$IT10+5D$

注: 1. 公式中 D 是公称尺寸的几何平均值,单位为 mm。

　　2. 公称尺寸至 500mm 轴的基本偏差 k 的计算公式仅适用于标准公差等级 IT4~IT7,所有其他公称尺寸和所有其他 IT 等级的基本偏差 k=0。

轴的另一个极限偏差是根据基本偏差和标准公差的关系,分别按式（2-22）或式（2-23）计算得出。

$$es = ei + IT \qquad (2-22)$$

$$ei = es - IT \qquad (2-23)$$

利用轴的基本偏差计算公式,圆整尾数得到轴的基本偏差数值,见表 2-8。

4. 孔的基本偏差数值的确定

孔和轴的基本偏差呈倒影关系,孔的基本偏差是根据轴的基本偏差换算得到的。

换算原则是:在孔、轴同级配合或孔比轴低一级的配合中,基轴制配合中孔的基本偏差代号与基孔制配合中轴的基本偏差代号相当时,应该保证基轴制和基孔制的配合性质相同,且极限间隙或极限过盈相同。例如:G7/h6 与 H7/g6、M8/h7 与 H8/m7 的配合性质均相同。

根据上述原则,孔的基本偏差可以按下面两种规则计算。

（1）通用规则　通用规则是指同一个字母表示的孔、轴的基本偏差绝对值相等,符号相反。孔的基本偏差与轴的基本偏差关于零线对称,相当于轴基本偏差关于零线的倒影,所以又称为倒影规则。

通用规则适用于以下情况。

1）对于孔的基本偏差 A~H,不论孔、轴是否采用同级配合,都有 $EI = -es$。

2）对于孔的基本偏差 K~ZC,标准公差>IT8 的 K、M、N 以及>IT7 的 P~ZC,孔、轴一般都采用同级配合,故按通用规则确定,则有 $ES = -ei$。

特例:公称尺寸大于 3mm,标准公差大于 IT8 的 N,其基本偏差 $ES = 0$。

（2）特殊规则　特殊规则是指同一字母表示孔、轴基本偏差时,孔的基本偏差和轴的基本偏差符号相反,而绝对值相差一个 Δ 值,Δ 值可在表 2-9 中 "Δ" 栏处查得。

在较高的公差等级中,因相同公差等级的孔比轴难加工,因而常采用异级配合,即配合中孔的公差等级通常比轴低一级,并要求两种配合制所形成的配合性质相同。

基孔制配合时 $Y_{min} = ES - ei = +ITn - ei$

基轴制配合时 $Y_{min} = ES - ei = ES - (-IT(n-1))$

当配合性质相同时,有

$$ITn - ei = ES + IT(n-1)$$

表2-8 公称尺寸≤500mm 轴的基本偏差数值（摘自 GB/T 1800.1—2009） （单位：μm）

基本偏差数值

公称尺寸/mm 大于	至	es: a	b	c	cd	d	e	ef	f	fg	g	h	js	ei: j(IT5,IT6)	j(IT7)	IT8	k(IT4~IT7)	k(≤IT3或>IT7)
—	3	-270	-140	-60	-34	-20	-14	-10	-6	-4	-2	0	偏差等于 $\pm\frac{ITn}{2}$，式中 ITn 是 IT 数值	-2	-4	-6	0	0
3	6	-270	-140	-70	-46	-30	-20	-14	-10	-6	-4	0		-2	-4		+1	0
6	10	-280	-150	-80	-56	-40	-25	-18	-13	-8	-5	0		-2	-5		+1	0
10	14	-290	-150	-95		-50	-32		-16		-6	0		-3	-6		+1	0
14	18	-290	-150	-95		-50	-32		-16		-6	0		-3	-6		+1	0
18	24	-300	-160	-110		-65	-40		-20		-7	0		-4	-8		+2	0
24	30	-300	-160	-110		-65	-40		-20		-7	0		-4	-8		+2	0
30	40	-310	-170	-120		-80	-50		-25		-9	0		-5	-10		+2	0
40	50	-320	-180	-130		-80	-50		-25		-9	0		-5	-10		+2	0
50	65	-340	-190	-140		-100	-60		-30		-10	0		-7	-12		+2	0
65	80	-360	-200	-150		-100	-60		-30		-10	0		-7	-12		+2	0
80	100	-380	-220	-170		-120	-72		-36		-12	0		-9	-15		+3	0
100	120	-410	-240	-180		-120	-72		-36		-12	0		-9	-15		+3	0
120	140	-460	-260	-200		-145	-85		-43		-14	0		-11	-18		+3	0
140	160	-520	-280	-210		-145	-85		-43		-14	0		-11	-18		+3	0
160	180	-580	-310	-230		-145	-85		-43		-14	0		-11	-18		+3	0
180	200	-660	-340	-240		-170	-100		-50		-15	0		-13	-21		+4	0
200	225	-740	-380	-260		-170	-100		-50		-15	0		-13	-21		+4	0
225	250	-820	-420	-280		-170	-100		-50		-15	0		-13	-21		+4	0
250	280	-920	-480	-300		-190	-110		-56		-17	0		-16	-26		+4	0
280	315	-1050	-540	-330		-190	-110		-56		-17	0		-16	-26		+4	0
315	355	-1200	-600	-360		-210	-125		-62		-18	0		-18	-28		+4	0
355	400	-1350	-680	-400		-210	-125		-62		-18	0		-18	-28		+4	0
400	450	-1500	-760	-440		-230	-135		-68		-20	0		-20	-32		+5	0
450	500	-1650	-840	-480		-230	-135		-68		-20	0		-20	-32		+5	0

注：上极限偏差 es 栏（a～h）适用于所有标准公差等级；下极限偏差 ei 栏包括 j、k。

（续）

公称尺寸/mm		基本偏差数值 下极限偏差 ei 所有标准公差等级													
大于	至	m	n	p	r	s	t	u	v	x	y	z	za	zb	zc
—	3	+2	+4	+6	+10	+14		+18		+20		+26	+32	+40	+60
3	6	+4	+8	+12	+15	+19		+23		+28		+35	+42	+50	+80
6	10	+6	+10	+15	+19	+23		+28		+34		+42	+52	+67	+97
10	14	+7	+12	+18	+23	+28		+33		+40		+50	+64	+90	+130
14	18	+7	+12	+18	+23	+28		+33	+39	+45		+60	+77	+108	+150
18	24	+8	+15	+22	+28	+35	+41	+41	+47	+54	+63	+73	+90	+136	+188
24	30	+8	+15	+22	+28	+35	+48	+48	+55	+64	+75	+88	+118	+160	+218
30	40	+9	+17	+26	+34	+43	+54	+60	+68	+80	+94	+112	+148	+200	+274
40	50	+9	+17	+26	+34	+43	+66	+70	+81	+97	+114	+136	+180	+242	+325
50	65	+11	+20	+32	+41	+53	+75	+87	+102	+122	+144	+172	+226	+300	+405
65	80	+11	+20	+32	+43	+59	+91	+102	+120	+146	+174	+210	+274	+360	+480
80	100	+13	+23	+37	+51	+71	+104	+124	+146	+178	+214	+258	+335	+445	+585
100	120	+13	+23	+37	+54	+79	+122	+144	+172	+210	+254	+310	+400	+525	+690
120	140	+15	+27	+43	+63	+92	+134	+170	+202	+248	+300	+365	+470	+620	+800
140	160	+15	+27	+43	+65	+100	+146	+190	+228	+280	+340	+415	+535	+700	+900
160	180	+15	+27	+43	+68	+108	+166	+210	+252	+310	+380	+465	+600	+780	+1000
180	200	+17	+31	+50	+77	+122	+180	+236	+284	+350	+425	+520	+670	+880	+1150
200	225	+17	+31	+50	+80	+130	+196	+258	+310	+385	+470	+575	+740	+960	+1250
225	250	+17	+31	+50	+84	+140	+218	+284	+340	+425	+520	+640	+820	+1050	+1350
250	280	+20	+34	+56	+94	+158	+240	+315	+385	+475	+580	+710	+920	+1200	+1550
280	315	+20	+34	+56	+98	+170	+268	+350	+425	+525	+650	+790	+1000	+1300	+1700
315	355	+21	+37	+62	+108	+190	+294	+390	+475	+590	+730	+900	+1150	+1500	+1900
355	400	+21	+37	+62	+114	+208	+330	+435	+530	+660	+820	+1000	+1300	+1650	+2100
400	450	+23	+40	+68	+126	+232	+360	+490	+595	+740	+920	+1100	+1450	+1850	+2400
450	500	+23	+40	+68	+132	+252		+540	+660	+820	+1000	+1250	+1600	+2100	+2600

注：1. 公称尺寸小于或等于 1mm 时，基本偏差 a 和 b 不采用。

2. 公差带 js7～js11，若 ITn 数值为奇数，则偏差 ＝±(ITn−1)/2。

表 2-9　公称尺寸 ≤500mm 孔的基本偏差数值（摘自 GB/T 1800.1—2009）

（单位：μm）

公称尺寸 /mm		基本偏差数值																				
		下极限偏差 EI												上极限偏差 ES								
		所有标准公差等级												J			K		M		N	
大于	至	A	B	C	CD	D	E	EF	F	FG	G	H	JS	IT6	IT7	IT8	≤IT8 / >IT8		≤IT8 / >IT8		≤IT8 / >IT8	>IT8
—	3	+270	+140	+60	+34	+20	+14	+10	+6	+4	+2	0	偏差等于 $\pm\frac{ITn}{2}$，式中 ITn 是 IT 数值	+2	+4	+6	0 / 0		−2 / −2		−4 / −4	
3	6	+270	+140	+70	+46	+30	+20	+14	+10	+6	+4	0		+5	+6	+10	−1+Δ /		−4+Δ / −4		−8+Δ / 0	
6	10	+280	+150	+80	+56	+40	+25	+18	+13	+8	+5	0		+5	+8	+12	−1+Δ /		−6+Δ / −6		−10+Δ / 0	
10	14	+290	+150	+95		+50	+32		+16		+6	0		+6	+10	+15	−1+Δ /		−7+Δ / −7		−12+Δ / 0	
14	18																					
18	24	+300	+160	+110		+65	+40		+20		+7	0		+8	+12	+20	−2+Δ /		−8+Δ / −8		−15+Δ / 0	
24	30																					
30	40	+310	+170	+120		+80	+50		+25		+9	0		+10	+14	+24	−2+Δ /		−9+Δ / −9		−17+Δ / 0	
40	50	+320	+180	+130																		
50	65	+340	+190	+140		+100	+60		+30		+10	0		+13	+18	+28	−2+Δ /		−11+Δ / −11		−20+Δ / 0	
65	80	+360	+200	+150																		
80	100	+380	+220	+170		+120	+72		+36		+12	0		+16	+22	+34	−3+Δ /		−13+Δ / −13		−23+Δ / 0	
100	120	+410	+240	+180																		
120	140	+460	+260	+200		+145	+85		+43		+14	0		+18	+26	+41	−3+Δ /		−15+Δ / −15		−27+Δ / 0	
140	160	+520	+280	+210																		
160	180	+580	+310	+230																		
180	200	+660	+340	+240		+170	+100		+50		+15	0		+22	+30	+47	−4+Δ /		−17+Δ / −17		−31+Δ / 0	
200	225	+740	+380	+260																		
225	250	+820	+420	+280																		
250	280	+920	+480	+300		+190	+110		+56		+17	0		+25	+36	+55	−4+Δ /		−20+Δ / −20		−34+Δ / 0	
280	315	+1050	+540	+330																		
315	355	+1200	+600	+360		+210	+125		+62		+18	0		+29	+39	+60	−4+Δ /		−21+Δ / −21		−37+Δ / 0	
355	400	+1350	+680	+400																		
400	450	+1500	+760	+440		+230	+135		+68		+20	0		+33	+43	+66	−5+Δ /		−23+Δ / −23		−40+Δ / 0	
450	500	+1650	+840	+480																		

（续）

公称尺寸/mm		基本偏差数值																	
		上极限偏差 ES												Δ					
		P~ZC																	
		≤IT7	>IT7																
大于	至	P	R	S	T	U	V	X	Y	Z	ZA	ZB	ZC	IT3	IT4	IT5	IT6	IT7	IT8
—	3	−6	−10	−14		−18		−20		−26	−32	−40	−60	0	0	0	0	0	0
3	6	−12	−15	−19		−23		−28		−35	−42	−50	−80	1	1.5	1	3	4	6
6	10	−15	−19	−23		−28		−34		−42	−52	−67	−97	1	1.5	2	3	6	7
10	14	−18	−23	−28		−33		−40		−50	−64	−90	−130	1	2	3	3	7	9
14	18	−18	−23	−28		−33	−39	−45		−60	−77	−108	−150	1	2	3	3	7	9
18	24	−22	−28	−35		−41	−47	−54	−63	−73	−98	−136	−188	1.5	2	3	4	8	12
24	30	−22	−28	−35	−41	−48	−55	−64	−75	−88	−118	−160	−218	1.5	2	3	4	8	12
30	40	−26	−34	−43	−48	−60	−68	−80	−94	−112	−148	−200	−274	1.5	3	4	5	9	14
40	50	−26	−34	−43	−54	−70	−81	−97	−114	−136	−180	−242	−325	1.5	3	4	5	9	14
50	65	−32	−41	−53	−66	−87	−102	−122	−144	−172	−226	−300	−405	2	3	5	6	11	16
65	80	−32	−43	−59	−75	−102	−120	−146	−174	−210	−274	−360	−480	2	3	5	6	11	16
80	100	−37	−51	−71	−91	−124	−146	−178	−214	−258	−335	−445	−585	2	4	5	7	13	19
100	120	−37	−54	−79	−104	−144	−172	−210	−254	−310	−400	−525	−690	2	4	5	7	13	19
120	140	−43	−63	−92	−122	−170	−202	−248	−300	−365	−470	−620	−800	3	4	6	7	15	23
140	160	−43	−65	−100	−134	−190	−228	−280	−340	−415	−535	−700	−900	3	4	6	7	15	23
160	180	−43	−68	−108	−146	−210	−252	−310	−380	−465	−600	−780	−1000	3	4	6	7	15	23
180	200	−50	−77	−122	−166	−236	−284	−350	−425	−520	−670	−880	−1150	3	4	6	9	17	26
200	225	−50	−80	−130	−180	−258	−310	−385	−470	−575	−740	−960	−1250	3	4	6	9	17	26
225	250	−50	−84	−140	−196	−284	−340	−425	−520	−640	−820	−1050	−1350	3	4	6	9	17	26
250	280	−56	−94	−158	−218	−315	−385	−475	−580	−710	−920	−1200	−1550	4	4	7	9	20	29
280	315	−56	−98	−170	−240	−350	−425	−525	−650	−790	−1000	−1300	−1700	4	4	7	9	20	29
315	355	−62	−108	−190	−268	−390	−475	−590	−730	−900	−1150	−1500	−1900	4	5	7	11	21	32
355	400	−62	−114	−208	−294	−435	−530	−660	−820	−1000	−1300	−1650	−2100	4	5	7	11	21	32
400	450	−68	−126	−232	−330	−490	−595	−740	−920	−1100	−1450	−1850	−2400	5	5	7	13	23	34
450	500	−68	−132	−252	−360	−540	−660	−820	−1000	−1250	−1600	−2100	−2600	5	5	7	13	23	34

注（>IT7 各基本偏差）：在大于 IT7 级的相应数值上增加一个 Δ 值。

注：1. 公称尺寸小于或等于 1mm 时，基本偏差 A 和 B 及大于 IT8 的 N 均不采用。

2. 公差带 JS7~JS11，若 ITn 的数值为奇数，则偏差 $=\pm(\text{IT}n-1)/2$。

3. 标准公差 ≤IT8 的 K、M、N 及 ≤IT7 的 P~ZC，所需 Δ 值从表内右侧选取。例如：18~30 尺寸段的 K7，Δ=8μm，因此 ES=(−2+8)μm=+6μm；18~30mm 尺寸段的 M6，ES=−9mm（代替 −11μm）。特殊情况：250~315mm 段的 S6，Δ=4μm，因此 ES=(−35+4)μm=−31μm。

因此孔的基本偏差为

$$ES = -ei + \Delta \tag{2-24}$$

$$\Delta = ITn - IT(n-1) \tag{2-25}$$

式中，ITn 是某一级孔的标准公差数值；$IT(n-1)$ 是高一级轴的标准公差数值。

特殊规则适用于以下情况：

公称尺寸 ≤500mm，标准公差 ≤IT8 的 K、M、N 和标准公差 ≤IT7 的 P～ZC。

孔的另一个极限偏差是根据基本偏差和标准公差的关系，按式（2-26）或式（2-27）计算得出。

$$ES = EI + IT \tag{2-26}$$

$$EI = ES - IT \tag{2-27}$$

按照孔的基本偏差换算原则，得到孔的基本偏差数值，见表 2-9。

5. 公称尺寸>500～3150mm 的孔、轴的基本偏差数值

公称尺寸大于 500mm 时，孔与轴一般都采用同级配合。因此只要孔、轴的基本偏差代号相对应，它们的基本偏差数值相等、符号相反。

公称尺寸>500～3150mm 孔、轴的基本偏差计算公式见表 2-10，孔、轴的基本偏差数值见表 2-11。

由表 2-11 可知，大尺寸段孔、轴的公差等级范围为 IT6～IT18，基本偏差代号范围为 d（D）～u（U），此范围内不包括 ef(EF)、fg(FG) 和 j(J) 基本偏差代号。

表 2-10　公称尺寸>500～3150mm 孔、轴的基本偏差数值计算公式

轴			计算公式	孔		
基本偏差代号	极限偏差	符号		符号	极限偏差	基本偏差代号
d	es	-	$16D^{0.44}$	+	EI	D
e	es	-	$11D^{0.41}$	+	EI	E
f	es	-	$5.5D^{0.41}$	+	EI	F
g	es	-	$2.5D^{0.34}$	+	EI	G
h	es	无符号	0	无符号	EI	H
js	es 或 ei	+或-	$0.5IT_n$	+或-	EI 或 ES	JS
k	ei	无符号	0	无符号	ES	K
m	ei	+	$0.024D+12.6$	-	ES	M
n	ei	+	$0.04D+21$	-	ES	N
p	ei	+	$0.072D+37.8$	-	ES	P
r	ei	+	P、p 和 S、s 值的几何平均值	-	ES	R
s	ei	+	$IT7+0.4D$	-	ES	S
t	ei	+	$IT7+0.63D$	-	ES	T
u	ei	+	$IT7+D$	-	ES	U

注：1. D 为公称尺寸段的几何平均值，单位为 mm。

　　2. 除 js、JS 外，表中所列公式与标准公差等级无关。

表 2-11　公称尺寸>500~3150mm 孔、轴的基本偏差数值

		d	e	f	g	h	js	k	m	n	p	r	s	t	u
轴 代号	基本偏差代号	d	e	f	g	h	js	k	m	n	p	r	s	t	u
	公差等级范围	IT6~IT18													
偏差	表中偏差	es						ei							
	另一偏差计算公式	ei = es−IT						es = ei+IT							
	偏差正负号	−	−	−	−			+	+	+	+	+	+	+	+
尺寸分段/mm	>500~560	260	145	76	22	0	偏差 = ± $\frac{ITn}{2}$，式中 ITn 是 IT 数值	0	26	44	78	150	280	400	600
偏差数值/μm	>560~630	260	145	76	22	0		0	26	44	78	155	310	450	660
	>630~710	290	160	80	24	0		0	30	50	88	175	340	500	740
	>710~800	290	160	80	24	0		0	30	50	88	185	380	560	840
	>800~900	320	170	86	26	0		0	34	56	100	210	430	620	940
	>900~1000	320	170	86	26	0		0	34	56	100	220	470	680	1050
	>1000~1120	350	195	98	28	0		0	40	60	120	250	520	780	1150
	>1120~1250	350	195	98	28	0		0	40	60	120	260	580	840	1300
	>1250~1400	390	220	110	30	0		0	48	78	140	300	640	960	1450
	>1400~1600	390	220	110	30	0		0	48	78	140	330	720	1050	1600
	>1600~1800	430	240	120	32	0		0	58	92	170	370	820	1200	1850
	>1800~2000	430	240	120	32	0		0	58	92	170	400	920	1350	2000
	>2000~2240	480	260	130	34	0		0	68	110	195	440	1000	1500	2300
	>2240~2500	480	260	130	34	0		0	68	110	195	460	1100	1650	2500
	>2500~2800	520	290	145	38	0		0	76	135	240	550	1250	1900	2900
	>2800~3150	520	290	145	38	0		0	76	135	240	580	1400	2100	3200
孔 偏差	偏差正负号	+	+	+	+			−	−	−	−	−	−	−	−
	另一偏差计算公式	ES = EI+IT						EI = ES−IT							
	表中偏差	EI						ES							
代号	公差等级范围	IT6~IT18													
	基本偏差代号	D	E	F	G	H	JS	K	M	N	P	R	S	T	U

2.3.3　孔、轴极限与配合在图样上的标注

1. 在零件图上的标注

（1）公差带代号　由于公差带相对于零线的位置由基本偏差确定，公差带的大小由标准公差确定，因此公差带代号由基本偏差代号与公差等级代号中的数字组成。例如：H7、F8 为孔的公差带代号，k6、h7 为轴的公差带代号。

（2）标注　标注在零件图上的方式有以下三种。

1）在孔或轴的公称尺寸后面标注公差带代号，如图 2-18 所示的 φ50H7、φ50k6。

2）在孔或轴的公称尺寸后面标注上、下极限偏差数值，如图 2-19 所示的 $\phi 50^{+0.025}_{0}$、$\phi 50^{+0.018}_{+0.002}$、φ50±0.008。

上极限偏差应标注在公称尺寸的右上角；下极限偏差应与公称尺寸在同一底线上，且

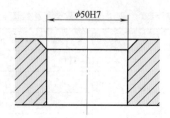

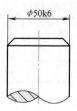

图 2-18　标注示例一

上、下极限偏差数字的字号应比公称尺寸数字的字号小一号。

当上极限偏差或下极限偏差为零时，要标出极限偏差数值"0"，不可省略，如图 2-19a 所示。若上、下极限偏差值相等而符号相反时，则在极限偏差数值与公称尺寸之间标注符号"±"，且两者数字高度相同，如图 2-19c 所示。

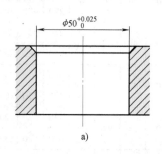

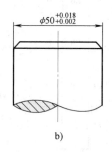

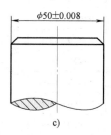

a)　　　　　　　　　　b)　　　　　　　　　　c)

图 2-19　标注示例二

3）在孔或轴的公称尺寸后面同时标注公差带代号及上、下极限偏差数值，此时后者应加上圆括号，如图 2-20 所示的 $\phi50H7(^{+0.025}_{0})$、$\phi50k6\ (^{+0.018}_{+0.002})$。

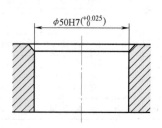

图 2-20　标注示例三

2. 配合及其标注

（1）配合代号　配合代号由相互结合的孔、轴的公差带代号组成。配合代号用分数形式表示，分子为孔的公差带代号，分母为轴的公差带代号。例如：基孔制配合代号 $\phi50\dfrac{H7}{k6}$ 或 $\phi50H7/k6$，基轴制配合代号 $\phi50\dfrac{F8}{h7}$ 或 $\phi50F8/h7$。

（2）配合的标注　配合代号一般标注在装配图中，如图 2-21 所示。

图 2-21b 所示的配合代号 $\phi50\dfrac{H7}{k6}$ 的含义为：相配合的孔、轴公称尺寸为 $\phi50$mm，基孔制配合，孔的基本偏差代号为 H，公差等级为 7 级；轴的基本偏差代号为 k，公差等级为 6 级。

在装配图中，当一非标准件与标准件配合时，可以仅标注非标准件的公差带代号，如图 2-22 所示。

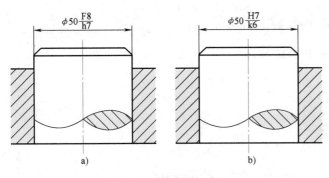

图 2-21 配合标注示例一

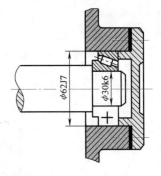

图 2-22 配合标注示例二

例2-3 用查表法确定 $\phi25H8/p8$、$\phi25P8/h8$ 和 $\phi25P7/h6$ 的极限偏差数值。

解 查表 2-6 得：$IT8=33\mu m$，$IT7=21\mu m$，$IT6=13\mu m$。

1) 基孔制配合 $\phi25H8/p8$。

轴 p8 的基本偏差为下极限偏差 ei，查表 2-8 得

$$ei=+22\mu m$$

轴 p8 的上极限偏差 es 为

$$es=ei+IT8=(+22+33)\mu m=+55\mu m$$

孔 H8 的基本偏差为下极限偏差 EI，EI=0，上极限偏差 ES 为

$$ES=EI+IT8=(0+33)\mu m=+33\mu m$$

由此可得

$$\phi25H8\left(^{+0.033}_{0}\right)/p8\left(^{+0.055}_{+0.022}\right)$$

2) 基轴制配合 $\phi25P8/h8$。

孔 P8 的基本偏差为上极限偏差 ES，查表 2-9 得

$$ES=-22\mu m$$

孔 P8 的下极限偏差 EI 为

$$EI=ES-IT8=(-22-33)\mu m=-55\mu m$$

轴 h8 的基本偏差为上极限偏差 es，es=0，下极限偏差 ei 为

$$ei=es-IT8=(0-33)\mu m=-33\mu m$$

由此可得

$$\phi25P8\left(^{-0.022}_{-0.055}\right)/h8\left(^{0}_{-0.033}\right)$$

3) 基轴制配合 $\phi25P7/h6$。

孔 P7 的基本偏差为上极限偏差 ES，查表 2-9 得

$$ES=[(-22)+\Delta]=(-22+8)\mu m=-14\mu m$$

孔 P7 的下极限偏差 EI 为

$$EI=ES-IT7=(-14-21)\mu m=-35\mu m$$

轴 h6 的基本偏差为上极限偏差 es，es=0，下极限偏差 ei 为

$$ei = es - IT6 = (0-13)\,\mu m = -13\,\mu m$$

由此可得

$$\phi 25 P7\left(^{-0.014}_{-0.035}\right)/h6\left(^{0}_{-0.013}\right)$$

三对配合的孔、轴公差带图如图 2-23 所示。

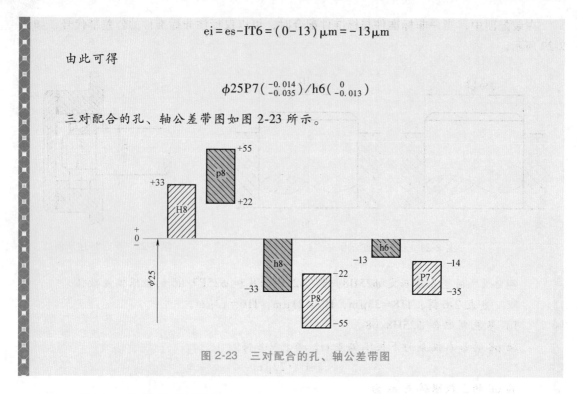

图 2-23　三对配合的孔、轴公差带图

2.3.4　常用尺寸段公差带与配合

GB/T 1800.1—2009 规定了 20 个标准公差等级和 28 种基本偏差代号，由此可组成 543 种孔的公差带（基本偏差 J 只有 J6、J7、J8）、544 种轴的公差带（基本偏差 j 只有 j5、j6、j7、j8）。由孔和轴的公差带可组成大量的配合，如此多的公差带与配合全部使用显然是不经济的。为了获得最佳的技术经济效益，减少定值刀具、量具及工艺装备的品种和规格，有必要对公差带和配合加以限制，并选用适当的孔与轴公差带以组成配合。

1. 孔的公差带

在公称尺寸≤500mm 的常用尺寸段范围内，国家标准推荐了 105 种孔的一般、常用和优先公差带，如图 2-24 所示。其中方框内的 43 种为常用公差带，圆圈内的 13 种为优先公差带。

2. 轴的公差带

在公称尺寸≤500mm 的常用尺寸段范围内，国家标准推荐了 116 种轴的一般、常用和优先公差带，如图 2-25 所示。其中方框内的 59 种为常用公差带，圆圈内的 13 种为优先公差带。

在选用公差带时，应按优先、常用、一般公差带的顺序选取。仅在特殊情况下，当一般公差带也不能满足使用要求时，允许按国家标准规定的基本偏差和标准公差等级组成所需的公差带。

3. 孔、轴的配合

GB/T 1801—2009 规定了基孔制常用配合 59 种，其中注有▶符号的 13 种为优先配

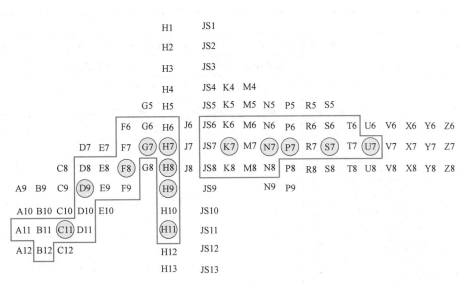

图 2-24　公称尺寸≤500mm 孔的一般、常用和优先公差带

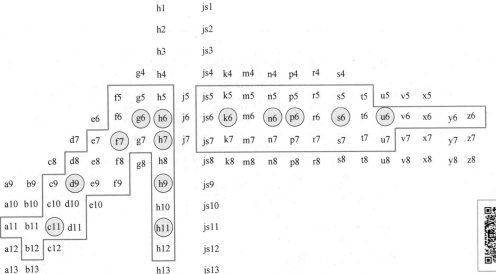

图 2-25　公称尺寸≤500mm 轴的一般、常用和优先公差带

合，见表 2-12；基轴制配合常用配合为 47 种，其中注有▶符号的 13 种为优先配合，见表 2-13。

在表 2-12 中，当轴的标准公差等级≤IT7 时，与低一级的基准孔相配合；当轴的标准公差等级≥IT8 时，与同级基准孔相配合。

互换性与测量技术基础（3D版）

表 2-12 基孔制优先、常用配合

基准孔	a	b	c	d	e	f	g	h	js	k	m	n	p	r	s	t	u	v	x	y	z
			间隙配合							过渡配合							过盈配合				
H6						$\frac{H6}{f5}$	$\frac{H6}{g5}$	$\frac{H6}{h5}$	$\frac{H6}{js5}$	$\frac{H6}{k5}$	$\frac{H6}{m5}$	$\frac{H6}{n5}$	$\frac{H6}{p5}$	$\frac{H6}{r5}$	$\frac{H6}{s5}$	$\frac{H6}{t5}$					
H7						$\frac{H7}{f6}$	$\frac{H7}{g6}$	$\frac{H7}{h6}$	$\frac{H7}{js6}$	$\frac{H7}{k6}$	$\frac{H7}{m6}$	$\frac{H7}{n6}$	$\frac{H7}{p6}$	$\frac{H7}{r6}$	$\frac{H7}{s6}$	$\frac{H7}{t6}$	$\frac{H7}{u6}$	$\frac{H7}{v6}$	$\frac{H7}{x6}$	$\frac{H7}{y6}$	$\frac{H7}{z6}$
H8					$\frac{H8}{e7}$	$\frac{H8}{f7}$	$\frac{H8}{g7}$	$\frac{H8}{h7}$	$\frac{H8}{js7}$	$\frac{H8}{k7}$	$\frac{H8}{m7}$	$\frac{H8}{n7}$	$\frac{H8}{p7}$	$\frac{H8}{r7}$	$\frac{H8}{s7}$	$\frac{H8}{t7}$	$\frac{H8}{u7}$				
				$\frac{H8}{d8}$	$\frac{H8}{e8}$	$\frac{H8}{f8}$		$\frac{H8}{h8}$													
H9			$\frac{H9}{c9}$	$\frac{H9}{d9}$	$\frac{H9}{e9}$	$\frac{H9}{f9}$		$\frac{H9}{h9}$													
H10			$\frac{H10}{c10}$	$\frac{H10}{d10}$				$\frac{H10}{h10}$													
H11	$\frac{H11}{a11}$	$\frac{H11}{b11}$	$\frac{H11}{c11}$	$\frac{H11}{d11}$				$\frac{H11}{h11}$													
H12		$\frac{H12}{b12}$						$\frac{H12}{h12}$													

注：1. $\frac{H6}{n5}$、$\frac{H7}{p6}$ 在公称尺寸小于或等于 3mm 和 $\frac{H8}{r7}$ 在公称尺寸小于或等于 100mm 时，为过渡配合。

2. 带 ◣ 的配合为优先配合。

表 2-13 基轴制优先、常用配合

基准轴	A	B	C	D	E	F	G	H	JS	K	M	N	P	R	S	T	U	V	X	Y	Z
			间隙配合							过渡配合							过盈配合				
h5						$\frac{F6}{h5}$	$\frac{G6}{h5}$	$\frac{H6}{h5}$	$\frac{JS6}{h5}$	$\frac{K6}{h5}$	$\frac{M6}{h5}$	$\frac{N6}{h5}$	$\frac{P6}{h5}$	$\frac{R6}{h5}$	$\frac{S6}{h5}$	$\frac{T6}{h5}$					
h6						$\frac{F7}{h6}$	$\frac{G7}{h6}$	$\frac{H7}{h6}$	$\frac{JS7}{h6}$	$\frac{K7}{h6}$	$\frac{M7}{h6}$	$\frac{N7}{h6}$	$\frac{P7}{h6}$	$\frac{R7}{h6}$	$\frac{S7}{h6}$	$\frac{T7}{h6}$	$\frac{U7}{h6}$				
h7					$\frac{E8}{h7}$	$\frac{F8}{h7}$		$\frac{H8}{h7}$	$\frac{JS8}{h7}$	$\frac{K8}{h7}$	$\frac{M8}{h7}$	$\frac{N8}{h7}$									
h8				$\frac{D8}{h8}$	$\frac{E8}{h8}$	$\frac{F8}{h8}$		$\frac{H8}{h8}$													
h9				$\frac{D9}{h9}$	$\frac{E9}{h9}$	$\frac{F9}{h9}$		$\frac{H9}{h9}$													
h10				$\frac{D10}{h10}$				$\frac{H10}{h10}$													
h11	$\frac{A11}{h11}$	$\frac{B11}{h11}$	$\frac{C11}{h11}$	$\frac{D11}{h11}$				$\frac{H11}{h11}$													
h12		$\frac{B12}{h12}$						$\frac{H12}{h12}$													

注：带 ◣ 的配合为优先配合。

2.4　极限与配合的选择

孔、轴极限与配合的选择是机械设计与制造中的一个重要环节。极限与配合的选择是否恰当，对机械产品的精度、性能、互换性和成本都有很大影响，有时甚至起决定性作用。因此，极限与配合的选择实质上是尺寸的精度设计。

极限与配合的应用就是如何经济地满足使用要求，确定相配合孔、轴极限带的大小和位置。极限与配合的选择主要包括配合制、公差等级及配合的选择。

2.4.1　配合制的选择

配合制包括基孔制配合和基轴制配合两种。选用配合制时，应综合考虑零件的结构特点、加工工艺、经济效益等因素，遵循以下原则来确定。

1. 优先选用基孔制配合

一般情况下应优先选用基孔制配合。因为对于中、小尺寸的孔多采用定值刀具（如钻头、铰刀、拉刀等）加工，定值量具（如光滑极限量规等）检验。而每一种规格的定值刀具、量具只能加工和检验一种特定尺寸和公差带的孔。例如：$\phi25H8/p8$、$\phi25H8/f7$、$\phi25H8/k7$ 是公称尺寸相同的基孔制配合，虽然它们的配合性质各不相同，但孔的公差带是相同的，所以只需用同一规格的定值刀具、量具来加工和检验即可。这三对配合中轴的公差带虽然各不相同，但加工轴时使用车刀、砂轮等通用刀具即可满足要求，检验轴时也是使用普通计量器具完成检验。因此，采用基孔制配合不但可以减少孔的公差带数量，而且还可大大减少定值刀具、量具的数量和规格，因而经济合理、使用方便。

2. 特殊情况下采用基轴制配合

在下列特殊情况下采用基轴制比较经济合理。

（1）使用冷拉钢材直接制作轴　在农业机械、纺织机械和建筑机械中，常使用具有一定精度（IT9~IT11）的冷拉钢材直接制作轴，轴的外表面不需再进行切削加工即可满足使用要求，此时应选用基轴制配合。

（2）结构上的需要　同一公称尺寸的轴上需要装配几个具有不同配合性质的零件时，应选用基轴制配合，否则轴加工困难或无法加工。

如图 2-26a 所示，在内燃机活塞连杆机构中，活塞销 2 与活塞 1 上两个销孔的配合要求紧一些，应为过渡配合；而活塞销与连杆 3 之间有相对运动，配合要求松一些，应为间隙配合。若三处配合均选用基孔制配合，则配合分别为 H6/m5、H6/h5 和 H6/m5，公差带如图 2-26b 所示。此时必须把活塞销制成两头粗、中间细的阶梯轴才能满足各部分的配合要求，这样既不利于加工，又不利于装配（活塞销在装配过程中会刮伤连杆小头孔内表面）。

若选用基轴制配合，则三处配合分别为 M6/h5、H6/h5 和 M6/h5，公差带如图 2-26c 所示。此时活塞销可按一种公差带加工，制成光轴，这样既满足使用要求，又有利于加工和装配。而不同基本偏差的孔分别位于连杆和活塞两个零件上，加工并不困难，所以应采用基轴制配合。

3. 与标准零部件结合的配合制选择

对于与标准零部件相配合的孔或轴，基准制的选择应以标准件而定。例如：与滚动轴承

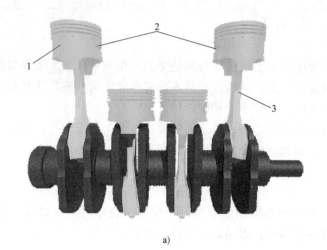

a)

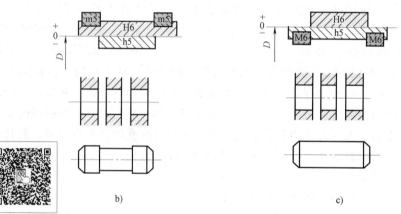

b) c)

图 2-26 基轴制配合示例

a）活塞连杆机构 b）基孔制配合 c）基轴制配合

1—活塞 2—活塞销 3—连杆

（标准件）内圈相配合的轴应选用基孔制配合，与滚动轴承外圈相配合的壳体孔应选用基轴制配合。

4. 采用非配合制配合

必要时采用不包含基本偏差为 H 或 h 的任何适当的孔、轴公差带组成配合，在满足使用要求的同时，又可获得最佳的经济效益。

如图 2-12 所示的圆柱齿轮减速器轴系结构图中，根据轴颈与滚动轴承内圈的配合要求，轴颈公差带代号已确定为 $\phi55k6$；而起轴向定位作用的轴套孔与该轴颈的配合要求有间隙，拆装方便，轴套孔的公差带可取 $\phi55D9$，因此该轴颈与轴套孔可组成配合代号为 $\phi55D9/k6$ 的间隙配合。根据箱体上壳体孔与滚动轴承外圈的配合要求，壳体孔的公差带代号已确定为 $\phi110J7$；而轴承端盖定位圆柱面与该孔的配合间隙较大，轴承端盖要求拆装方便，且尺寸精度要求不高，轴承端盖定位圆柱面的公差带可取 $\phi110e9$，因此轴承端盖定位圆柱面与壳体孔可组成配合代号为 $\phi110J7/e9$ 的间隙配合。

2.4.2 公差等级的选择

选择公差等级时要正确处理好使用要求与制造工艺、加工成本之间的关系。公差等级选择过高，虽然可以满足使用要求，但零部件加工难度大、成本高；公差等级选择过低，虽然零部件加工工艺简单、成本低，但未必能保证产品的精度和质量。公差等级选择过高或过低都不利于综合经济效益的提高。因此，选择公差等级的基本原则是：在满足使用要求的前提下，尽量选用较低的公差等级。

选用公差等级时，除遵循基本原则外，还应考虑以下问题。

（1）孔与轴的工艺等价性　工艺等价性是指同一配合中的孔和轴的加工难易程度大致相同。

公称尺寸≤500mm且公差等级 <IT8 的孔比同级的轴加工困难，孔比轴低一级配合，如 φ50H7/u6、φ30K7/h6；公差等级 =IT8 的孔比轴低一级或同级配合，如 φ40H8/t8、φ60H8/p7；公差等级 >IT8 或公称尺寸 >500mm 的孔应与轴采用同级配合，如 φ100H9/d9、φ70D10/h10。

（2）各公差等级的应用范围　一般情况下采用类比法选择公差等级。各公差等级的应用范围见表 2-14，可供选择时参考。

表 2-14　各公差等级的应用范围

公差等级	应用范围
IT01~IT1	一般用于高精度量块和其他精密尺寸标准块的公差
IT2~IT5	用于特别精密零件的配合
IT5(孔 IT6)	用于高精度和重要的配合。例如：精密机床主轴的轴颈、主轴箱体孔与精密滚动轴承的配合；车床尾座孔与顶尖套筒的配合；内燃机中活塞销与活塞销孔、连杆小头孔的配合等
IT6(孔 IT7)	用于精密配合要求的场合。例如：机床中一般传动轴和轴承的配合；齿轮、带轮和轴的配合；内燃机中曲轴与轴套、活塞与气缸的配合等
IT7~IT8	用于一般精度要求的配合。例如：一般机械中速度不高的轴与轴承的配合；在重型机械中用于精度要求稍高的配合；在农业机械、纺织机械中则用于较重要的配合
IT9~IT10	用于一般要求的配合或精度要求较高的槽宽的配合
IT11~IT12	用于不重要的配合。例如：机床上法兰盘与止口的配合；滑块与滑移齿轮的配合；螺栓与螺孔的配合等
IT12~IT18	用于未注尺寸公差的尺寸精度或粗加工的工序尺寸精度，包括冲压件、铸锻件及其他非配合尺寸的公差等，如壳体的外形、壁厚、端面之间的距离等

（3）相关件或相配件的结构或精度　某些孔、轴的公差等级取决于相关件或相配件的结构或精度。

例如：与滚动轴承相配合的外壳孔和轴颈的公差等级取决于相配件滚动轴承的类型、精度等级及配合尺寸；齿轮孔与轴的配合，它们的公差等级取决于相关件齿轮的精度等级。

（4）各种加工方法的加工精度　各种加工方法可能达到的公差等级见表 2-15，可供选择时参考。

（5）配合性质及加工成本　为达到使用要求、降低加工成本，对于一些精度要求不高的配合，孔、轴的公差等级可以相差 2~3 级。

轴承端盖定位圆柱面与壳体孔的配合、轴颈与轴套孔的配合都要求大间隙配合，而壳体孔和轴颈的公差等级已由轴承的精度等级决定，因此，轴承端盖定位圆柱面与壳体孔的配合为 $\phi110J7/e9$，轴颈与轴套孔的配合为 $\phi55D9/k6$，它们的公差等级相差分别为 2 级和 3 级，以降低加工成本。

表 2-15　各种加工方法可能达到的公差等级

加工方法	公差等级	加工方法	公差等级
研磨	IT01 ~ IT5	铣	IT8 ~ IT11
珩磨	IT4 ~ IT7	刨、插	IT10 ~ IT11
圆磨	IT5 ~ IT8	钻	IT10 ~ IT13
平磨	IT5 ~ IT8	滚压、挤压	IT10 ~ IT11
金刚石车	IT5 ~ IT7	冲压	IT10 ~ IT14
金刚石镗	IT5 ~ IT7	压铸	IT11 ~ IT14
拉削	IT5 ~ IT8	粉末冶金成形	IT6 ~ IT8
铰孔	IT6 ~ IT10	粉末冶金烧结	IT7 ~ IT10
车	IT7 ~ IT11	砂型铸造、气割	IT16 ~ IT18
镗	IT7 ~ IT11	锻造	IT15 ~ IT16

例 2-4　已知孔、轴配合的公称尺寸为 $\phi30\mathrm{mm}$，$X_{\min} = +21\mu\mathrm{m}$，$X_{\max} = +56\mu\mathrm{m}$，试确定孔、轴的公差等级。

解　（1）配合公差 T_{f} 的确定　由式（2-16）可得

$$T_{\mathrm{f}} = \left| X_{\max} - X_{\min} \right| = \left| (+56) - (+21) \right| \mu\mathrm{m} = 35\mu\mathrm{m}$$

（2）孔、轴公差等级的确定　为满足使用要求，所选的孔、轴的公差 T_{D}、T_{d} 应满足

$$T_{\mathrm{f}} = T_{\mathrm{D}} + T_{\mathrm{d}} \leqslant 35\mu\mathrm{m}$$

根据公差等级的选用原则，应尽量选择较低公差等级的孔、轴配合。

查表 2-6 可得

$$IT6 = 13\mu\mathrm{m}, \quad IT7 = 21\mu\mathrm{m}$$

根据工艺等价性，孔的公差等级应比轴低一级配合，因此孔的公差等级为 IT7，轴的公差等级为 IT6。

孔、轴的实际配合公差 T_{f} 为

$$T_{\mathrm{f}} = T_{\mathrm{D}} + T_{\mathrm{d}} = IT7 + IT6 = (21 + 13)\mu\mathrm{m} = 34\mu\mathrm{m} \leqslant 35\mu\mathrm{m}$$

因此，公差等级为 IT7 的孔和公差等级为 IT6 的轴相配合可满足使用要求。

2.4.3　配合的选择

确定了配合制和孔、轴的公差等级之后，就需要选择配合性质，即确定基孔制配合中的非基准轴或基轴制配合中的非基准孔的基本偏差代号。

选择配合的方法有计算法、试验法和类比法。

计算法是根据一定的理论和公式，经过计算得出所需的间隙或过盈，由于影响配合间隙量和过盈量的因素很多，计算结果也只是一个近似值，实际应用中还需经过试验来确定。

对产品性能影响很大的一些配合，通常采用试验法来确定最佳的间隙量或过盈量，但此方法必须进行大量试验，成本较高。

类比法是参照类似的经过生产实践验证的机器或机构，分析零件的工作条件及使用要求，以它们为样本选择所需的配合，类比法是机械设计中最常用的方法。

1. 配合种类的选择

配合种类的选择主要是根据零部件的工作条件和使用要求选择间隙配合、过渡配合和过盈配合三种配合类型之一。当相配合的孔、轴间有相对运动时，应选择间隙配合；当相配合的孔、轴间无相对运动，对中性要求较高而又需要经常拆卸时，选择过渡配合；当相配合的孔、轴间无相对运动且不经常拆卸而又需要传递一定的载荷和转矩时，应选择过盈配合。

2. 配合代号的选择

（1）间隙配合代号的选择　在基孔制中，属于间隙配合的轴的基本偏差代号有 a~h；在基轴制中，属于间隙配合的孔的基本偏差代号有 A~H。其中基准孔与基本偏差代号为 a 的轴所组成的配合间隙最大。

1）H/a、H/b、H/c 配合。配合的间隙很大，可用于工作条件较差、要求动作灵活的机械上，如图 2-27 所示的起重机吊钩的配合；为便于装配，保证有较大间隙的配合，如图 2-28 所示的管道法兰的配合；轴在高温下工作时的间隙配合，如图 2-29 所示的内燃机气阀导杆与衬套的配合。

2）H/d、H/e 配合。配合的间隙较大，用于要求不高、易于转动的支承。图 2-30 和图 2-31 所示为内燃机曲轴与连杆衬套的配合、张紧链轮与轴的配合。

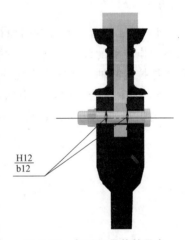

图 2-27　起重机吊钩的配合

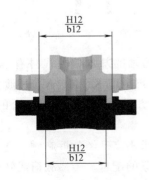

图 2-28　管道法兰的配合

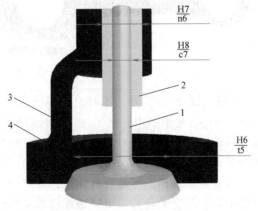

图 2-29　内燃机气阀

1—导杆　2—衬套　3—缸盖　4—座圈

3）H/f 配合。配合的间隙适中，多用于 IT6～IT8 的一般转动配合，如齿轮箱、小电动机、泵等的转轴及滑动支承的配合。图 2-32 所示为齿轮轴套与轴的配合。

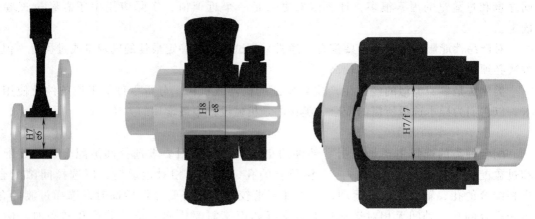

图 2-30　内燃机曲轴
　与连杆衬套的配合　　　　图 2-31　张紧链轮与轴的配合　　　　图 2-32　齿轮轴套与轴的配合

4）H/g 配合。配合的间隙很小，多用于 IT5～IT7 级，除了很小负荷的精密机构外，一般不用作转动配合。它适合于不回转的精密滑动配合，也用于插销等定位配合。图 2-33 所示为拖拉机曲轴与连杆大头孔的配合。

5）H/h 配合。配合最小间隙为零，适用于无相对转动而有定心和导向要求的定位配合。图 2-34 所示为起重机吊车的链轮与轴的配合。

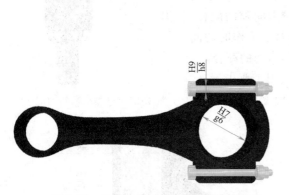

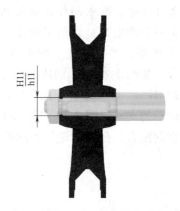

图 2-33　拖拉机曲轴与连杆大头孔的配合　　　　图 2-34　起重机吊车的链轮与轴的配合

（2）过渡配合代号的选择　　在基孔制中，属于过渡配合的轴的基本偏差代号有 js、j、k、m、n；在基轴制中，属于过渡配合的孔的基本偏差代号有 JS、J、K、M、N。过渡配合最大间隙应小，以保证对中性；最大过盈也应小，以保证装拆方便，因此，过渡配合的孔、轴的公差等级一般为 IT4～IT7。

定心要求较高、不经常拆卸时，选用较紧的配合；定心要求不高、经常拆卸时，选用较松的配合；承受大载荷、大转矩或动载荷的结合部位，选用较紧的配合。传递载荷或转矩时必须加键或销等联接件。

1）H/j、H/js 配合。配合具有平均间隙，适用于要求间隙比 h 小并略有过盈的定位配合，加联接件可传递一定的静载荷。图 2-35 所示为带轮与轴的配合。

2）H/k 配合。配合的平均间隙接近于零，定心较好，装配后零件受到的接触应力较小，能够拆卸，如图 2-22 所示的滚动轴承内圈与轴颈的配合。

3）H/m、H/n 配合。配合具有平均过盈，定心性好，用于精确定位，装配较紧，加键能传递大的载荷和转矩，如图 2-29 所示的内燃机气阀衬套与气缸盖的配合。图 2-36 所示为蜗轮青铜轮缘与轮辐的配合。

（3）过盈配合代号的选择 在基孔制中，属于过盈配合的轴的基本偏差代号有 p~zc；在基轴制中，属于过盈配合的孔的基本偏差代号为 P~ZC。

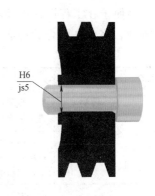

图 2-35 带轮与轴的配合

1）H/p、H/r 配合。在高公差等级时为过盈配合，只宜在大修时拆卸，主要用于定心精度很高、零件有足够的刚性、受冲击载荷的定位配合；采用锤打或压力机装配。图 2-37 所示为蜗轮青铜轮缘与轮芯的配合。

2）H/s、H/t 配合。配合属于中等过盈配合，多采用 IT6~IT7 级，主要用于钢铁件的永久或半永久性结合，依靠过盈产生的结合力可以直接传递中等载荷；一般用压力法装配，也有用冷轴或热套法装配的，如图 2-29 所示的内燃机气阀座圈与气缸盖的配合。图 2-38 所示为联轴器与轴的配合。

3）H/u、H/v、H/x、H/y、H/z 配合。配合属于大过盈配合，过盈量依次增大，选用时要慎重，一般要经过试验才能应用；适用于传递大的转矩或承受大的冲击载荷，完全依靠过盈产生的结合力保

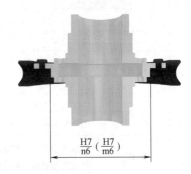

图 2-36 蜗轮青铜轮缘与轮辐的配合

证牢固连接，通常采用冷轴或热套法装配以保证过盈量均匀。由于过盈量大，因此要求零件许用应力大，否则零件容易被挤裂。图 2-39 所示为车轮轮箍与轮芯、轮芯与车轴的配合。

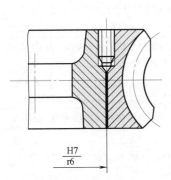

图 2-37 蜗轮青铜轮缘与轮芯的配合

图 2-38 联轴器与轴的配合

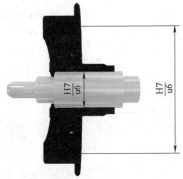

图 2-39 车轮轮箍与轮芯、轮芯与车轴的配合

为便于在工程设计中使用类比法选择配合，将上述各种基本偏差的特性及应用列于表 2-16 中，将优先配合的特征及应用列于表 2-17 中，供选择参考。

表 2-16　各种基本偏差的特性及应用

配合	基本偏差	特性及应用
间隙配合	a(A) b(B)	可得到特别大的间隙,应用很少。主要应用于工作温度高、热变形大的零件的配合,如发动机中活塞与气缸套的配合为 H9/a9
	c(C)	可得到很大的间隙,适用于缓慢、松弛的间隙配合。一般用于工作条件差(如农用机械,矿山机械)、工作时受力变形大及装配工艺性不好的零件的配合,推荐配合 H11/c11;也适用于高温工作的间隙配合,如内燃机气阀导杆与衬套的配合为 H8/c7
	d(D)	与 IT7~IT11 级对应,适用于较松的间隙配合,如密封盖、滑轮、空转带轮轴孔等与轴的配合;以及大尺寸的滑动轴承孔与轴颈的配合,如涡轮机、球磨机、轧滚成形和重型弯曲机等的滑动轴承;活塞环与活塞环槽的配合可选用 H9/d9
	e(E)	与 IT6~IT9 级对应,适用于具有明显的间隙、易于转动的轴与轴承配合,以及高速、重载支承的大尺寸轴与轴承的配合,如大型电动机、涡轮发动机、内燃机主要轴承处的配合为 H8/e7
	f(F)	多与 IT6~IT8 级对应,用于一般转动的配合。当受温度影响不大时,被广泛应用于普通润滑油润滑的轴和轴承的配合,如齿轮箱、小电动机、泵等的转轴与滑动轴承孔的配合为 H7/f6
	g(G)	多与 IT5~IT7 级对应,形成配合的间隙较小,制造成本高,仅用于轻载精密装置中的转动配合。最适合不回转的精密滑动配合,也用于插销的定位配合,滑阀、连杆销等处的配合
	h(H)	多与 IT4~IT11 级对应,广泛应用于无相对转动零件的配合和一般的定位配合。若没有温度、变形的影响,也用于精密滑动轴承的配合。例如:车床尾座孔与滑动套筒的配合为 H6/h5
过渡配合	js(JS)	多用于 IT4~IT7 级具有平均间隙的过渡配合,用于略有过盈的定位配合,如联轴器、齿圈与钢制轮毂的配合,滚动轴承外圈与外壳孔的配合多采用 JS7。一般用手或木锤装配
	k(K)	多用于 IT4~IT7 级平均间隙略接近零的配合,用于稍有过盈的定位配合,如滚动轴承内、外圈分别与轴颈、外壳孔的配合。一般用木锤装配
	m(M)	多用于 IT4~IT7 级平均过盈较小的配合,用于精密定位的配合,如蜗轮的青铜轮缘与轮毂的配合为 H7/m6。一般用木锤装配,但在最大过盈时,需要相当的压入力
	n(N)	多用于 IT4~IT7 级平均过盈较大的配合,很少形成间隙。用于加键传递较大转矩的配合,如压力机上齿轮与轴的配合;键与键槽的配合采用 N9/h9。一般用木锤或压力机装配。而 n5 与 H6、N6 与 h5 均形成过盈配合
过盈配合	p(P)	用于小过盈的配合,与 H6 或 H7 的孔形成过盈配合,而与 H8 的孔形成过渡配合。对于合金钢制件的配合,为易于拆卸需要较轻的压入配合;而对于碳钢和铸铁制件形成的配合则为标准压入配合
	r(R)	用于传递大转矩或受冲击载荷而需要加键的配合,如蜗轮与轴的配合为 H7/r6。与 H8 孔的配合,公称尺寸在 100mm 以上时为过盈配合,公称尺寸小于 100mm 时,为过渡配合
	s(S)	用于钢和铸铁制件的永久性和半永久性装配,可产生相当大的结合力。例如:套环压在轴、阀座上用 H7/s6 的配合。当尺寸较大时,为了避免损伤配合的表面,需用热胀或冷缩法装配
	t(T)	用于钢和铸铁制件的永久性结合,不用键可传递转矩。例如:联轴器与轴的配合用 H7/t6。需用热套法或冷轴法装配
	u(U)	用于大过盈配合,一般应验算在最大过盈量时,零件材料是否损坏。例如:火车轮毂轴孔与轴的配合为 H6/u5。需用热胀或冷缩法装配
	v(V)、x(X) y(Y)、z(Z)	用于特大的过盈配合,目前使用的经验和资料很少,须经试验后才能应用,一般不推荐

表 2-17 优先配合的特性及应用

优先配合		特性及应用
基孔制	基轴制	
H11/c11	C11/h11	间隙非常大,摩擦情况差,用于要求大公差和大间隙的外露组件,装配方便、很松的配合,高温工作和松的转动配合
H9/d9	D9/h9	间隙比较大,摩擦情况较好,用于精度要求低、温度变化大、高转速或径向压力较大的自由转动的配合
H8/f7	F8/h7	摩擦情况良好,用于配合间隙适中的转动配合,中等转速和中等轴颈压力的一般精确的传动,也可用于长轴或多支承的中等精度的定位配合
H7/g6	G7/h6	间隙很小,用于不回转的精密滑动配合;或用于不希望自由转动,但可自由移动和滑动,并精密定位的配合;也可用于要求明确的定位配合
H7/h6 H8/h7 H9/h9 H11/h11	H7/h6 H8/h7 H9/h9 H11/h11	均为间隙配合,其最小间隙为零,最大间隙为孔与轴的公差之和,用于具有缓慢的轴向移动或摆动的配合
H7/k6	K7/h6	过渡配合,装卸方便,用木锤打入或取出,用于要求稍有过盈、精密定位的配合
H7/n6	N7/h6	过渡配合,装拆困难,需要用木锤费力打入,用于允许有较大过盈的更精密定位的配合,也用于装配后不需要拆卸或大修时才拆卸的配合
H7/p6	P7/h6	小过盈的配合,用于定位精度特别高时,能以最好的定位精度达到部件的刚性及对中性要求,而对内孔承受压力无特殊要求,用于不依靠配合的紧固性传递摩擦载荷的配合
H7/s6	S7/h6	过盈量属于中等的压入配合,用于一般钢和铸铁件或薄壁件的冷缩配合,铸铁件可得到最紧的配合
H7/u6	U7/h6	过盈量较大的压入配合,用于传递大的转矩或承受大的冲击载荷,或不适宜承受大压入力的冷缩配合,或不加紧固件就能得到牢固结合的场合

3. 计算法选择配合

当已知极限间隙(过盈)时,首先根据要求选取配合制;再计算配合公差确定孔、轴的公差等级;然后按相应公式及已知条件计算基本偏差数值,查表确定孔、轴的基本偏差代号;最后验算所选取配合的极限间隙(过盈)是否在允许的范围内。

采用计算法确定极限与配合主要包括以下 5 个步骤。

(1) 确定配合制

(2) 求配合公差 T_f

$$T_f = |X_{max} - X_{min}| = |Y_{min} - Y_{max}| = |X_{max} - Y_{max}|$$

(3) 确定孔、轴的公差等级 根据

$$T_f = T_D + T_d$$

查表 2-6 得到孔、轴的公差等级。若在表中找不到任何两个相邻或相同等级的公差之和恰巧等于配合公差,则按式(2-28)确定孔、轴的公差等级。

$$T_D + T_d \leqslant T_f \tag{2-28}$$

考虑到孔、轴的精度匹配和工艺等价原则,孔和轴的公差等级应相同或孔比轴低一级进行公差等级组合。

(4) 根据允许的极限间隙(极限过盈)确定非基准件的基本偏差代号 以基孔制配合为例说明计算过程。

1）间隙配合。若为间隙配合，则轴的基本偏差为上极限偏差 es，且 es<0，其公差带在零线以下。因此轴的基本偏差 es 满足

$$|es| = X_{min} \qquad (2\text{-}29)$$

根据 X_{min} 查表 2-8，即可得到轴的基本偏差代号。

2）过盈配合。若为过盈配合，则轴的基本偏差为下极限偏差 ei，且 ei>0，其公差带在零线以上。因此轴的基本偏差 ei 满足

$$ei = ES + |Y_{min}| \qquad (2\text{-}30)$$

根据 ei 的计算结果查表 2-8，即可得到轴的基本偏差代号。

3）过渡配合。若为过渡配合，则轴的基本偏差为下极限偏差 ei，由式（2-9）可得轴的基本偏差 ei 为

$$ei = ES - X_{max}$$

根据 ei 的计算结果查表 2-8，即可得到轴的基本偏差代号。

查取轴的基本偏差代号时，若表 2-8 中不存在与计算出的基本偏差数值相等的代号，则应按以下原则近似地选取某一代号。

对于间隙配合或过盈配合

$$X'_{min} \geqslant X_{min} \ 或 \ |Y'_{min}| \geqslant |Y_{min}|$$

对于过渡配合

$$X'_{max} \leqslant X_{max}$$

式中，X'_{min}、Y'_{min} 和 X'_{max} 分别是查取的基本偏差代号形成的最小间隙、最小过盈和最大间隙；X_{min}、Y_{min} 和 X_{max} 分别是由已知条件给定的最小间隙、最小过盈和最大间隙。

基轴制配合的计算过程与基孔制类似，可参照推算。

（5）验算极限间隙（极限过盈） 首先按孔、轴的标准公差计算出另一极限偏差，然后按所取的配合代号计算极限间隙（极限过盈）并判断其值是否在允许的极限间隙（极限过盈）范围内。若验算结果不符合设计要求，可更换孔、轴的基本偏差代号或变动孔、轴的公差等级，直至所选用的配合完全符合设计要求。

2.4.4 极限与配合选择示例

例2-5 已知孔、轴配合的公称尺寸为 $\phi 40mm$，$X_{min} = +22\mu m$，$X_{max} = +66\mu m$，试确定配合代号。

解 1）无特殊规定，采用基孔制配合。

2）配合公差 T_f 的确定。由式（2-16）可得允许的配合公差 T_f 为

$$T_f = |X_{max} - X_{min}| = |(+66) - (+22)|\mu m = 44\mu m$$

3）孔、轴公差等级的确定。为满足使用要求，所选的孔、轴的公差 T_D、T_d 应满足

$$T_f = T_D + T_d \leqslant 44\mu m$$

根据公差等级的选用原则，应尽量选择较低公差等级的孔、轴配合。

查表 2-6 可得

$$IT6 = 16\mu m \qquad IT7 = 25\mu m$$

根据工艺等价原则，孔的公差等级应比轴低一级配合，因此孔的公差等级为IT7，轴的公差等级为IT6。

孔、轴的实际配合公差 T_f 为

$$T_f = T_D + T_d = IT7 + IT6 = (25 + 16)\mu m = 41\mu m \leqslant 44\mu m$$

因此，孔的公差带代号为 $\phi 40H7\left(^{+0.025}_{0}\right)$。

4）轴的基本偏差代号的确定。在基孔制间隙配合中，轴的基本偏差为上极限偏差 es，由式（2-29）可得

$$es = -X_{min} = -22\mu m$$

查表2-8可知，基本偏差数值接近 $-22\mu m$ 的基本偏差代号为f，其基本偏差数值 $es = -25\mu m$，确定轴的公差带代号为 $\phi 40f6\left(^{-0.025}_{-0.041}\right)$。

因此，孔、轴的配合代号为 $\phi 40\dfrac{H7\left(^{+0.025}_{0}\right)}{f6\left(^{-0.025}_{-0.041}\right)}$。

5）极限间隙的验算所选配合的极限间隙为

$$X'_{max} = ES - ei = [(+25) - (-41)]\mu m = +66\mu m$$

$$X'_{min} = EI - es = [0 - (-25)]\mu m = +25\mu m$$

均在 $+22 \sim +66\mu m$ 之间，故所选配合符合设计要求。

例2-6　已知孔、轴配合的公称尺寸为 $\phi 16mm$，$X_{max} = +12\mu m$，$Y_{max} = -20\mu m$，试确定配合代号。

解　1）无特殊规定，采用基孔制配合。

2）配合公差 T_f 的确定。由式（2-18）可得允许的配合公差 T_f 为

$$T_f = |X_{max} - Y_{max}| = |(+12) - (-20)|\mu m = 32\mu m$$

3）孔、轴公差等级的确定。为满足使用要求，所选的孔、轴的公差 T_D、T_d 应满足

$$T_f = T_D + T_d \leqslant 32\mu m$$

根据公差等级的选用原则，应尽量选择较低公差等级的孔、轴配合。

查表2-6可得

$$IT6 = 11\mu m, \quad IT7 = 18\mu m$$

根据工艺等价原则，孔的公差等级应比轴低一级配合，因此孔的公差等级为IT7，轴的公差等级为IT6。

孔、轴的实际配合公差 T_f 为

$$T_f = T_D + T_d = IT7 + IT6 = (11 + 18)\mu m = 29\mu m \leqslant 32\mu m$$

因此，孔的公差带代号为 $\phi 16H7\left(^{+0.018}_{0}\right)$。

4）轴的基本偏差代号的确定。在基孔制过渡配合中，轴的基本偏差为下极限偏差 ei，由式（2-9）可得

$$ei = ES - X_{max} = [(+18) - (+12)]\mu m = +6\mu m$$

查表2-8可知，基本偏差数值接近+6μm的基本偏差代号为m，其基本偏差数值ei= +7μm确定轴的公差带代号为 $\phi16m6({}^{+0.018}_{+0.007})$。

因此，孔、轴的配合代号为 $\phi16\dfrac{\mathrm{H7}({}^{+0.018}_{0})}{\mathrm{m6}({}^{+0.018}_{+0.007})}$。

5）最大间隙和最大过盈的验算。所选配合的最大间隙和最大过盈为

$$X'_{\max}=\mathrm{ES}-\mathrm{ei}=\left[(+18)-(+7)\right]\mu\mathrm{m}=+11\mu\mathrm{m}$$

$$Y'_{\max}=\mathrm{EI}-\mathrm{es}=\left[0-(+18)\right]\mu\mathrm{m}=-18\mu\mathrm{m}$$

因此

$$X'_{\max}<X'_{\max}\ |Y'_{\max}|<|Y_{\max}|$$

故所选配合符合设计要求。

例2-7　试分析确定图2-40所示的C6140型车床尾座有关部位的配合。

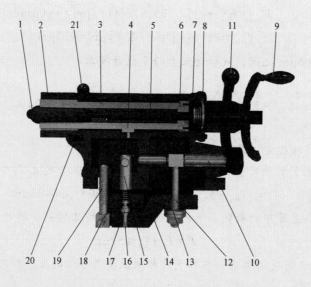

图2-40　C6140型车床尾座装配图

1—顶尖　2—尾座体　3—套筒　4—定位块　5—丝杠　6—螺母　7—挡油圈
8—后盖　9—手轮　10—偏心轴　11、21—手柄　12—拉紧螺钉　13—滑座
14—杠杆　15—圆柱　16、17—圆销　18—压块　19—螺钉　20—夹紧套

解　尾座在车床上的作用是与主轴顶尖共同支承工件，承受切削力。

尾座工作时，扳动手柄11，通过偏心机构将尾座夹紧在床身上，再转动手轮9，通过丝杠5、螺母6，使套筒3带动顶尖1向前移动，顶住工件，最后转动手柄21，使夹紧套20靠摩擦夹住套筒，从而固定顶尖位置。

尾座有关部位的配合选择说明见表2-18。

表 2-18 尾座有关部位的配合选择说明

序号	配合件	配合代号	配合选择说明
1	套筒 3 的外圆与尾座体 2 的孔	$\phi60\dfrac{H6}{h5}$	套筒调整时要在尾座体孔中滑动,需有间隙,而顶尖工作时需较高的定位精度,故选择精度高的小间隙配合
2	套筒 3 的内孔与螺母 6 的外圆	$\phi30\dfrac{H7}{h6}$	为避免螺母在套筒中偏心,需一定的定位精度;为了方便装配,需有间隙,故选小间隙配合
3	套筒 3 上的槽宽与定位块 4 侧面	$12\dfrac{D10}{h9}$	定位块宽度按键宽标准取 12h9,因长槽与套筒轴线有歪斜,所以取较松配合
4	定位块 4 的圆柱面与尾座体 2 的孔	$\phi10\dfrac{H9}{h8}$	为容易装配和通过定位块自身转动修正它在安装时的位置误差,选用间隙配合
5	丝杠 5 的轴颈与后盖 8 的内孔	$\phi20\dfrac{H7}{g6}$	因有定心精度要求,且轴孔有相对低速转动,故选用较小间隙配合
6	挡油圈 7 的孔与丝杠 5 的轴颈	$\phi20\dfrac{H11}{g6}$	由于丝杠轴颈较长,为便于装配选间隙配合,因无定心精度要求,故选内孔精度较低
7	后盖 8 的凸肩与尾座体 2 的孔	$\phi60\dfrac{H6}{js6}$	配合面较短,主要起定心作用,配合后用螺钉紧固,没有相对运动,故选过渡配合
8	手轮 9 的孔与丝杠 5 的轴端	$\phi18\dfrac{H7}{js6}$	手轮通过半圆键带动丝杠一起转动,为便于装拆和避免手轮轴上晃动,选过渡配合
9	手柄轴与手轮 9 的小孔	$\phi10\dfrac{H7}{k6}$	为永久性连接,可选过盈配合,但考虑到手轮是铸件(脆性材料)不能取大的过盈,故选为过渡配合
10	手柄 11 的孔与偏心轴 10	$\phi19\dfrac{H7}{h6}$	手柄通过销转动偏心轴。装配时销与偏心轴配作,配作前要调整手柄处于紧固位置,偏心轴也处于偏心向上位置,因此配合不能有过盈
11	偏心轴 10 的右轴颈与尾座体 2 的孔	$\phi35\dfrac{H8}{d7}$	有相对转动,又考虑到偏心轴两轴颈和尾座体两支承孔都会产生同轴度误差,故选用间隙较大的配合
12	偏心轴 10 的左轴颈与尾座体 2 的孔	$\phi18\dfrac{H8}{d7}$	
13	偏心轴 10 与拉紧螺钉 12 的孔	$\phi26\dfrac{H8}{d7}$	没有特殊要求,考虑装拆方便,采用大间隙配合
14	压块 18 的圆销 16 与杠杆 14 的孔	$\phi10\dfrac{H7}{js7}$	无特殊要求,只要便于装配且压块装上后不易掉出即可,故选较松的过渡配合
15	压块的圆销 17 与压块 18 的孔	$\phi18\dfrac{H7}{js6}$	
16	杠杆 14 的孔与标准圆柱销	$\phi16\dfrac{H7}{n6}$	圆柱销按标准制成 $\phi16n6$,结构要求销与杠杆配合要紧,销与螺钉孔配合要松,故取杠杆孔为 H7,螺钉孔为 D8
17	螺钉 19 的孔与标准圆柱销	$\phi16\dfrac{D8}{n6}$	
18	圆柱 15 与滑座 13 的孔	$\phi32\dfrac{H7}{n6}$	要求圆柱在承受径向力时不松动,但必要时能在孔中转位,故选用较紧的过渡配合
19	夹紧套 20 的外圆与尾座体 2 横孔	$\phi32\dfrac{H8}{e7}$	手柄 21 放松时,夹紧套要易于退出,便于套筒 3 移出,故选间隙较大的配合
20	手柄 21 的孔与螺钉轴	$\phi16\dfrac{H7}{n6}$	由半圆键带动螺钉轴转动,为便于装拆,选用小间隙配合

2.5 一般公差

国家标准 GB/T 1804—2000《一般公差　未注公差的线性和角度尺寸的公差》是等效采用国际标准 ISO 2768—1：1989《一般公差　第 1 部分：未单独注出公差的线性和角度尺寸的公差》，对 GB/T 1804—1992《一般公差　线性尺寸的未注公差》和 GB/T 11335—1989《未注公差　角度的极限偏差》进行修订的一项新标准。

2.5.1　尺寸的一般公差

1. 尺寸的一般公差定义

为保证零件的使用功能，必须对构成零件的所有要素提出一定的公差要求。但对某些在功能上无特殊要求的不重要尺寸或较低精度的非配合尺寸，通常不标注它们的公差，即未注公差尺寸。

对未注公差尺寸通常采用一般公差进行控制。一般公差是指在车间普通工艺条件下，机床设备一般加工能力可保证的公差。在正常维护和操作情况下，它代表经济加工精度。

GB/T 1804—2000 对未注公差尺寸规定了一般公差。采用一般公差的尺寸，在该尺寸后不需注出其极限偏差数值。

采用一般公差的尺寸在正常车间精度保证的条件下，一般可不检验。

2. 一般公差的作用

1）简化图样，使图样清晰易读。

2）节省图样设计时间，设计人员只需熟悉和应用一般公差的规定，不必逐一考虑或计算其公差数值。

3）图样上明确了哪些要素可由一般工艺水平保证，可简化检验要求，有利于质量管理。

4）由于一般公差不需在图样上进行标注，因此突出了图样上注出公差的尺寸，以便在加工和检验时引起重视。

5）明确了图样上要素的一般公差要求，对供需双方在加工、销售、交货等各个环节都是非常有利的。

2.5.2　一般公差标准

GB/T 1804—2000 对线性尺寸的一般公差规定了 4 个公差等级，公差等级从高到低依次为精密级（f）、中等级（m）、粗糙级（c）和最粗级（v），并制定了相应的极限偏差数值。

线性尺寸的极限偏差数值见表 2-19；倒圆半径和倒角高度尺寸的极限偏差数值见表 2-20；角度尺寸的极限偏差数值见表 2-21。

选取图样上未注公差尺寸的公差等级时，应考虑车间精度并由相应的技术文件或标准做出具体规定。

通过不同工艺（如切削和铸造）加工形成的两表面之间的未注公差尺寸应按规定的两个一般公差数值中的较大值控制。以角度单位规定的一般公差仅控制表面的线或素线的总方向，不控制它们的形状误差，从实际表面得到的线的总方向是理想几何形状的接触线方向。

表 2-19　线性尺寸的极限偏差数值（摘自 GB/T 1804—2000）　　（单位：mm）

公差等级	公称尺寸分段							
	0.5~3	>3~6	>6~30	>30~120	>120~400	>400~1000	>1000~2000	>2000~4000
f（精密级）	±0.05	±0.05	±0.1	±0.15	±0.2	±0.3	±0.5	—
m（中等级）	±0.1	±0.1	±0.2	±0.3	±0.5	±0.8	±1.2	±2
c（粗糙级）	±0.2	±0.3	±0.5	±0.8	±1.2	±2	±3	±4
v（最粗级）	—	±0.5	±1	±1.5	±2.5	±4	±6	±8

表 2-20　倒圆半径和倒角高度尺寸的极限偏差数值（摘自 GB/T 1804—2000）

（单位：mm）

公差等级	公称尺寸分段			
	0.5~3	>3~6	>6~30	>30
f（精密级）	±0.2	±0.5	±1	±2
m（中等级）				
c（粗糙级）	±0.4	±1	±2	±4
v（最粗级）				

注：倒圆半径与倒角高度的含义参见 GB/T 6403.4—2008《零件倒圆与倒角》。

表 2-21　角度尺寸的极限偏差数值（摘自 GB/T 1804—2000）

公差等级	公称长度分段/mm				
	~10	>10~50	>50~120	>120~400	>400
f（精密级）	±1°	±30′	±20′	±10′	±5′
m（中等级）					
c（粗糙级）	±1°30′	±1°	±30′	±15′	±10′
v（最粗级）	±3°	±2°	±1°	±30′	±20′

2.5.3　一般公差的表示方法

当零件功能上允许的公差等于或大于一般公差时，均应采用一般公差。

采用国家标准规定的一般公差，在图样上只标注公称尺寸，不标注极限偏差或公差带代号，而是在图样标题栏附近或技术要求、技术文件（如企业标准）中注出标准号和公差等级代号。

如图 2-41 所示 GB/T 1804-f，表示图中未注尺寸的一般公差均选用精密级，按国家标准 GB/T 1804—2000 的规定执行。例如：查表 2-19 可知尺寸 $\phi200$mm 的极限偏差数值为 ±0.2mm，尺寸 C5 的极限偏差数值为 ±0.5mm。

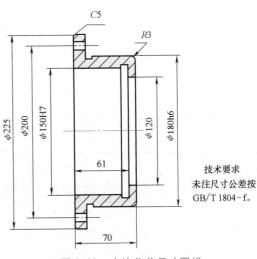

技术要求
未注尺寸公差按
GB/T 1804-f。

图 2-41　未注公差尺寸图样

知识拓展：大尺寸段与小尺寸段的极限与配合

1. 大尺寸段的极限与配合

大尺寸是指公称尺寸大于500mm，甚至超过10000mm的零件尺寸。重型机械制造中经常会遇到大尺寸极限与配合的问题，如矿山机械制造、飞机制造和船舶制造等。

（1）特点

1）影响大尺寸加工误差的主要因素是测量误差。

① 大尺寸的孔、轴测量比较困难，测量时很难找到直径的真正位置，因此测量值通常小于真实值。

② 受测量方法和测量器具的限制，大尺寸外径的测量比内径的测量更困难、更难掌握，测量误差也更大。

③ 大尺寸测量时，测量基准的准确性以及被测工件与量具中心轴线的同轴误差均对测量精度影响较大。

④ 大尺寸测量时的温度变化对测量误差也有很大影响。

2）大尺寸段公差特点。大尺寸零件多为单件、小批量生产，其加工和检测一般采用通用的机床、刀具和量具，而不用定尺寸的刀具和量具。大尺寸段公差特点如下。

① 大尺寸孔、轴的加工难易程度相当，由于刀具、量具及测量误差等原因，大尺寸段的轴比孔更难加工和测量，因此国家标准推荐孔、轴一般采用同级配合。

② 大尺寸孔、轴配合时，应注意测量误差对配合性质的影响。

③ 由于大尺寸零件制造和检测困难，因此大尺寸范围的公差等级一般选用IT6~IT12。

（2）大尺寸段常用孔、轴公差带　根据国家标准规定，公称尺寸>500~3150mm大尺寸段常用孔、轴的公差带分别见表2-22、表2-23。其中孔的常用公差带有31种，轴的常用公差带有41种。

表2-22　公称尺寸>500~3150mm大尺寸段常用孔的公差带

			G6	H6	JS6	K6	M6	N6
		F7	G7	H7	JS7	K7	M7	N7
D8	E8	F8		H8	JS8			
D9	E9	F9		H9	JS9			
D10				H10	JS10			
D11				H11	JS11			
				H12	JS12			

表2-23　公称尺寸>500~3150mm大尺寸段常用轴的公差带

			g6	h6	js6	k6	m6	n6	p6	r6	s6	t6	u6
		f7	g7	h7	js7	k7	m7	m7	p7	r7	s7	t7	u7
d8	e8	f8		h8	js8								
d9	e9	f9		h9	js9								
d10				h10	js10								
d11				h11	js11								
				h12	js12								

（3）配制配合　国家标准对大尺寸段没有推荐配合，但在实际应用中常用"配制配合"来处理问题。配制配合是以一个零件的实际（组成）要素尺寸为基数，来配制另一个零件的一种工艺措施，一般适用于尺寸较大、公差等级较高、单件小批生产的配合零件。

1）对配制配合零件的一般要求。

① 先按功能要求选取标准配合。先按互换性生产选取配合，配制的结果（实际间隙或过盈）应满足所选标准配合的极限间隙或极限过盈的要求。

② 确定基准件。一般选择难加工、但能得到较高测量精度的那个零件作为基准件（先加工件，一般是孔），并给它一个比较容易达到的公差等级或按"线性尺寸的未注公差"加工。

③ 配制件的极限偏差与公差的确定。配制件（一般是轴）的公差可按规定的配合公差来选取，其极限偏差和极限尺寸以基准件的实际（组成）要素尺寸为基数来确定，以满足配合要求的极限间隙或极限过盈值。

由于以满足配合要求的极限间隙或极限过盈为目的，所以配制件的公差比采用互换性生产时单个零件的公差要大得多，其公差值接近于间隙配合公差或过盈配合公差。

2）使用配制配合的注意事项。

① 配制配合。是仅限于关于尺寸极限方面的技术规定，不涉及其他技术要求，因此，其他几何公差和表面粗糙度方面的技术要求，不能因采用配制配合而降低。

② 测量的准确度。是对保证配合性质影响很大，测量时要注意温度、几何误差对测量结果的影响。配制配合应采用尺寸相互比较的测量方法，并且在同样条件下测量，使用同一基准装置或校对量具，由同一组计量人员进行测量以提高测量精度。

3）配制配合在图样上的标注。在设计图样上，用代号 MF 表示配制配合，并借用基准孔的代号 H 或基准轴的代号 h 分别表示先加工件为孔或轴。在装配图和零件图的相应部位均应标注，此外在装配图上还要标明按功能要求选定的标准配合的代号。

（4）公称尺寸 >3150 ~ 10000mm 的标准公差与基本偏差。国家标准对 >3150 ~ 10000mm 的公称尺寸规定了 5 个主段落（各分别包含 2 个中间段落）同时规定了其公差等级为 IT6 ~ IT18，见表 2-24。该公称尺寸范围的孔、轴的基本偏差代号共 14 种，并且所有孔、轴的基本偏差数值大小相等、符号相反，符合通用规则，见表 2-24。

2．小尺寸段的极限与配合

小尺寸是指公称尺寸至 18mm，尤其是小于 3mm 的零件尺寸。

（1）特点　小尺寸零件在加工、检测、装配和使用等方面与常用尺寸和大尺寸零件有所不同，主要体现在加工误差和测量误差上。

1）加工误差。由于小尺寸零件刚性差，受切削力影响变形很大，同时小尺寸零件加工时定位、装夹都比较困难，因而零件尺寸越小加工误差反而越大，而且小尺寸轴比孔更难加工。

2）测量误差。在测量过程中，由于量具误差、温度变化和测量力等因素的影响，至少公称尺寸在 10mm 范围内的零件，测量误差与其公称尺寸不成正比。

（2）小尺寸段孔、轴公差带与配合　GB/T 1803—2003 规定了公称尺寸至 18mm 的孔、轴公差带，主要适用于仪器仪表和钟表工业。国家标准规定了 154 种孔的公差带，见表 2-25；169 种轴的公差带，见表 2-26。由于国家标准没有推荐优先、常用和一般公差带的选用次序，也没有推荐配合，因此各行业、工厂可根据实际情况自行选用公差带并组成配合。

表 2-24　公称尺寸>3150~10000mm 孔、轴的基本偏差数值　　　　（单位：μm）

轴的基本偏差		d	e	f	g	h	js	k	m	n	p	r	s	t	u
		上极限偏差（es）						下极限偏差（ei）							
公差等级		IT6~IT18													
公称尺寸/mm		符　号													
大于	至	–	–	–	–			+	+	+	+	+	+	+	+
3150	3550	580	320	160		0	偏差 = ±IT/2				290	680	1600	2400	3600
3550	4000	580	320	160		0					290	720	1750	2600	4000
4000	4500	640	350	175		0					360	840	2000	3000	4600
4500	5000	640	350	175		0					360	900	2200	3300	5000
5000	5600	720	380	190		0					440	1050	2500	3700	5600
5600	6300	720	380	190		0					440	1100	2800	4100	6400
6300	7100	800	420	210		0					540	1300	3200	4700	7200
7100	8000	800	420	210		0					540	1400	3500	5200	8000
8000	9000	880	460	230		0					680	1650	4000	6000	9000
9000	10000	880	460	230		0					680	1750	4400	6600	10000
大于	至	+	+	+	+			–	–	–	–	–	–	–	–
公称尺寸/mm		符　号													
公差等级		IT6~IT18													
孔的基本偏差		D	E	F	G	H	JS	K	M	N	P	R	S	T	U
		下极限偏差（EI）						上极限偏差（ES）							

表 2-25　公称尺寸至 18mm 孔的公差带

A	B	C	CD	D	E	EF	F	FG	G	H	J	JS	K	M	N	P	R	S	U	V	X	Z	ZA	ZB	ZC
										H1		JS1													
										H2		JS2													
						EF3	F3	FG3	G3	H3		JS3	K3	M3	N3	P3	R3								
						EF4	F4	FG4	G4	H4		JS4	K4	M4	N4	P4	R4								
					E5	EF5	F5	FG5	G5	H5		JS5	K5	M5	N5	P5	R5	S5							
		CD6		D6	E6	EF6	F6	FG6	G6	H6	J6	JS6	K6	M6	N6	P6	R6	S6	U6	V6	X6	Z6			
		CD7		D7	E7	EF7	F7	FG7	G7	H7	J7	JS7	K7	M7	N7	P7	R7	S7	U7	V7	X7	Z7	ZA7	ZB7	ZC7
	B8	C8	CD8	D8	E8	EF8	F8	FG8	G8	H8	J8	JS8	K8	M8	N8	P8	R8	S8	U8	V8	X8	Z8	ZA8	ZB8	ZC8
A9	B9	C9	CD9	D9	E9	EF9	F9	FG9	G9	H9		JS9	K9	M9	N9	P9	R9	S9	U9		X9	Z9	ZA9	ZB9	ZC9
A10	B10	C10	CD10	D10	E10	EF10				H10		JS10			N10										
A11	B11	C11		D11						H11		JS11													
A12	B12	C12								H12		JS12													
										H13		JS13													

表 2-26　公称尺寸至 18mm 轴的公差带

										h1		js1													
										h2		js2													
						ef3	f3	fg3	g3	h3		js3	k3	m3	n3	p3	r3								
						ef4	f4	fg4	g4	h4		js4	k4	m4	n4	p4	r4	s4							
		c5	cd5	d5	e5	ef5	f5	fg5	g5	h5	j5	js5	k5	m5	n5	p5	r5	s5	u5	v5	x5	z5			
		c6	cd6	d6	e6	ef6	f6	fg6	g6	h6	j6	js6	k6	m6	n6	p6	r6	s6	u6	v6	x6	z6	za6		
		c7	cd7	d7	e7	ef7	f7	fg7	g7	h7	j7	js7	k7	m7	n7	p7	r7	s7	u7	v7	x7	z7	za7	zb7	zc7
	b8	c8	cd8	d8	e8	ef8	f8	fg8	g8	h8		js8	k8	m8	n8	p8	r8	s8	u8	v8	x8	z8	za8	zb8	zc8
a9	b9	c9	cd9	d9	e9	ef9	f9	fg9	g9	h9		js9	k9	m9	n9	p9		s9	u9		x9	z9	za9	zb9	zc9
a10	b10	c10	cd10	d10	e10	ef10	f10			h10		js10	k10												
a11	b11	c11		d11						h11		js11													
a12	b12	c12								h12		js12													
a13	b13	c13								h13		js13													

因为小尺寸段的轴比孔难加工，所以在配合中多选用基轴制。而配合也多采用同级配合，少数配合相差 1~3 级，而且孔的公差等级也往往高于轴的公差等级。

习 题 二

2-1　思考题

1）公称尺寸、极限尺寸和实际（组成）要素的尺寸有何区别与联系？

2）尺寸公差、极限偏差和实际偏差有何区别与联系？

3）什么是标准公差？什么是基本偏差？它们与公差带有何联系？

4）什么是配合？配合分几大类？各适用于什么场合？各类配合中孔和轴公差带的相对位置分别有什么特点？

5）什么是标准公差因子？为什么要规定公差因子？

6）计算孔的基本偏差为什么有通用规则和特殊规则之分？它们分别是如何规定的？

7）什么是配合制？为什么要规定配合制？为什么优先采用基孔制？在什么情况下采用基轴制？

8）公差等级的选用应考虑哪些问题？

9）为什么要规定一般、常用和优先公差带与配合？设计时应如何选择？

10）阐述配合制、公差等级和配合种类的选择原则。

11）什么是尺寸的未注公差？它分为几个等级？尺寸的未注公差如何表示？

12）什么是配制配合？其应用场合和应用目的是什么？如何选用配制配合？

2-2　判断题（下列说法是否正确）

1）公称尺寸是设计时给定的尺寸，因此零件的实际（组成）要素的尺寸越接近公称尺寸，其精度越高。

2）公差是零件尺寸允许的最大偏差。

3）公差可以为正值、负值或零。

4）孔的基本偏差为下极限偏差，而轴的基本偏差为上极限偏差。

5）过渡配合可能具有间隙或过盈，因此过渡配合可能是间隙配合，也可能是过盈配合。

6）若孔的实际（组成）要素的尺寸小于其配合的轴的实际（组成）要素的尺寸，则形成的配合为过盈配合。

7）孔与轴的加工精度越高，则其配合精度也越高。

8）某配合的最大间隙 $X_{\max} = +20\mu m$，配合公差 $T_f = 30\mu m$，则该配合一定是过渡配合。

9）配合的松紧程度取决于标准公差的大小。

2-3 根据表2-27中的已知数据，计算并填写表中各空格的数值，并按适当比例绘制出各孔、轴的公差带图。

表 2-27 习题 2-3 表 （单位：mm）

公称尺寸	极限尺寸		极限偏差		公差	尺寸标注
	上极限尺寸	下极限尺寸	上极限偏差	下极限偏差		
孔：$\phi10$	9.985	9.970				
孔：$\phi18$						$\phi 18^{+0.017}_{0}$
孔：$\phi30$		30.320			0.100	
轴：$\phi40$			-0.050	-0.112		
轴：$\phi60$	60.041			+0.011		
轴：$\phi90$		89.978			0.022	

2-4 按 $\phi30k6$ 加工一批轴，完工后测得每根轴的实际（组成）要素尺寸，其中最大尺寸为 $\phi30.015mm$，最小尺寸为 $\phi30mm$。试确定这批轴规定的公差值，并判断这批轴是否全部合格？说明原因。

2-5 根据表2-28中的已知数据，计算并填写表中各空格的数值，并按适当比例绘制出各对孔、轴配合的尺寸公差带图和配合公差带图。

表 2-28 习题 2-5 表 （单位：mm）

公称尺寸	孔			轴			最大间隙 $X_{\max}$ 或 最小过盈 $Y_{\min}$	最小间隙 $X_{\min}$ 或 最大过盈 $Y_{\max}$	平均间隙 X_{av} 或 平均过盈 Y_{av}	配合公差 T_f	配合种类
	上极限偏差 ES	下极限偏差 EI	公差 T_D	上极限偏差 es	下极限偏差 ei	公差 T_d					
$\phi25$		0				0.013	+0.074		+0.057		
$\phi14$		0				0.011		-0.012	+0.0025		
$\phi45$			0.025	0				-0.050	-0.0295		

2-6 查表确定下列配合中孔、轴的极限偏差，说明各配合所采用的配合制和配合种类，并计算其极限间隙或极限过盈，画出配合公差带图。

1）$\phi25H7/g6$ 2）$\phi40K7/h6$ 3）$140H8/r8$ 4）$50S8/h8$ 5）$15JS8/g7$

2-7 已知下列两组孔、轴配合，具体使用要求如下：

1）公称尺寸为 $\phi40mm$，$X_{\max} = +0.068mm$，$X_{\min} = +0.025mm$。

2）公称尺寸为 $\phi35mm$，$Y_{\max} = -0.062mm$，$Y_{\min} = -0.013mm$。

试确定其配合制，孔、轴的公差等级和基本偏差代号，并计算它们的极限偏差。

2-8 某配合的公称尺寸为 $\phi60$mm，要求装配后的间隙为 +0.025 ~ +0.110mm，若采用基孔制配合，试确定此配合中孔、轴的公差带代号，并画出其尺寸公差带图。

2-9 某基孔制配合孔、轴的公称尺寸为 $\phi50$mm，要求配合的最大间隙 X_{max} = +0.066mm，最小间隙 X_{min} = +0.025mm，若轴的公差 T_d = 0.016mm，试确定孔、轴的极限偏差，并画出尺寸公差带图。

2-10 某基轴制配合孔、轴的公称尺寸为 $\phi30$mm，要求配合的最大过盈 Y_{max} = -0.035mm，最小过盈 Y_{min} = -0.001mm，若孔的公差 T_D = 0.021mm，试确定孔、轴的极限偏差，并画出尺寸公差带图。

2-11 已知下列三组孔、轴配合，其极限间隙或极限过盈分别满足下列条件：

1）配合的公称尺寸为 $\phi25$mm，X_{max} = +0.086mm，X_{min} = +0.020mm。

2）配合的公称尺寸为 $\phi40$mm，Y_{max} = -0.076mm，Y_{min} = -0.035mm。

3）配合的公称尺寸为 $\phi60$mm，Y_{max} = -0.032mm，X_{max} = +0.046mm。

试分别确定各配合中孔、轴的公差等级，并按基孔制确定其配合代号。

第 3 章

测量技术基础

　　本章首先介绍几何量测量的定义及测量过程四要素与量值传递系统、量块基本知识、计量器具的基本技术性能指标、测量方法以及各类测量误差及其特点，以此为基础针对不同测量误差详述其处理方法，给出了测量的数据处理步骤与测量结果的表达形式等。要求学生掌握的知识点为：测量、量块、测量误差和分度值等概念，量值传递系统的组成、测量方法、测量误差和测量结果的表达，其他计算器具的工作原理，各类测量误差的数据处理方法。测量过程四要素、量块等级划分、测量误差处理与数据处理方法是本章的重点和难点。

3.1　概述

　　零部件品质要求不同、形状各异，如图 3-1 所示。零部件要满足互换性要求，在制造完成后确保产品符合公差的要求，因此需要根据零部件测量精度要求、测量系统所需要使用的环境、测量效率等方面进行考虑选择测量系统，以保证几何量测量与品质控制要求。常用的

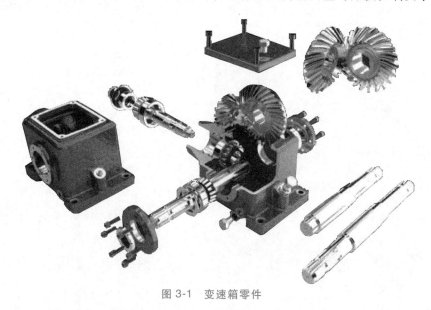

图 3-1　变速箱零件

计量器具（螺旋千分尺）如图 3-2 所示。

图 3-2　常用的计量器具（螺旋千分尺）

3.1.1　测量与测量技术

检测是测量与检验的总称。测量是指将被测量与用计量单位表示的标准量进行比较，从而确定被测量的试验过程，而检验则是判断零件是否合格而不需要测出具体数值。

1. 测量

测量是将被测量与用计量单位表示的标准量进行比较，从而确定被测量的过程。

若被测量为 Q，计量单位为 u，确定的比值为 x，则被测量可表示为

$$Q = xu \tag{3-1}$$

该公式的物理意义：在被测量 Q 一定的情况下，比值 x 完全决定于所采用的计量单位 u，而且呈反比关系，同时说明计量单位 u 的选择决定于被测量所要求的精确程度。

如某一被测长度 Q，与毫米（mm）作为单位 u 进行比较，得到的比值 x 为 10.5，则被测长度 $Q = 10.5\text{mm}$。

2. 检验

检验是确定被测的几何量是否在规定的验收极限范围内从而判断其是否合格，而不要求其准确的量值。

3. 测量过程四要素

由测量的定义可知，任何一个测量过程不仅必须有明确的被测对象、确定的计量单位、与被测对象相适应的测量方法，而且测量结果还要达到所要求的测量精度。因此，一个完整的测量过程应包括如下四个要素。

（1）被测对象　被测对象是几何量，即长度、角度、形状、位置、表面粗糙度以及螺纹、齿轮等零件的几何参数。

（2）计量单位　我国采用的法定计量单位：长度的计量单位为米（m），角度的计量单位为弧度（rad）和度（°）、分（′）、秒（″）。

在机械零件制造中，常用的长度计量单位是毫米（mm）；在几何量精密测量中，常用的长度计量单位是微米（μm）；在超精密测量中，常用的长度计量单位是纳米（nm）。

常用的角度计量单位是弧度、微弧度（μrad）和度、分、秒。

$$1\mu\text{rad} = 10^{-6}\text{rad}$$

$$1° = 0.0174533\text{rad}$$

（3）测量方法　测量时所采用的测量原理、计量器具和测量条件的总和。

（4）测量精度　测量结果与被测量真值的一致程度。精密测量要将误差控制在允许的

范围内，以保证测量精度。为此，除了合理地选择测量方法外，还应正确估计测量误差的性质和大小，以便保证测量结果具有较高的置信度。

3.1.2 计量单位与量值传递系统

1. 计量单位与长度基准的量值传递系统

国际上统一使用的公制长度基准是在 1983 年第 17 届国际计量大会上通过的，以米作为长度基准。米的新定义为：米是光在真空中（1/299792458）s 的时间间隔内所行进的距离。

为了保证长度测量的精度，还需要建立准确的量值传递系统。鉴于激光稳频技术的发展，用激光波长作为长度基准具有很好的稳定性和复现性。我国采用碘吸收稳定的 $0.633\,\mu m$ 氦氖激光辐射作为波长标准来复现"米"。

在实际应用中，不能直接使用光波作为长度基准进行测量，而是采用各种计量器具进行测量。为了保证量值统一，必须把长度基准的量值准确地传递到生产中应用的计量器具和被测工件上。长度基准的量值传递系统如图 3-3 所示。

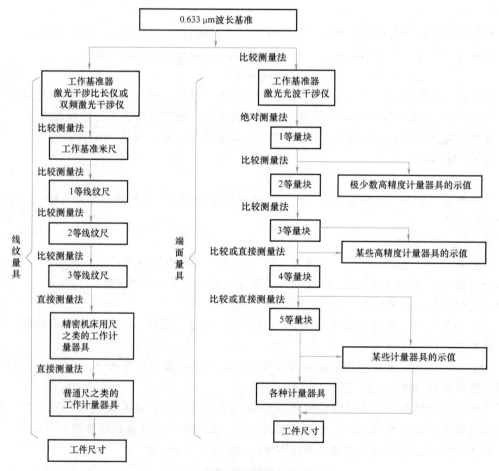

图 3-3　长度基准的量值传递系统

2. 角度基准与量值传递系统

角度是重要的几何量之一。角度不需要像长度一样建立自然基准。但在计量部门，为了方便，仍采用多面棱体（棱形块）作为角度量值的基准。机械制造中的角度基准一般是角度量块、测角仪或分度头等。

多面棱体有 4 面、6 面、8 面、12 面、24 面、36 面及 72 面等，以多面棱体作为角度基准的量值传递系统，如图 3-4 所示。

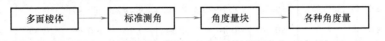

图 3-4　角度基准的量值传递系统

3.1.3　量块

1. 量块及其术语

量块是精密测量中经常使用的标准器，分为长度量块、角度量块两类。

长度量块是单值端面量具，其形状大多为长方六面体，其中一对平行平面为量块的工作表面，两工作表面的间距即长度量块的工作尺寸。

量块由特殊合金钢制成，耐磨且不易变形，工作表面之间或与平晶（图 3-5）表面间具有可研合性，以便组成所需尺寸的量块组。

（1）标称长度 l_n　量块上标出的尺寸。

（2）中心长度 L_c　对应于量块未研合测量面中心点的量块长度。量块长度是指量块一个测量面上的任意点到与其相对的另一测量面相研合的辅助体表面之间的垂直距离。

（3）量块长度变动量 V　指量块任意点长度 L_i 的最大差值，即 $V = L_{imax} - L_{imin}$。量块长度变动量最大允许值 t_v 列在表 3-1 和表 3-2 中。

（4）量块长度偏差　量块的长度实测值与标称长度之差。量块长度偏差的允许值（极限偏差 t_e）列在表 3-1 中。

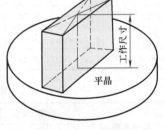

图 3-5　量块工作表面与平晶研合

角度量块有三角形（一个工作角）和四边形（四个工作角）两种。三角形角度量块只有一个工作角（10°~79°）可以用作角度测量的标准量，而四边形角度量块则有四个工作角（80°~100°）可以用作角度测量的标准量。

2. 长度量块的等级划分与选用

（1）长度量块的分级　量块按制造精度分为五级，即 0、1、2、3、K 级，其中 0 级精度最高，3 级精度最低。K 级为校准级，用来校准 0、1、2 级量块。

量块的"级"主要是根据量块长度极限偏差和量块长度变动量最大允许值来划分的。量块按"级"使用时，以量块的标称长度作为工作尺寸。该尺寸包含了量块的制造误差，不需要加修正值，使用较方便，但不如按"等"使用的测量精度高。量块分级的精度指标见表 3-1。

（2）长度量块的分等　量块按检定精度分为 1~5 等，其中 1 等精度最高，5 等精度最低。

量块按等使用时，是以量块检定书列出的实测中心长度作为工作尺寸，该尺寸排除了量块的制造误差，只包含检定时较小的测量误差。因此，量块按"等"使用比按"级"使用的测量精度高。量块分等的精度指标见表 3-2。

表 3-1　量块分级的精度指标（摘自 JJG 146—2011）

标称长度 l_n /mm	K 级		0 级		1 级		2 级		3 级	
	t_e	t_v	t_e	t_v	t_e	t_v	t_e	t_v	t_e	t_v
	最大允许值/μm									
$l_n \leqslant 10$	±0.20	0.05	±0.12	0.10	±0.20	0.16	±0.45	0.30	±1.0	0.50
$10 < l_n \leqslant 25$	±0.30	0.05	±0.14	0.10	±0.30	0.16	±0.60	0.30	±1.2	0.50
$25 < l_n \leqslant 50$	±0.40	0.06	±0.20	0.10	±0.40	0.18	±0.80	0.30	±1.6	0.55
$50 < l_n \leqslant 75$	±0.50	0.06	±0.25	0.12	±0.50	0.18	±1.00	0.35	±2.0	0.55
$75 < l_n \leqslant 100$	±0.60	0.07	±0.30	0.12	±0.60	0.20	±1.20	0.35	±2.5	0.60
$100 < l_n \leqslant 150$	±0.80	0.08	±0.40	0.14	±0.80	0.20	±1.60	0.40	±3.0	0.65
$150 < l_n \leqslant 200$	±1.00	0.09	±0.50	0.16	±1.00	0.25	±2.00	0.40	±4.0	0.70
$200 < l_n \leqslant 250$	±1.20	0.10	±0.60	0.16	±1.20	0.25	±2.40	0.45	±5.0	0.75
$250 < l_n \leqslant 300$	±1.40	0.10	±0.70	0.18	±1.40	0.25	±2.80	0.50	±6.0	0.80
$300 < l_n \leqslant 400$	±1.80	0.12	±0.90	0.20	±1.80	0.30	±3.60	0.50	±7.0	0.90
$400 < l_n \leqslant 500$	±2.20	0.14	±1.10	0.25	±2.20	0.35	±4.40	0.60	±9.0	1.00
$500 < l_n \leqslant 600$	±2.60	0.16	±1.30	0.25	±2.60	0.40	±5.00	0.70	±11.0	1.10
$600 < l_n \leqslant 700$	±3.00	0.18	±1.50	0.30	±3.00	0.45	±6.00	0.70	±12.0	1.00
$700 < l_n \leqslant 800$	±3.40	0.20	±1.70	0.30	±3.40	0.50	±6.50	0.80	±14.0	1.30
$800 < l_n \leqslant 900$	±3.80	0.20	±1.90	0.35	±3.80	0.50	±7.50	0.90	±15.0	1.40
$900 < l_n \leqslant 1000$	±4.20	0.25	±2.00	0.40	±4.20	0.60	±8.00	1.00	±17.0	1.50

表 3-2　量块分等的精度指标（摘自 JJG 146—2011）　　　　　（单位：μm）

标称长度 l_n/mm	1 等		2 等		3 等		4 等		5 等	
	测量不确定度	长度变动量	测量不确定度	长度变动量	测量不确定度	长度变动量	测量不确定度	长度变动量	测量不确定度	长度变动量
$l_n \leqslant 10$	0.022	0.05	0.06	0.10	0.11	0.16	0.22	0.30	0.6	0.50
$10 < l_n \leqslant 25$	0.025	0.05	0.07	0.10	0.12	0.16	0.25	0.30	0.6	0.50
$25 < l_n \leqslant 50$	0.030	0.06	0.08	0.10	0.15	0.18	0.30	0.30	0.8	0.55
$50 < l_n \leqslant 75$	0.035	0.06	0.09	0.12	0.18	0.18	0.35	0.35	0.9	0.55
$75 < l_n \leqslant 100$	0.040	0.07	0.10	0.12	0.20	0.20	0.40	0.35	1.0	0.60
$100 < l_n \leqslant 150$	0.05	0.08	0.12	0.14	0.25	0.20	0.50	0.40	1.2	0.65
$150 < l_n \leqslant 200$	0.06	0.09	0.15	0.16	0.30	0.25	0.6	0.40	1.5	0.70
$200 < l_n \leqslant 250$	0.07	0.10	0.18	0.16	0.35	0.25	0.7	0.45	1.8	0.75
$250 < l_n \leqslant 300$	0.08	0.10	0.20	0.18	0.40	0.25	0.8	0.50	2.0	0.80
$300 < l_n \leqslant 400$	0.10	0.12	0.25	0.20	0.50	0.30	1.0	0.50	2.5	0.90
$400 < l_n \leqslant 500$	0.12	0.14	0.30	0.25	0.60	0.35	1.2	0.60	3.0	1.00
$500 < l_n \leqslant 600$	0.14	0.16	0.35	0.25	0.7	0.40	1.4	0.70	3.5	1.10
$600 < l_n \leqslant 700$	0.16	0.18	0.40	0.30	0.8	0.45	1.6	0.70	4.0	1.20
$700 < l_n \leqslant 800$	0.18	0.20	0.45	0.30	0.9	0.50	1.8	0.80	4.5	1.30
$800 < l_n \leqslant 900$	0.20	0.20	0.50	0.35	1.0	0.50	2.0	0.90	5.0	1.40
$900 < l_n \leqslant 1000$	0.22	0.25	0.55	0.40	1.1	0.60	2.2	1.00	5.5	1.50

长度量块的分等，其量值按长度量值传递系统进行，即低一等的量块检定必须用高一等的量块作为基准进行测量。

按"等"使用量块，在测量上需要加入修正值，虽麻烦一些，但消除了量块制造误差的影响，可用制造精度较低的量块进行较精密的测量。

（3）长度量块的尺寸组合　利用量块的研合性，可根据实际需要，用多个尺寸不同的量块研合组成所需要的长度标准量，为保证测量精度一般不超过四块。

量块是成套制成的，每套包括一定数量不同尺寸的量块。83 块和 46 块成套量块尺寸组成见表 3-3。

表 3-3　83 块和 46 块成套量块尺寸组成（摘自 GB/T 6093—2001）

总块数	尺寸系列/mm	间隔/mm	块数	总块数	尺寸系列/mm	间隔/mm	块数
83	0.5	—	1	46	1	—	1
	1	—	1		1.001 ~ 1.009	0.001	9
	1.005	—	1		1.01 ~ 1.09	0.01	9
	1.01 ~ 1.49	0.01	49		1.1 ~ 1.9	0.1	9
	1.5 ~ 1.9	0.1	5		2 ~ 9	1	8
	2.0 ~ 9.5	0.5	16		10 ~ 100	10	10
	10 ~ 100	10	10				

长度量块的尺寸组合一般采用消尾法，即选一块量块应消去一位尾数。

例如：尺寸 46.725mm 使用 83 块成套量块组合为

46.725mm = 1.005mm+1.22mm+4.5mm+40mm。

选用的第 1 个量块：1.005mm。

第 2 个量块：1.22mm。

第 3 个量块：4.5mm。

第 4 个量块：40mm。

量块常作为尺寸传递的长度标准和计量器具示值误差的检定标准，也可作为精密机械零件测量、精密机床和夹具调整时的尺寸基准。

3.2　测量方法与计量器具

3.2.1　测量方法及其分类

在实际工作中，测量方法通常是指获得测量结果的具体方式。它可以按下面几种情况进行分类。

1. 按实测几何量是否就是被测几何量分

（1）直接测量　直接测量是指被测几何量的量值直接由计量器具读出，如用游标卡尺、千分尺测量轴径。

（2）间接测量　间接测量是指欲测量的几何量的量值由实测几何量的量值按一定的函数关系式运算后获得。例如：采用"弓高弦长法"间接测量圆弧样板的半径 R，只要测得弓高 h 和弦长 b 的量值，然后按公式进行计算即可得到 R 的量值。

直接测量过程简单，其测量精度只与这一测量过程有关，而间接测量的精度不仅取决于实测几何量的测量精度，还与所依据的计算公式和计算的精度有关。一般来说，直接测量的精度比间接测量的精度高。因此，应尽量采用直接测量。对于受条件所限无法进行直接测量的场合采用间接测量。

2. 按示值是否就是被测几何量的量值分

（1）绝对测量　绝对测量是计量器具的示值就是被测几何量的量值，如用游标卡尺、千分尺测量轴径。

（2）相对测量（也称为比较测量）　计量器具的示值只是被测几何量相对于标准量（已知）的偏差，被测几何量的量值等于已知标准量与该偏差值（示值）的代数和。例如：用立式光学比较仪测量轴径，测量时先用量块调整示值零位，该比较仪指示出的示值为被测轴径相对于量块尺寸的偏差。一般来说，相对测量的精度比绝对测量的精度高。

3. 按测量时被测表面与计量器具的测头是否接触分

（1）接触测量　接触测量是在测量过程中，计量器具的测头与被测表面接触，即有测量力存在，如用立式光学比较仪测量轴径。

（2）非接触测量　非接触测量是在测量过程中，计量器具的测头不与被测表面接触，即无测量力存在，如用光切显微镜测量表面粗糙度，用气动量仪测量孔径。

对于接触测量，测头和被测表面的接触会引起弹性变形，即产生测量误差，而非接触测量则无此影响，故易变形的软质表面或薄壁工件多用非接触测量。

4. 按工件上被测几何量是否同时测量分

（1）单项测量　单项测量是对工件上的各个被测几何量分别进行测量。例如：用公法线千分尺测量齿轮的公法线长度变动，用跳动检查仪测量齿轮的齿圈径向圆跳动等。

（2）综合测量　综合测量是对工件上几个相关几何量的综合效应同时测量得到综合指标，以判断综合结果是否合格。例如：用齿距仪测量齿轮的齿距累积误差，实际上反映的是齿轮的公法线长度变动和齿圈径向圆跳动两种误差的综合结果。

综合测量的效率比单项测量的效率高，一般来说单项测量便于分析工艺指标，综合测量便于只要求判断合格与否，而不需要得到具体的测得值的场合。

依据测头和被测表面之间是否处于相对运动状态，测量还可以分为动态测量和静态测量。动态测量是在测量过程中，测头与被测表面处于相对运动状态。动态测量效率高，并能测出工件上几何参数连续变化时的情况。例如：用电动轮廓仪测量表面粗糙度是动态测量。此外，还有主动测量（也称为在线测量），是在加工工件的同时对被测对象进行测量，其测量结果可直接用于控制加工过程，及时防止废品的产生。

3.2.2 计量器具

1. 量具类

量具类是通用的有刻线的或无刻线的一系列单值和多值的量块和量具等，如长度量块、90°角尺、角度量块、线纹尺、游标卡尺、螺旋千分尺等。

2. 量规类

量规是没有刻线且专用的计量器具，可用于检验工件要素提取尺寸和几何误差的综合结果。使用量规检验不能得到工件的具体提取尺寸和几何误差值，而只能确定被检验工件是否合格。例如：使用光滑极限量规检验孔、轴，只能判定孔、轴的合格与否，不能得到孔、轴的实际尺寸。

3. 计量仪器

计量仪器（简称为量仪）是能将被测几何量的量值转换成可直接观测的示值或等效信息的一类计量器具。计量仪器按原始信号转换的原理可分为以下几种。

（1）机械量仪 机械量仪是指用机械方法实现原始信号转换的量仪，一般都具有机械测微机构。这种量仪结构简单、性能稳定、使用方便，如指示表、杠杆比较仪等。

（2）光学量仪 光学量仪是指用光学方法实现原始信号转换的量仪，一般都具有光学放大（测微）机构。这种量仪精度高、性能稳定，光学比较仪（图3-6）、工具显微镜、干涉仪等。

（3）电动量仪 电动量仪是指能将原始信号转换为电量信号的量仪，一般都具有放大、滤波等电路。这种量仪精度高、测量信号经 A/D 转换后，易于与计算机接口，实现测量和数据处理的自动化，如电感比较仪、电动轮廓仪、圆度仪等。

（4）气动量仪 气动量仪是以压缩空气为介质，通过气动系统流量或压力的变化来实现原始信号转换的量仪。这种量仪结构简单、测量精度和效率都高、操作方便，但示值范围小，如水柱式气动量仪、浮标式气动量仪等。

图 3-6 光学比较仪

4. 计量装置

计量装置是指为确定被测几何量的量值所必需的计量器具和辅助设备的总体。它能够测量同一工件上较多的几何量和形状比较复杂的工件，有助于实现检测自动化或半自动化，如齿轮综合精度检查仪、发动机缸体孔的几何精度综合测量仪等。

3.2.3 计量器具的基本技术性能指标

计量器具的基本技术性能指标是合理选择和使用计量器具的重要依据。下面介绍一些常用的基本技术性能指标。

1. 标尺间距

标尺间距是指计量器具的标尺或分度盘上相邻两刻线中心之间的距离或圆弧长度。考虑人眼观察的方便，一般应取标尺间距为 1~2.5mm。

2. 分度值

分度值是指计量器具的标尺或分度盘上每一标尺间距所代表的量值。一般长度计量器具的分度值有 0.1mm、0.05mm、0.02mm、0.01mm、0.005mm、0.002mm、0.001mm 等。一般来说，分度值越小，则计量器具的精度就越高。

3. 分辨力

分辨力是指计量器具所能显示的最末一位数所代表的量值。由于在一些量仪（如数字式量仪）中，其读数采用非标尺或非分度盘显示，因此就不能使用分度值这一概念，而将其称为分辨力。例如：国产 JC19 型数显式万能工具显微镜的分辨力为 0.5μm。

4. 示值范围

示值范围是计量器具所能显示或指示的被测几何量起始值到终止值的范围。例如：数显式光学比较仪的示值范围为±100μm。

5. 测量范围

测量范围是计量器具在允许的误差限度内所能测出的被测几何量量值的下限值到上限值的范围。一般测量范围上限值与下限值之差称为量程。例如：立式光学比较仪的测量范围为0~180mm，也可表述为立式光学比较仪的量程为180mm。

6. 灵敏度

灵敏度是计量器具对被测几何量微小变化的响应变化能力。若被测几何量的变化为Δx，该几何量引起计量器具的响应变化能力为ΔL，则灵敏度为

$$S = \Delta L / \Delta x \tag{3-2}$$

当上式中分子和分母为同种量时，灵敏度也称为放大比或放大倍数。对于具有等分刻线的标尺或分度盘的量仪，放大倍数K等于标尺间距a与分度值i之比

$$K = a / i \tag{3-3}$$

一般来说，分度值越小，则计量器具的灵敏度就越高。

7. 示值误差

示值误差是指计量器具上的示值与被测几何量的真值的代数差。一般来说，示值误差越小，则计量器具的精度就越高。

8. 修正值

修正值是指为了消除或减少系统误差，用代数法加到测量结果上的数值，其大小与示值误差的绝对值相等，而符号相反。例如：示值误差为-0.004mm，则修正值为+0.004mm。

9. 测量重复性

测量重复性是指在相同的测量条件下，对同一被测几何量进行多次测量时，各测量结果之间的一致性。通常以测量重复性误差的极限值（正、负偏差）来表示。

10. 不确定度

不确定度是指由于测量误差的存在而对被测几何量量值不能肯定的程度，直接反映测量结果的置信度。

📌 3.3 测量误差

3.3.1 测量误差的概念

对于任何测量过程，由于计量器具和测量条件方面的限制，不可避免地会出现或大或小的测量误差。因此，每一个实际测得值，往往只是在一定程度上接近被测几何量的真值，这种实际测得值与被测几何量真值的差值称为测量误差。测量误差可以用绝对误差或相对误差来表示。

1. 绝对误差

绝对误差是指被测几何量的测得值与其真值之差，即

$$\delta = x - x_0 \tag{3-4}$$

式中，δ 是绝对误差；x 是被测几何量的测得值；x_0 是被测几何量的真值。

绝对误差可能是正值，也可能是负值。这样，被测几何量的真值可表示为

$$x_0 = x \pm |\delta| \tag{3-5}$$

按照此式，可以由测得值和测量误差来估计真值存在的范围。测量误差的绝对值越小，则被测几何量的测得值就越接近真值，就表明测量精度越高，反之，则表明测量精度越低。对于大小不相同的被测几何量，用绝对误差表示测量精度不方便，所以需要用相对误差来表示或比较它们的测量精度。

2. 相对误差

相对误差是指绝对误差（取绝对值）与真值之比，即

$$f = \frac{|\delta|}{x_0} \times 100\%$$

由于 x_0 无法得到，因此在实际应用中常以被测几何量的测得值代替真值进行估算，即

$$f = \frac{|\delta|}{x} \times 100\% \tag{3-6}$$

式中，f 是相对误差。

相对误差是一个量纲一的数值，通常用百分比来表示。

例如：测得两个孔的直径大小分别为 25.43mm 和 41.94mm，其绝对误差分别为 +0.02mm 和 +0.01mm，则由式（3-6）计算得到其相对误差分别为

$$f = \frac{|\delta|}{x} \times 100\% = \frac{0.02}{25.43} \times 100\% = 0.0786\%$$

$$f = \frac{|\delta|}{x} \times 100\% = \frac{0.01}{41.94} \times 100\% = 0.0238\%$$

显然，后者的测量精度比前者高。

3.3.2　测量误差分类

按测量误差特点和性质，测量误差可分为系统误差、随机误差和粗大误差三类。

1. 系统误差

系统误差是指在一定测量条件下，多次测取同一量值时，绝对值和符号均保持不变的测量误差，或者绝对值和符号按某一规律变化的测量误差。前者称为定值系统误差，后者称为变值系统误差。

例如：在比较仪上用相对法测量工件尺寸时，调整量仪所用量块的误差就会引起定值系统误差；量仪的分度盘与指针回转轴偏心所产生的示值误差会引起变值系统误差。

根据系统误差的性质和变化规律，系统误差可以用计算或试验对比的方法确定，用修正值（校正值）从测量结果中予以消除。但在某些情况下，变值系统误差由于变化规律比较复杂，不易确定，因而难以消除。在实际测量中，系统误差对测量结果的影响是不能忽视的，揭示系统误差出现的规律性，消除系统误差对测量结果的影响，是提高测量精度的有效措施。

（1）发现系统误差的方法　在测量过程中产生系统误差的因素是复杂多样的，查明所有的系统误差是很困难的事情，同时也不可能完全消除系统误差的影响。

发现系统误差必须根据具体测量过程和计量器具进行全面而仔细的分析，但目前还没有能够找到可以发现各种系统误差的方法。下面只介绍适用于发现某些系统误差常用的两种方法。

1）试验对比法。试验对比法是通过改变产生系统误差的测量条件，进行不同测量条件下的测量，来发现系统误差。这种方法适用于发现定值系统误差。

例如：量块按标称尺寸使用时，在测量结果中，就存在着由于量块尺寸偏差而产生的大小和符号均不变的定值系统误差，重复测量也不能发现这一误差，只有用另一块更高等级的量块进行对比测量，才能发现它。

2）残差观察法。残差观察法是指根据测量列的各个残差大小和符号的变化规律，直接由残差数据或残差曲线图形来判断有无系统误差，这种方法主要适用于发现大小和符号按一定规律变化的变值系统误差。根据测量先后顺序，将测量列的残差作图（图3-7），观察残差的规律。若残差大体上正、负相间，又没有显著变化，就认为不存在变值系统误差（图3-7a）。若残差按近似的线性规律递增或递减，就可判断存在线性系统误差（图3-7b）。若残差的大小和符号有规律地周期变化，就可判断存在周期性系统误差（图3-7c）。但是残差观察法对于测量次数不是足够多时，也有一定的难度。

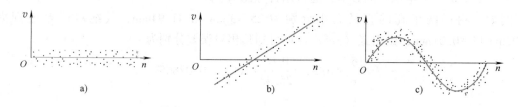

图 3-7　变值系统误差的发现

a）不存在变值系统误差　b）存在线性系统误差　c）存在周期性系统误差

（2）消除系统误差的方法

1）从产生误差根源上消除系统误差。要求测量人员分析测量过程中可能产生系统误差的各个环节，并在测量前就将系统误差从产生根源上加以消除。例如：为了防止测量过程中仪器示值零位的变动，测量开始和结束时都需检查示值零位；若示值不为零，须调整仪器并进行置零处理。

2）用修正法消除系统误差。这种方法是预先将计量器具的系统误差检定或计算出来，做出误差表或误差曲线，然后取与误差数值相同而符号相反的值作为修正值，将测得值加上相应的修正值，即可使测量结果不包含系统误差。

3）用抵消法消除定值系统误差。这种方法要求在对称位置上分别测量一次，以使这两次测量中测得的数据出现的系统误差大小相等，符号相反，取这两次测量中数据的平均值作为测得值，即可消除定值系统误差。例如：在工具显微镜上测量螺纹螺距时，为了消除螺纹轴线与量仪工作台移动方向倾斜而引起的系统误差，可分别测取螺纹左、右牙面的螺距，然后取它们的平均值作为螺距测得值。

4）用半周期法消除周期性系统误差。对周期性系统误差，可以每相隔半个周期进行一次测量，以相邻两次测量数据的平均值作为一个测得值，即可有效消除周期性系统误差。

消除和减小系统误差的关键是找出误差产生的根源和规律。实际上，系统误差不可能完全消除。一般来说，系统误差若能减小到使其影响相当于随机误差的程度，则可认为已被消除。

2. 随机误差

随机误差是指在一定测量条件下，多次测取同一量值时，绝对值和符号以不可预定的方式变化的测量误差。

就某一次具体测量而言，随机误差的绝对值和符号无法预先知道。但对于连续多次重复测量来说，随机误差符合一定的概率统计规律，因此，可以应用概率论和数理统计的方法来对它进行处理。系统误差和随机误差的划分并不是绝对的，它们在一定的条件下是可以相互转化的。

随机误差主要由测量过程中一些偶然性因素或不确定因素引起的。例如：量仪传动机构的间隙、摩擦、测量力的不稳定以及温度波动等引起的测量误差，都属于随机误差。按一定公称尺寸制造的量块总是存在着制造误差，对某一具体量块来讲，可认为该制造误差是系统误差，但对一批量块而言，制造误差是变化的，可以认为它是随机误差。在使用某一量块时，若没有检定该量块的尺寸偏差，而按量块标称尺寸使用，则制造误差属于随机误差；若检定出该量块的尺寸偏差，按量块提取尺寸使用，则制造误差属于系统误差。

利用误差转化的特点，可根据需要将系统误差转化为随机误差，用概率论和数理统计的方法来减小该误差的影响；或将随机误差转化为系统误差，用修正的方法减小该误差的影响。

3. 粗大误差

粗大误差是指超出在一定测量条件下预计的测量误差，就是对测量结果产生明显歪曲的测量误差。含有粗大误差的测得值称为异常值，它的数值比较大。

1）粗大误差的产生。粗大误差的产生有主观和客观两方面的原因，主观原因如测量人员疏忽造成的读数误差，客观原因如外界突然振动引起的测量误差。由于粗大误差明显歪曲测量结果，因此在处理测量数据时，应根据判断粗大误差的准则设法将其剔除。

2）粗大误差的处理方法。粗大误差的数值相当大，在测量中应尽可能避免。如果粗大误差已经产生，则应根据判断粗大误差的准则予以剔除，通常用拉依达准则（又称为 3σ 准则）来判断。

当测量列服从正态分布时，残差落在 $\pm 3\sigma$ 外的概率很小，仅有 0.27%，即在连续 370 次测量中只有一次测量的残差会超出 $\pm 3\sigma$，而实际上连续测量的次数绝不会超过 370 次，测量列中就不应该有超出 $\pm 3\sigma$ 的残差。因此，当出现绝对值大于 3σ 的残差时，即 $|v_i| > 3\sigma$，则认为该残差对应的测得值含有粗大误差，应予以剔除。

注意拉依达准则不适用于测量次数小于或等于 10 的情况。

3.3.3 测量误差的来源

由于测量误差的存在，测得值只能近似地反映被测几何量的真值。为减小测量误差，就须分析产生测量误差的原因，以便提高测量精度。在实际测量中，产生测量误差的因素很多，归纳起来主要有以下几方面。

1. 计量器具误差

计量器具误差是计量器具本身的误差，包括计量器具的设计、制造和使用过程中的误差，这些误差的总和反映在示值误差和测量的重复性上。

设计计量器具时，为了简化结构而采用近似设计的方法会产生测量误差。例如：当设计的计量器具不符合阿贝原则时，也会产生测量误差。

阿贝原则是指测量长度时，应使被测工件的尺寸线（简称为被测线）和计量器具中作为标准的刻度尺（简称为标准线）重合或顺次排成一条直线。例如：千分尺的标准线（测微螺杆轴线）与工件被测线（被测直径）在同一条直线上，而游标卡尺作为标准的刻度尺与被测直径不在同一条直线上。一般符合阿贝原则的测量引起的测量误差很小，可以略去不计；不符合阿贝原则的测量引起的测量误差较大。所以用千分尺测量轴径要比用游标卡尺测量轴径的测量误差更小，即测量精度更高。

有关阿贝原则的详细内容可以参考计量器具方面的书籍。

计量器具零件的制造和装配误差也会产生测量误差。例如：标尺的标尺间距不准确、指示表的分度盘与指针回转轴的安装有偏心等都会产生测量误差。计量器具在使用过程中零件的变形等也会产生测量误差。此外，相对测量时使用的标准量（如长度量块）的制造误差也会产生测量误差。

2. 方法误差

方法误差是指测量方法的不完善（包括计算公式不准确，测量方法选择不当，工件安装、定位不准确等）引起的误差。

例如：在接触测量中，由于测头测量力的影响，使被测工件和测量装置产生变形而产生测量误差。

3. 环境误差

环境误差是指测量时环境条件（温度、湿度、气压、照明、振动、电磁场等）不符合标准所导致的误差。

在测量长度时，规定的环境条件标准温度为 20℃，但是在实际测量时被测工件和计量器具的温度对标准温度均会产生或大或小的偏差，而被测工件和计量器具的材料不同时它们的线膨胀系数是不同的，这将产生一定的测量误差 δ，其大小为

$$\delta = x[\alpha_1(t_1-20)-\alpha_2(t_2-20)] \tag{3-7}$$

式中，x 是被测长度；α_1、α_2 分别是被测工件、计量器具的线膨胀系数；t_1 是测量时被测工件的温度（℃）；t_2 是测量时计量器具的温度（℃）。

4. 人员误差

人员误差是测量人员人为的差错，如测量瞄准不准确、读数或估读错误等，都会产生人员方面的测量误差。

3.3.4 测量精度

测量精度是指被测几何量的测得值与其真值的接近程度。它和测量误差是从两个不同角度说明同一概念的术语。测量误差越大，则测量精度就越低；测量误差越小，则测量精度就

越高。为了反映系统误差和随机误差对测量结果的不同影响，测量精度示意图如图 3-8 所示。

1. 正确度

正确度反映测量结果受系统误差的影响程度。系统误差小，则正确度高。

2. 精密度

精密度反映测量结果受随机误差的影响程度。它是指在一定测量条件下连续多次测量所得的测得值之间相互接近的程度。随机误差小，则精密度高。

3. 准确度

准确度反映测量结果同时受系统误差和随机误差的综合影响程度。若系统误差和随机误差都小，则准确度高。若系统误差和随机误差大，则准确度低。

对于一次具体测量，其精密度高，正确度却不一定高；正确度高，精密度也不一定高；精密度和正确度都高的测量，准确度就高；精密度和正确度当中有一个不高，准确度就不高。

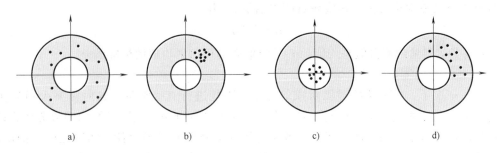

图 3-8 测量精度示意图

a）正确度高，精密度低 b）精密度高，正确度低 c）准确度高 d）准确度低

3.4 测量数据处理

通过对某一被测几何量进行连续多次的重复测量，得到一系列的测量数据（测得值）即测量列，可以对该测量列进行数据处理，以消除或减小测量误差的影响，提高测量精度。

3.4.1 测量结果的表达

测量工作完成后需要报告测量结果。在日常生产中，为了检验产品质量而进行的测量，测量结果一般"实测实报"即可。

例如：磨削加工一根 $\phi 40^{+0.02}_{-0.03}$ mm 的轴，用测量范围为 $25 \sim 50$mm 的杠杆千分尺测量得 $\phi 40.01$mm，报出数据为 $\phi 40.01$mm 即可。

如果是为了新产品开发、对切削加工的工艺进行分析、验收新购进的高精度的加工设备、制订新的工艺与标准等目的而进行的测量，必须对测量结果所获得的数据的不确定度进行分析，提出详细说明一并报出，使用户拿到这个数据后非常明确它的可靠程度。由于测量方法、测量误差处理等因素的影响，测量结果表达形式也有多种，具体分为不存在系统误差的单次测量结果、不存在系统误差的多次测量结果以及间接测量的测量结果等形式。

等精度测量是指在测量条件（包括计量器具、测量人员、测量方法及环境条件等）不变的情况下，对某一被测几何量进行的连续多次测量。虽然在此条件下得到的各个测得值不同，但影响各个测得值精度的因素和条件相同，故测量精度视为相等。相反，在测量过程中全部或部分因素和条件发生改变，则称为不等精度测量。在一般情况下，为了简化对测量数据的处理，大多采用等精度测量。

1. 不存在系统误差的单次测量结果表达式

测量列中单次测量是指测量过程中任意一次的测量，通常用单次测量的测得值表示。单次测量结果为

$$x_0 = x_i \pm 3\,\sigma \tag{3-8}$$

式中，x_i 是单次测量的测得值；σ 是随机误差的标准偏差；x_0 是单次测量的结果。

2. 不存在系统误差的多次测量结果表达式

若在一定测量条件下，对同一被测几何量进行多组测量（每组皆测量 n 次），则对应每组 n 次测量都有一个算术平均值，各组的算术平均值不相同。不过，它们的分散程度要比单次测量值的分散程度小得多。多次测量所得结果 x_0 为

$$x_0 = \bar{x} \pm 3\sigma_{\bar{x}} \tag{3-9}$$

式中，$\bar{x}$ 是多次测量的测得值平均值；$\sigma_{\bar{x}}$ 是测量列的算术平均值的标准偏差。

3. 间接测量的测量结果表达式

在有些情况下，由于某些被测对象的特点，不能进行直接测量，这时需要采用间接测量。间接测量是指通过测量与被测几何量有一定关系的几何量，按照已知的函数关系式计算出被测几何量的量值。因此间接测量的被测几何量是测量所得到的各个实测几何量的函数，而间接测量的误差则是各个实测几何量误差的函数，故称这种误差为函数误差。

间接测量的结果 y_0 为

$$y_0 = (y - \Delta y) \pm \delta_{\lim(y)} \tag{3-10}$$

式中，y 是欲测几何量（函数）值；Δy 是函数的系统误差值；$\delta_{\lim(y)}$ 是函数的测量极限误差值。

3.4.2 测量列中随机误差的处理

随机误差不可能被修正或消除，但可应用概率论与数理统计的方法，估计出随机误差的大小和规律，并设法减小其影响。

1. 随机误差的特性及分布规律

通过对大量的试验数据进行统计后发现，随机误差通常服从正态分布规律（随机误差还存在其他规律的分布，如等概率分布、三角分布、反正弦分布等），其正态分布曲线如图 3-9 所示（横坐标 δ 表示随机误差，纵坐标 y 表示随机误差的概率密度）。

正态分布的随机误差具有下面四个基本特性。

（1）单峰性　绝对值越小的随机误差出现的概率

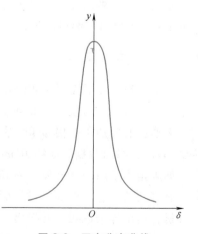

图 3-9　正态分布曲线

越大，反之则越小。

（2）对称性　绝对值相等的正、负随机误差出现的概率相等。

（3）有界性　在一定测量条件下，随机误差的绝对值不超过一定界限。

（4）抵偿性　随着测量次数的增加，随机误差的算术平均值趋于零，即各次随机误差的代数和趋于零。这一特性是对称性的必然反映。

正态分布曲线的数学表达式为

$$y = \frac{1}{\sigma\sqrt{2\pi}} e^{-\frac{\delta^2}{2\sigma^2}} \tag{3-11}$$

式中，y 是概率密度；σ 是标准偏差；δ 是随机误差；e 是自然对数的底。

2. 随机误差的标准偏差 σ

从式（3-11）可以看出，概率密度 y 的大小与随机误差 δ、标准偏差 σ 有关。

当 $\delta = 0$ 时，概率密度 y 最大，即 $y_{max} = 1/\sigma\sqrt{2\pi}$。

显然，概率密度最大值 y_{max} 是随标准偏差 σ 变化的。标准偏差 σ 越小，分布曲线就越陡，随机误差的分布就越集中，表示测量精度就越高。反之，标准偏差 σ 越大，分布曲线就越平坦，随机误差的分布就越分散，表示测量精度就越低。

随机误差的标准偏差 σ 可按下式计算，即

$$\sigma = \sqrt{\frac{\sum \delta^2}{n}} \tag{3-12}$$

式中，n 是测量次数。

标准偏差 σ 是反映测量列中测得值分散程度的一项指标，其表示的是测量列中单次测量值（任一测得值）的标准偏差。

3. 随机误差的极限值 δ_{lim}

由于随机误差的有界性，因此随机误差的大小不会超过一定的范围。随机误差的极限值就是测量极限误差。

由概率论的知识可知，正态分布曲线和横坐标轴间所包含的面积等于所有随机误差出现的概率总和。若随机误差落在（$-\infty \sim +\infty$）之间，则其概率为 1，即

$$P = \int_{-\infty}^{+\infty} y\mathrm{d}\delta = \int_{-\infty}^{+\infty} \frac{1}{\sigma\sqrt{2\pi}} e^{-\frac{\delta^2}{2\sigma^2}} \mathrm{d}\delta = 1$$

实际上随机误差落在（$-\delta \sim +\delta$）之间，其概率为 <1，即

$$P = \int_{-\delta}^{+\delta} y\mathrm{d}\delta < 1$$

为化成标准正态分布，便于求出 $P = \int_{-\delta}^{+\delta} y\mathrm{d}\delta$ 的积分值（概率值），其概率积分计算过程如下：

引入
$$t = \frac{\delta}{\sigma}, \quad \mathrm{d}t = \frac{\mathrm{d}\delta}{\sigma} \qquad (\delta = \sigma t, \mathrm{d}\delta = \sigma\mathrm{d}t)$$

则

$$P = \int_{-\delta}^{+\delta} y\mathrm{d}\delta$$

$$= \int_{-\sigma t}^{+\sigma t} \frac{1}{\sigma\sqrt{2\pi}} e^{-\frac{t^2}{2}} \sigma \mathrm{d}t$$

$$= \frac{1}{\sqrt{2\pi}} \int_{-\sigma t}^{+\sigma t} e^{-\frac{t^2}{2}} \mathrm{d}t$$

$$= \frac{2}{\sqrt{2\pi}} \int_{0}^{+\sigma t} e^{-\frac{t^2}{2}} \mathrm{d}t \ (对称性)$$

再令

$$P = 2\phi(t)$$

则有

$$\phi(t) = \frac{1}{\sqrt{2\pi}} \int_{0}^{+\sigma t} e^{-\frac{t^2}{2}} \mathrm{d}t$$

这就是拉普拉斯函数（概率积分）。选择不同的 t 值，就对应有不同的概率，测量结果的可信度也就不一样，见表 3-4。随机误差在 $\pm\sigma t$ 范围内出现的概率称为置信概率，t 称为置信因子或置信系数。在几何量测量中，通常取置信因子 $t=3$，则置信概率为 $P=2\phi(t)=99.73\%$。即 δ 超出 $\pm3\sigma$ 的概率为 $1-99.73\%=0.27\%\approx1/370$。

在实际测量中，测量次数一般不会多于几十次，随机误差超出 $\pm3\sigma$ 的情况实际上很少出现，所以取测量极限误差为 $\delta_{\lim}=\pm3\sigma$。

$\delta_{\lim}$ 也表示测量列中单次测量值的测量极限误差。

表 3-4　四个特殊 t 值对应的概率

t	$\delta=\pm\sigma t$	不超出 $|\delta|$ 的概率 $P=2\phi(t)$	超出 $|\delta|$ 的概率 $\alpha=1-2\phi(t)$
1	$\pm1\sigma$	0.6826	0.3174
2	$\pm2\sigma$	0.9544	0.0456
3	$\pm3\sigma$	0.9973	0.0027
4	$\pm4\sigma$	0.99936	0.00064

例如：某次测量的测得值为 30.002mm，若已知标准偏差 $\sigma=0.0002$mm，置信概率取 99.73%，则测量结果应为 30.002mm±0.0006mm。

4. 随机误差的处理步骤

由于被测几何量的真值未知，所以不能直接计算求得标准偏差 σ 的数值。在实际测量时，当测量次数 n 充分大时，随机误差的算术平均值趋于零，便可以用测量列中各个测得值的算术平均值代替真值，并估算出标准偏差，进而确定测量结果。

在假定测量列中不存在系统误差和粗大误差的前提下，可按下列步骤对随机误差进行处理。

（1）计算测量列中各个测得值的算术平均值　设测量列的测得值为 x_1、x_2、x_3、$\cdots$、x_n，则算术平均值为

$$\bar{x} = \frac{\sum\limits_{i=1}^{n} x_i}{n}$$

（2）计算残余误差　残余误差（简称为残差）v_i 即测得值与算术平均值之差，一个测

量列就对应着一个残余误差列 $v_i = x_i - \bar{x}$。

残余误差具有两个基本特性。

1）残余误差的代数和等于零，即 $\sum v_i = 0$。

2）残余误差的平方和为最小，即 $\sum v_i^2 = \min$。

由此可见，用算术平均值作为测量结果是合理可靠的。

（3）计算标准偏差（即单次测量精度 σ）。在实际中常用贝塞尔（Bessel）公式计算标准偏差，即

$$\sigma = \sqrt{\frac{\sum\limits_{i=1}^{n} v_i^2}{n-1}}$$

若需要，可以写出单次测量结果表达式。

（4）计算测量列的算术平均值的标准偏差 $\sigma_{\bar{x}}$ 描述它们的分散程度同样可以用标准偏差作为评定指标。根据误差理论，测量列的算术平均值的标准偏差 $\sigma_{\bar{x}}$ 与测量列单次测量值的标准偏差 σ 存在如下关系，即

$$\sigma_{\bar{x}} = \frac{\sigma}{\sqrt{n}}$$

σ 与 $\sigma_{\bar{x}}$ 的关系如图 3-10 所示。

显然，多次测量结果的精度比单次测量的精度高，即测量次数越多，测量精密度就越高。但图 3-10 中曲线也表明测量次数不是越多越好，一般取 $n > 10$（15 次左右为宜）。

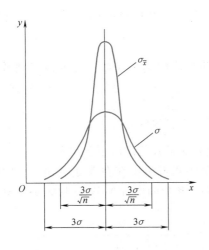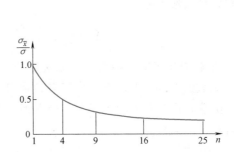

图 3-10 σ 与 $\sigma_{\bar{x}}$ 的关系

（5）计算测量列的算术平均值的测量极限误差 $\delta_{\lim(\bar{x})}$

$$\delta_{\lim(\bar{x})} = \pm 3\sigma_{\bar{x}}$$

（6）写出多次测量所得结果的表达式

$$x_0 = \bar{x} \pm \delta_{\lim(\bar{x})}$$

3.4.3　直接测量与间接测量的数据处理

1. 直接测量列的数据处理

为了从直接测量列中得到正确的测量结果，应按以下步骤进行数据处理。

（1）计算测量列的算术平均值和残余误差　判断测量列中是否存在系统误差。如果存在系统误差，则应采取措施加以消除。

（2）计算测量列单次测量值的标准偏差 σ　判断是否存在粗大误差。若有粗大误差，则应剔除含粗大误差的测得值，并重新组成测量列，再重复上述计算，直到将所有含粗大误差的测得值都剔除干净为止。

（3）计算测量列的算术平均值的标准偏差 $\sigma_{\bar{x}}$

（4）计算测量列的算术平均值的测量极限误差 $\delta_{\lim(\bar{x})}$

（5）给出测量结果表达式 $x_0 = \bar{x} \pm \delta_{\lim(\bar{x})}$，并说明置信概率

2. 间接测量列的数据处理

（1）函数及其微分表达式　在间接测量中，被测几何量通常是实测几何量的多元函数，表示为

$$y = F(x_1, x_2, \cdots, x_m)$$

式中，y 是被测几何量（函数）；x_i 是实测几何量。

函数的全微分表达式为

$$dy = \frac{\partial F}{\partial x_1}dx_1 + \frac{\partial F}{\partial x_2}dx_2 + \cdots + \frac{\partial F}{\partial x_m}dx_m \tag{3-13}$$

式中，dy 是被测几何量（函数）的测量误差；dx_i 是实测几何量的测量误差，$\dfrac{\partial F}{\partial x_i}$ 是实测几何量的测量误差传递系数。

（2）函数的系统误差计算　由各实测几何量测得值的系统误差，可近似得到被测几何量（函数）的系统误差

$$\Delta y = \frac{\partial F}{\partial x_1}\Delta x_1 + \frac{\partial F}{\partial x_2}\Delta x_2 + \cdots + \frac{\partial F}{\partial x_m}\Delta x_m \tag{3-14}$$

式中，Δy 是被测几何量（函数）的系统误差；Δx_i 是实测几何量的系统误差。

（3）函数的随机误差计算　由于各实测几何量的测得值中存在着随机误差，因此被测几何量（函数）也存在着随机误差。根据误差理论，函数的标准偏差 σ_y 与各个实测几何量的标准偏差 σ 的关系为

$$\sigma_y = \sqrt{\left(\frac{\partial F}{\partial x_1}\right)^2\sigma_{x_1}^2 + \left(\frac{\partial F}{\partial x_2}\right)^2\sigma_{x_2}^2 + \cdots + \left(\frac{\partial F}{\partial x_m}\right)^2\sigma_{x_m}^2} \tag{3-15}$$

式中，σ_y 是被测几何量（函数）的标准偏差；σ_{x_i} 是实测几何量的标准偏差。

同理函数的测量极限误差为

$$\delta_{\lim(y)} = \pm\sqrt{\left(\frac{\partial F}{\partial x_1}\right)^2\delta_{\lim(x_1)}^2 + \left(\frac{\partial F}{\partial x_2}\right)^2\delta_{\lim(x_2)}^2 + \cdots + \left(\frac{\partial F}{\partial x_m}\right)^2\delta_{\lim(x_m)}^2} \tag{3-16}$$

式中，$\delta_{\lim(y)}$ 是被测几何量（函数）的测量极限误差；$\delta_{\lim(x_i)}$ 是实测几何量的测量极限

误差。

（4）间接测量列数据处理的步骤

1）找出函数表达式 $y = F(x_1, x_2, \cdots, x_m)$。

2）求出被测几何量（函数）值 y。

3）计算函数的系统误差值 Δy。

4）计算函数的标准偏差 σ_y 和函数的测量极限误差值 $\delta_{\lim(y)}$。

5）写出被测几何量（函数）的结果表达式。

例3-1　对某一轴直径等精度测量 16 次，按测量顺序将各测得值依次列于表 3-5 中，试求测量结果。

解　1）判断定值系统误差。假设计量器具已经检定、测量环境得到有效控制，可认为测量列中不存在定值系统误差。

2）求测量列算术平均值。

$$\bar{x} = \frac{\sum\limits_{i=1}^{n} x_i}{n} = 14.955\text{mm}$$

3）计算残余误差。各残余误差的数值经计算后列于表 3-5 中。按残差观察法，这些残差没有周期性变化，因此可以认为测量列中不存在变值系统误差。

4）计算测量列单次测量值的标准偏差。

$$\sigma = \sqrt{\frac{\sum\limits_{i=1}^{n} v_i^2}{n-1}} \approx 8.1\mu\text{m}$$

表 3-5　数据处理计算表

测量序号	测得值 x_i/mm	残余误差 $v_i/\mu\text{m} = x_i - \bar{x}$	残余误差的平方 $v_i^2/\mu\text{m}^2$
1	14.959	+4	16
2	14.955	0	0
3	14.958	+3	9
4	14.957	+2	4
5	14.958	+3	9
6	14.956	+1	1
7	14.957	+2	4
8	14.958	+3	9
9	14.955	0	0
10	14.957	+2	4
11	14.959	+4	16
12	14.955	0	0
13	14.956	+1	1
14	14.925	−30	900
15	14.958	+3	9
16	14.957	+2	4
算术平均值　14.955mm		$\sum v_i = 0$	$\sum v_i^2 = 986\mu\text{m}^2$

5）判断粗大误差。第 14 个测得值的残余误差值为 $-30\mu m$，按照拉依达准则测量列中出现绝对值大于 3σ（$3\times8.1\mu m=24.3\mu m$）的残余误差，即测量列中存在粗大误差；按照粗大误差处理原则，须剔除粗大误差后，重新计算。

6）重新计算平均值、残余误差，具体数值见表 3-6。

7）再次计算测量列单次测量值的标准偏差。

$$\sigma=\sqrt{\frac{\sum_{i=1}^{n}v_i^2}{n-1}}=\sqrt{\frac{\sum_{i=1}^{n}v_i^2}{15-1}}\approx1.36\mu m$$

8）判断粗大误差。按拉依达准则，测量列中没有出现绝对值大于 3σ（$3\times1.36\mu m=4.08\mu m$）的残余误差，即测量列中不存在粗大误差。

9）计算测量列的算术平均值的标准偏差。

$$\sigma_{\bar{x}}=\frac{\sigma}{\sqrt{n}}=\frac{1.36\mu m}{\sqrt{15}}\approx0.35\mu m$$

注意：此公式里的 n 值按 15 计算，是剔除粗大误差后的测量次数。

10）计算测量列的算术平均值的测量极限误差。

$$\delta_{\lim(\bar{x})}=\pm3\sigma_{\bar{x}}=\pm3\times0.35\mu m=\pm1.05\mu m$$

11）确定测量结果。$x_0=\bar{x}\pm3\sigma_{\bar{x}}=14.957mm\pm0.0011mm$，这时的置信概率为 99.73% 。

表 3-6　剔除粗大误差后数据处理计算表

测量序号	测得值 x_i/mm	残余误差 v_i/$\mu m=x_i-\bar{x}$	残余误差的平方 v_i^2/μm^2
1	14.959	+2	4
2	14.955	−2	4
3	14.958	+1	1
4	14.957	0	0
5	14.958	+1	1
6	14.956	−1	1
7	14.957	0	0
8	14.958	+1	1
9	14.955	−2	4
10	14.957	0	0
11	14.959	+2	4
12	14.955	−2	4
13	14.956	−1	1
14	14.958	+1	1
15	14.957	0	0
算术平均值　14.957mm		$\sum v_i=0$	$\sum v_i^2=26\mu m^2$

知识拓展：三坐标测量机简介

　　三坐标测量机简称为 CMM，随着计算机技术的进步以及电子控制系统、检测技术的发展，其具备高精度、高效率和万能性的特点，可实现对工件的尺寸、形状和几何公差的精密检测，是测量和获得尺寸数据的最有效的方法之一。它可以代替多种表面测量工具及昂贵的组合量规，在机械、电子、仪表、塑胶等行业中广泛使用。

　　三坐标测量机如图 3-11 所示，主要由主机机械系统（X、Y、Z 三轴或其他）、测头系统、电气控制硬件系统和数据处理软件系统组成。三坐标测量机可将实物转变为 CAD 模型以及几何模型等，在逆向工程领域具有优势。

图 3-11　三坐标测量机

习 题 三

3-1　测量过程包括哪四大要素？测量与检验有何异同？

3-2　量块的"等"和"级"如何划分的？按"等"和"级"使用时，如何区别？

3-3　计量器具有哪些基本技术性能指标？

3-4　试举例说明测量范围与示值范围的区别。

3-5　测量误差分哪几类？正态分布随机误差有哪些基本特性？

3-6　在立式光学比较仪上对一轴类工件进行比较测量，共重复测量 15 次，测得值如下（单位为 mm）：9.015、9.013、9.016、9.012、9.015、9.014、9.017、9.018、9.014、9.016、9.014、9.015、9.014、9.017、9.018。试求出该工件的算术平均值、单次测量的标准偏差、算术平均值的标准偏差、测量结果。

3-7　若用一块 4 等量块在立式光学比较仪上对一轴类工件进行比较测量，共重复测量 15 次，测得值见题 3-6。在已知量块的中心长度实际偏差为 +0.2μm，其长度的测量不确定度的允许值为 ±0.25μm 的情况下，不考虑温度的影响，试确定该工件的测量结果。

第 4 章

几何公差与检测

教学导读

　　本章首先介绍机械零件几何要素及几何公差的分类及符号、形状公差、方向公差、位置公差、跳动公差、基准与基准体系等概念，以此为基础提出公差原则及其处理方法，几何误差的评定方法与检测原则，还介绍了几何公差的图样标注规范。要求学生掌握的知识点：几何要素、几何公差及其符号、公差原则和基准等概念，各种几何公差的定义、几何误差的测量方法、基准和基准体系的表达，在零件图上标注，几何公差的选择步骤与检测原则，各种公差原则的应用要求。其中几何公差图样表达、公差原则的应用是本章重点和难点。

🖈 4.1　概述

　　零件在加工过程中，由于刀具、夹具及工艺操作等因素的影响，不仅有尺寸误差，而且会使被加工零件的各几何要素产生一定的形状误差和位置、方向误差。与理想几何体规定的形状上的差异就是形状误差，如圆柱形零件的圆度、圆柱度误差，机床导轨的直线度误差。几何要素的相互位置或方向与理想几何体存在的差异就是位置或方向误差，如铣销轴上键槽，若铣刀杆中心线的运动轨迹相对于零件的中心线有偏离或倾斜，则会使加工的键槽产生对称度误差。这些几何误差会直接影响机械产品的工作精度、运动平稳性、密封性、耐磨性、使用寿命和可装配性等，对零件的工作性能产生了直接影响。因此，为了满足零件的使用要求，保证零件的互换性和制造经济性，在设计时应对零件的几何误差给予必要而合理的限制，规定相应的几何公差。

　　我国已将几何公差标准化，制定了相应的国家标准。近年来根据科学技术和经济发展的需要，参照国际标准，进行了几次修订。目前推荐使用的国家标准主要有：

　　GB/T 1182—2008《产品几何技术规范（GPS）几何公差　形状、方向、位置和跳动公差标注 》。

　　GB/T 1184—1996《形状与位置公差　未注公差值》。

　　GB/T 4249—2009《产品几何技术规范（GPS）　公差原则》。

　　GB/T 1958—2004《产品几何量技术规范（GPS）　形状和位置公差　检测规定》。

　　GB/T 13319—2003《产品几何量技术规范（GPS）　几何公差　位置度公差注法》。

　　GB/T 16671—2009《产品几何技术规范（GPS）几何公差　最大实体要求、最小实体要求和可逆要求》。

GB/T 17851—2010《产品几何技术规范（GPS）几何公差 基准和基准体系》。

还有一系列的误差评定检测标准，如：

GB/T 11337—2004《平面度误差检测》。

JB/T 5996—1992《圆度测量 三测点法及其仪器的精度评定》

JB/T 7557—1994《同轴度误差检测》。

GB/T 4380—2004《圆度误差的评定 两点、三点法》。

GB/T 7234—2004《产品几何量技术规范（GPS）圆度测量 术语、定义及参数》。

GB/T 7235—2004《产品几何量技术规范（GPS）评定圆度误差的方法 半径变化量测量》。

GB/T 11336—2004《直线度误差检测》。

4.1.1 零件的几何要素

几何公差是用来控制几何误差的。几何公差的研究对象是零件的几何要素。构成零件几何特征的点、线、面统称为零件的几何要素，简称为要素。如图 4-1 所示，零件是由球心、锥顶、圆柱面和圆锥面的素线、轴线、球面、圆柱面、圆锥面、槽的中心平面等多种要素组成的。

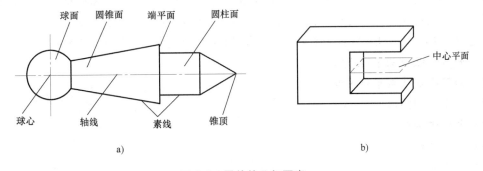

图 4-1 零件的几何要素

为了便于研究几何公差，特将零件的几何要素从不同角度进行分类。

1. 按存在的状态分

1）实际要素。零件上实际存在的要素，通常用提取（测量）要素来代替。由于存在测量误差，故提取要素并非是该实际要素的真实状态。

提取要素是按规定方法由实际要素提取有限数目的点所形成的实际要素的近似替代。

2）理想要素。具有几何学意义的要素，即设计图样上给出的要素，它不存在任何误差。机械零件图样上表示的要素均为理想要素，通常用拟合要素来代替。

拟合要素是按规定方法由提取要素形成的并具有理想形状的要素。

2. 按结构特征分

1）组成要素。组成零件轮廓外形的要素。图 4-1 所示的零件球面、圆锥面、端平面、圆柱面、素线等都属于组成要素。组成要素是具体要素。

2）导出要素。对称组成要素的对称中心面、中心线或点。图 4-1a 所示的球心、轴线和

图 4-1b 所示的中心平面均为导出要素。导出要素是抽象要素。

3. 按所处地位分

1）基准要素。用来确定被测要素的方向或（和）位置的要素。

2）被测要素。在图样上给出了几何公差要求的要素，即需要检测的要素。

4. 按功能关系分

1）单一要素。仅对要素本身给出形状公差要求的要素。单一要素是独立的，是与基准不相关的。

2）关联要素。相对基准要素有功能关系要求而给出方向、位置和跳动公差要求的要素。关联要素不是独立的，是与基准相关的。

4.1.2　几何公差的项目及符号

GB/T 1182—2008 对几何公差特征项目做了规定，其名称和符号见表 4-1。其中形状公差是对单一要素提出的要求，因此无基准要求；方向、位置和跳动公差是对关联要素提出的要求，因此在大多数情况下有基准要求。

4.1.3　几何公差带

几何公差带是指实际被测要素允许变动的区域。既然是一个区域，则一定具有形状、大小、方向和位置四个特征要素。它体现了对被测要素的设计要求，也是加工和检验零件的依据。所以，几何公差带的四个要素是公差带的形状、大小、方向和位置。只要实际被测要素能全部落在给定的公差带内，就表明实际被测要素合格。常用的几何公差带主要有以下几种形状。

1）两等距线或两平行直线。

2）两等距面或两平行平面。

3）两个同心圆。

4）两同轴圆柱。

5）一个圆柱。

6）一个圆。

7）一个球。

表 4-1　几何公差的几何特征和符号

公差类型	几何特征	符号	有无基准
形状公差	直线度	——	无
	平面度	▱	无
	圆度	○	无
	圆柱度	⌭	无
	线轮廓度	⌒	无
	面轮廓度	⌓	无

（续）

公差类型	几何特征	符号	有无基准
方向公差	平行度	//	有
	垂直度	⊥	有
	倾斜度	∠	有
	线轮廓度	⌒	有
	面轮廓度	⌓	有
位置公差	位置度	⊕	有或无
	同心度（用于中心点）	◎	有
	同轴度（用于轴线）	◎	有
	对称度	=	有
	线轮廓度	⌒	有
	面轮廓度	⌓	有
跳动公差	圆跳动	↗	有
	全跳动	↗↗	有

4.1.4　几何公差的标注

几何公差在图样上用几何公差框格、基准符号和指引线进行标注。几何公差框格如图 4-2 所示。

1. 几何公差框格

几何公差框格为矩形框格，由两格或多格组成。形状公差一般为两格，方向、位置和跳动公差一般为多格。几何公差框格中的内容从左到右顺序填写：几何特征符号；几何公差值（以 mm 为单位）及有关符号；附加符号（基准字母及有关符号）。若几何公差值前加注符号 ϕ 或 $S\phi$，则表示其几何公差带为圆形、圆柱形或球形。如果在几何公差带内需进一步限定被测要素的形状或者需采用一些公差要求，则应在几何公差值后加注相关的附加符号。常用的附加符号见表 4-2。

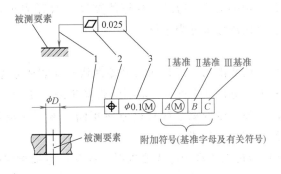

图 4-2　几何公差框格

1—指引线　2—几何特征符号　3—几何公差值及有关符号

对被测要素的数量说明，应标注在几何公差框格的上方，如图 4-3a 所示。

其他说明性要求应标注在几何公差框格的下方，如图 4-3b 所示。

表 4-2　常用的附加符号

符号	含　义	符号	含　义
50	理论正确尺寸	CZ	公共公差带
Ⓔ	包容要求	LD	小径
Ⓜ	最大实体要求	MD	大径
Ⓛ	最小实体要求	PD	中径、节径
Ⓕ	自由状态条件(非刚性零件)	LE	线素
Ⓡ	可逆要求	NC	不凸起
Ⓟ	延伸公差带	ACS	任意横截面

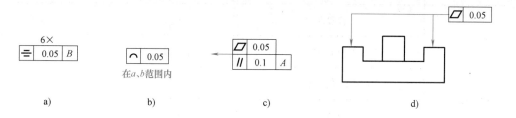

图 4-3　几何公差框格的应用

如对同一要素有两个或两个以上的几何公差要求，其标注方法又一致时，为方便起见，可将一个几何公差框格放在另一个几何公差框格的下方，如图 4-3c 所示。

当多个被测要素有相同的几何公差（单项或多项）要求时，可以在几何公差框格引出的指引线上绘制多个指示箭头并分别与各被测要素相连，如图 4-3d 所示。

2. 几何公差值

公差带的大小 t 均以公差带的宽度或直径表示，即图样上几何公差框格内给出的公差值，公差值均以 mm 为单位。

3. 被测要素的标注

用带箭头的指引线将几何公差框格与被测要素相连。指引线一般与几何公差框格一端的中部相连，如图 4-4 所示。指引线带箭头的一端指向被测要素，箭头的方向应垂直于被测要素，即与公差带的宽度或直径方向相同，该方向也是几何误差的测量方向。不同的被测要素，箭头的指向位置也不同。

1）当被测要素为组成要素时，箭头应直接指向被测要素或其延长线上，并与尺寸线明显错开（至少错开 4mm），如图 4-4 所示。

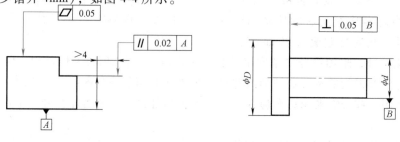

图 4-4　被测要素为组成要素时的标注

2）当被测要素为导出要素时，箭头应与相应轮廓尺寸线对齐，如图 4-5 所示。指引线箭头可代替一个尺寸线的箭头。

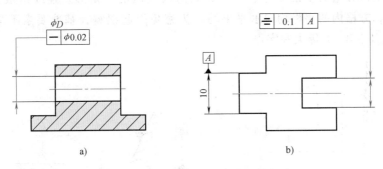

图 4-5 被测要素为导出要素时的标注

3）对被测要素任意局部范围内的公差要求，应将该局部范围的尺寸标注在几何公差值后面，并用斜线隔开。

图 4-6a 所示为圆柱面素线在任意 100mm 长度范围内的直线度公差为 0.05mm。

图 4-6b 所示为箭头所指平面在任意边长为 100mm 的正方形范围内的平面度公差是 0.01mm。

图 4-6c 所示为上平面对下平面的平行度公差在任意 100mm 长度范围内为 0.08mm。

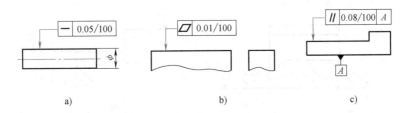

图 4-6 被测要素任意局部范围内几何公差要求的标注

4）视图中平行于投影面方向有不同的表面，对其中某一个表面提出几何公差要求时，可在该表面上用一小黑点引出参考线，几何公差框格的指引线箭头则指在参考线上，如图 4-7 所示。

5）当要限定局部部位作为被测要素时，必须用粗点画线示出该局部的范围并加注尺寸，如图 4-8 所示。

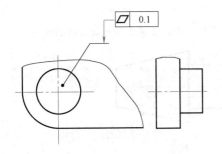

图 4-7 对某一个表面提出几何公差要求

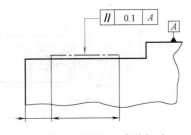

图 4-8 局部要素的标注

4. 基准要素的标注

基准符号由带方格的基准字母、一个涂黑的或空白的三角形及连线组成，如图 4-9 所示。应该注意，方格内的字母均应水平书写。为避免引起误解，基准要素不采用 E、I、J、M、Q、O、P、L、R、F 等大写字母。

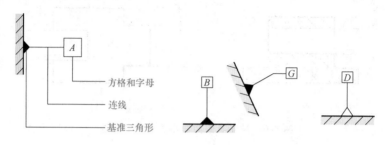

图 4-9　基准符号

基准要素的标注应注意以下几点。

1）当基准要素是轮廓线或轮廓面时，基准三角形放置在要素的轮廓线或其延长线上（与轮廓的尺寸线明显错开，至少错开 4mm），如图 4-10a 所示。

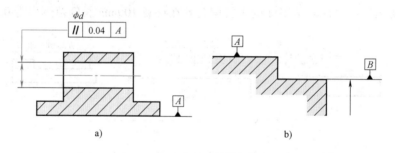

图 4-10　基准要素为组成要素时的标注

2）当基准要素是组成要素确定的中心线、中心面或中心点时，基准三角形应放置在尺寸线的延长线上，如图 4-11 所示。

3）当基准要素为中心孔或圆锥体的轴线时，则按图 4-12 所示方法标注。

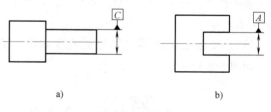

图 4-11　基准要素为导出要素时的标注

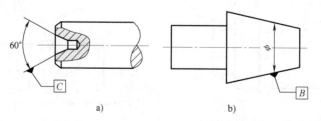

图 4-12　中心孔或圆锥体的轴线为基准要素时的标注

4) 视图中平行于投影面方向有不同的表面，用其中某一个表面作为基准时，可以用带点的参考线把基准表面引出来，如图 4-13 所示。

5) 局部基准。当基准目标为局部表面时，用粗点画线画出局部表面轮廓，如图 4-14 所示。

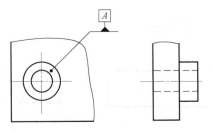 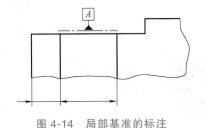

图 4-13 用某一个表面作为基准的标注　　　图 4-14 局部基准的标注

4.2 几何公差

4.2.1 形状公差

形状公差是指单一实际要素的形状所允许的变动全量。形状公差用形状公差带表达。形状公差带是限制被测要素形状变动的一个区域。

形状公差有六个项目，即直线度、平面度、圆度、圆柱度、线轮廓度、面轮廓度。由于轮廓度项目既可以是形状公差，也可以是方向或位置公差，所以将单独加以介绍。

形状公差所涉及的四个项目，即直线度、平面度、圆度、圆柱度，其被测要素有直线、平面和圆柱面。

1. 直线度

直线度公差是实际直线对理想直线所允许的最大变动量。根据零件实际需要按公差带类型对直线度公差规定了三种情况。

（1）给定平面内的直线度公差　在平面、圆柱面上要求的直线度公差项目，要作一截面得到被测要素，被测要素此时呈平面（截面）内的直线状态。

公差带是距离为公差值 t 的两条平行直线之间的区域，如图 4-15a 所示。

图 4-15b 所示直线度公差标注的含义为：在任一平行于图示投影面的平面内，被测平面的提取（实际）线应限定在间距等于 0.1mm 的两平行直线之间。

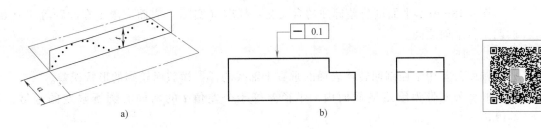

图 4-15 给定平面内的直线度公差

（2）给定方向上的直线度公差　根据零件的使用要求，有时只需要控制其中一个方向上的直线度误差，此时要给出一个方向上的直线度公差要求。公差带是距离为公差值 t 的两个平行平面所限定的区域，如图 4-16a 所示。图 4-16b 所示直线度公差标注的含义为：提取（实际）的棱边应限定在间距等于 0.1mm 的两平行平面之间。

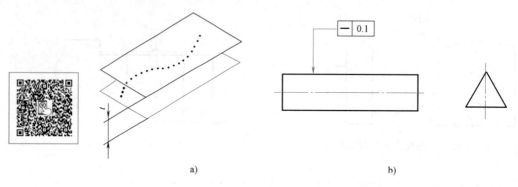

a)　　　　　　　　　　　　　　　b)

图 4-16　给定方向上的直线度公差

（3）任意方向上的直线度公差　一般回转体零件为满足配合或装配要求，对其轴线在空间 360°的任意方向上都有直线度要求。被测实际轴线也是一条空间曲线，为保证上述功能要求，必须在任意方向上将它的直线度误差限制在给定范围内。

公差值前加注符号 ϕ，公差带为直径等于公差值 ϕt 的圆柱面所限定的区域，如图 4-17a 所示。图 4-17b 所示直线度公差标注的含义为：外圆柱面的提取（实际）中心线应限定在直径等于 $\phi 0.08$mm 的圆柱面内。

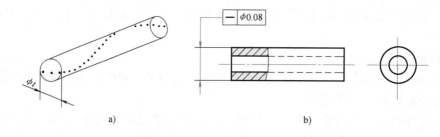

a)　　　　　　　　　　　　　　　b)

图 4-17　任意方向上的直线度公差

2. 平面度

平面度是限制实际表面对理想平面变动的一项指标。

平面度公差带为间距等于公差值 t 的两平行平面所限定的区域，如图 4-18a 所示。

图 4-18b 所示平面度公差标注的含义为：提取（实际）表面应限定在间距等于 0.08mm 的两平行平面之间。

3. 圆度

圆度公差用于控制回转体表面的垂直于轴线的任一横截面轮廓的形状误差。

圆度公差带为给定横截面内、半径差等于公差值 t 的两同心圆所限定的区域，如图 4-19a 所示。

图 4-19b 所示圆度公差标注的含义为：在圆柱面和圆锥面的任一横截面内，提取（实

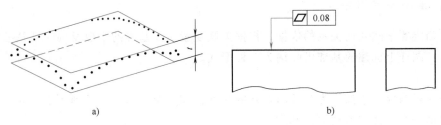

图 4-18　平面度公差

际）圆周应限定在半径差等于 0.03mm 的两同心圆之间。

图 4-19c 所示圆度公差标注的含义为：在圆锥面的任一横截面内，提取（实际）圆周应限定在半径差等于 0.1mm 的两同心圆之间。

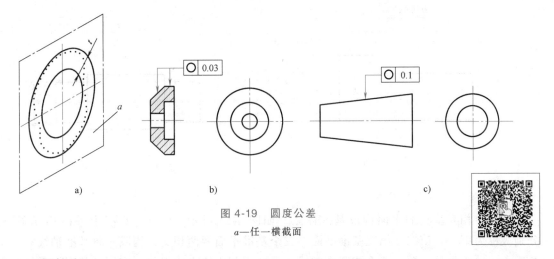

图 4-19　圆度公差
a—任一横截面

4. 圆柱度

圆柱度公差用于控制被测实际圆柱面的形状误差。圆柱度公差带为半径差等于公差值 t 的两同轴圆柱面所限定的区域，如图 4-20a 所示。图 4-20b 所示圆柱度公差标注的含义为：提取（实际）圆柱面应限定在半径差等于 0.1mm 的两同轴圆柱面之间。

形状公差带的特点是不涉及基准，其方向和位置可随实际要素不同而浮动，只能控制被测要素形状误差的大小。应该注意，圆柱度公差可以同时限制提取（实际）圆柱面的圆柱度误差、圆度误差和素线的直线度误差。

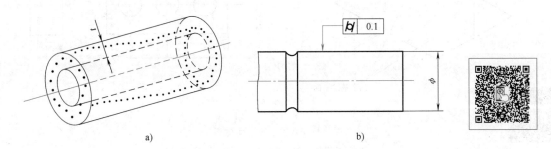

图 4-20　圆柱度公差

4.2.2　基准和基准体系

基准是确定要素间几何关系的依据。根据关联要素所需基准的个数及构成某基准的零件要素的个数，图样上标注的基准可归纳为三种形式。

1. 单一基准

由一个要素构成，单独作为某被测要素的基准，如一个平面或一条轴线建立的基准。图 4-21 所示为由一个平面要素建立的基准。

2. 组合基准（公共基准）

由两个或两个以上要素（理想情况下这些要素共线或共面）构成，起一个独立基准的作用。如图 4-22 所示，由两段中心线建立起的公共基准轴线 A—B，它是包容两个实际中心线的理想圆柱的轴线，并作为一个独立基准使用。

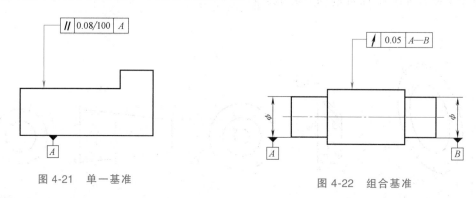

图 4-21　单一基准　　　　　　图 4-22　组合基准

3. 基准（三基面）**体系**

由三个相互垂直的平面构成基准体系。如图 4-23 所示，A、B、C 三个平面相互垂直，分别被称为第一、第二、第三基准平面。三个基准平面两两相交，构成三条基准轴线和一个基准点。由此可见，单一基准或基准轴线均可从三基面体系中得到。应用三基面体系标注图样，要特别注意基准的顺序。图样上基准的优先顺序，用基准符号字母以自左至右的顺序注写在几何公差框格的基准格内。

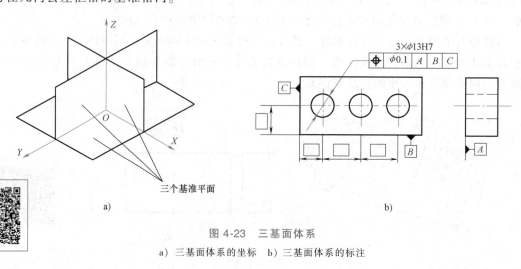

a)　　　　　　　　　　　　　　b)

图 4-23　三基面体系

a）三基面体系的坐标　b）三基面体系的标注

以方框表示的尺寸是理论正确尺寸。当给出一个或一组要素的位置、方向公差时，用理论正确尺寸来确定其理论正确位置、方向，或者说用来确定被测要素的理想形状和方位，其仅表达设计时对该要素的理想要求，故该尺寸不带公差。而该要素的形状、方向和位置由给定的几何公差来控制。

4.2.3 方向公差

方向公差包括五个项目，即平行度、垂直度、倾斜度、线轮廓度、面轮廓度。本节介绍前三个项目。被测要素有直线和平面，基准要素也有直线和平面。

1. 平行度

（1）线对基准体系的平行度公差

1）公差带为间距等于公差值 t、平行于两基准的两平行平面所限定的区域，如图 4-24a 所示。图 4-24b 所示平行度公差标注的含义为：提取（实际）中心线应限定在间距等于 0.1mm、平行于基准轴线 A 和基准平面 B 的两平行平面之间。

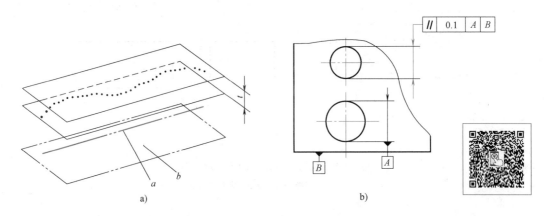

图 4-24 线对基准体系的平行度公差（一）

a—基准轴线 A b—基准平面 B

2）公差带为间距等于公差值 t、平行于基准轴线且垂直于基准平面的两平行平面所限定的区域，如图 4-25a 所示。图 4-25b 所示平行度公差标注的含义为：提取（实际）中心线应限定在间距等于 0.1mm 的两平行平面之间。该两平行平面平行于基准轴线 A 且垂直于基准平面 B。

3）公差带为间距等于公差值 t 的两平行直线所限定的区域。该两平行直线平行于基准平面 A 且处于平行于基准平面 B 的平面内，如图 4-26a 所示。图 4-26b 所示平行度公差标注的含义为：提取（实际）线应限定在间距等于 0.02mm 的两平行直线之间，该两平行直线平行于基准平面 A 且处于平行于基准平面 B 的平面内。

（2）线对基准线的平行度公差 公差值前加注符号 ϕ，公差带为平行于基准轴线、直径等于公差值 ϕt 的圆柱面所限定的区域，如图 4-27a 所示。图 4-27b 所示平行度公差标注的含义为：提取（实际）中心线应限定在平行于基准轴线 A、直径等于 $\phi0.03$mm 的圆柱面内。

（3）线对基准面的平行度公差 公差带为平行于基准平面、间距等于公差值 t 的两平行平面所限定的区域，如图 4-28a 所示。图 4-28b 所示平行度公差标注的含义为：提取（实

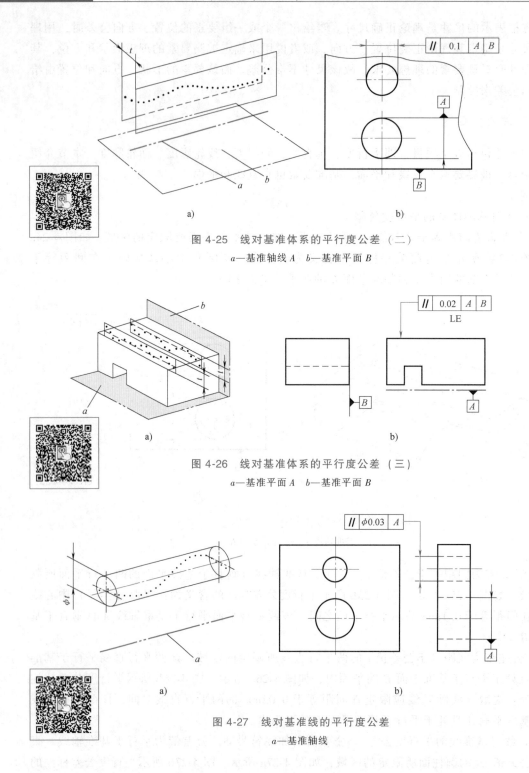

图 4-25　线对基准体系的平行度公差（二）

a—基准轴线 A　b—基准平面 B

图 4-26　线对基准体系的平行度公差（三）

a—基准平面 A　b—基准平面 B

图 4-27　线对基准线的平行度公差

a—基准轴线

际）中心线应限定在平行于基准平面 B、间距等于 0.01mm 的两平行平面之间。

（4）面对基准线的平行度公差　公差带为间距等于公差值 t、平行于基准轴线的两个平行平面所限定的区域，如图 4-29a 所示。图 4-29b 所示平行度公差标注的含义为：提取

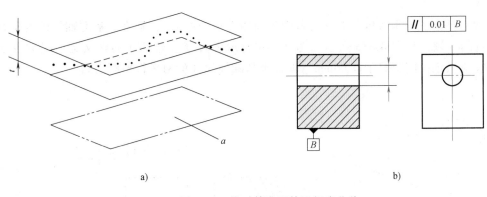

图 4-28　线对基准面的平行度公差

a—基准平面

（实际）表面应限定在间距等于 0.1mm、平行于基准轴线 C 的两平行平面之间。

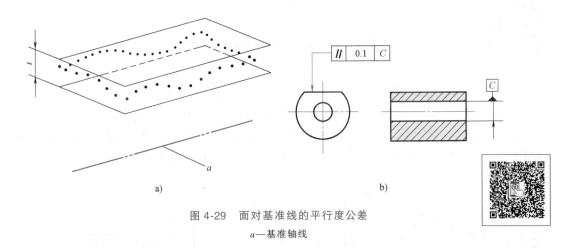

图 4-29　面对基准线的平行度公差

a—基准轴线

（5）面对基准面的平行度公差　公差带为间距等于公差值 t、平行于基准平面的两平行平面所限定的区域，如图 4-30a 所示。图 4-30b 所示平行度公差标注的含义为：提取（实际）表面应限定在间距等于 0.01mm、平行于基准 D 的两平行平面之间。

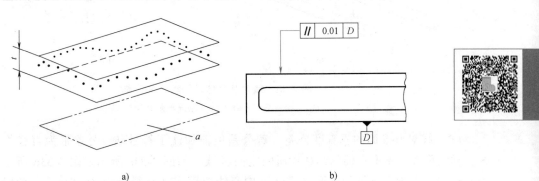

图 4-30　面对基准面的平行度公差

a—基准平面

2. 垂直度

（1）线对基准线的垂直度公差 公差带为间距等于公差值 t、垂直于基准轴线的两平行平面所限定的区域，如图 4-31a 所示。图 4-31b 所示垂直度公差标注的含义为：提取（实际）中心线应限定在间距等于 0.06mm、垂直于基准轴线 A 的两平行平面之间。

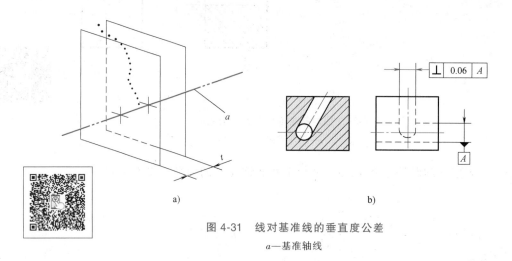

图 4-31　线对基准线的垂直度公差

a—基准轴线

（2）线对基准体系的垂直度公差 公差带为间距等于公差值 t 的两平行平面所限定的区域。该两平行平面垂直于基准平面 A 且平行于基准平面 B，如图 4-32a 所示。图 4-32b 所示垂直度公差标注的含义为：圆柱面的提取（实际）中心线应限定在间距等于公差值 0.1mm 的两平行平面之间。该两平行平面垂直于基准平面 A 且平行于基准平面 B。

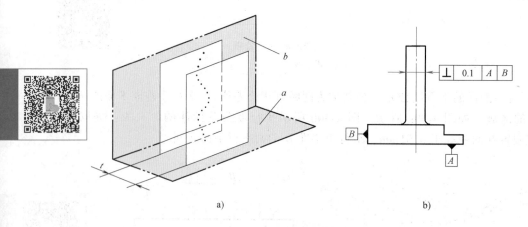

图 4-32　线对基准体系的垂直度公差

a—基准平面 A　b—基准平面 B

（3）线对基准面的垂直度公差 若公差值前加注了符号 ϕ，公差带为直径等于公差值 ϕt、轴线垂直于基准平面的圆柱面所限定的区域，如图 4-33a 所示。图 4-33b 所示垂直度公差标注的含义为：圆柱的提取（实际）中心线应限定在直径等于 $\phi 0.01$mm、轴线垂直于基准平面 A 的圆柱面内。

（4）面对基准线的垂直度公差 公差带为间距等于公差值 t 且垂直于基准轴线的两平行

平面所限定的区域，如图 4-34a 所示。图 4-34b 所示垂直度公差标注的含义为：提取（实际）表面应限定在间距等于 0.08mm 的两平行平面之间。该两平行平面垂直于基准轴线 A。

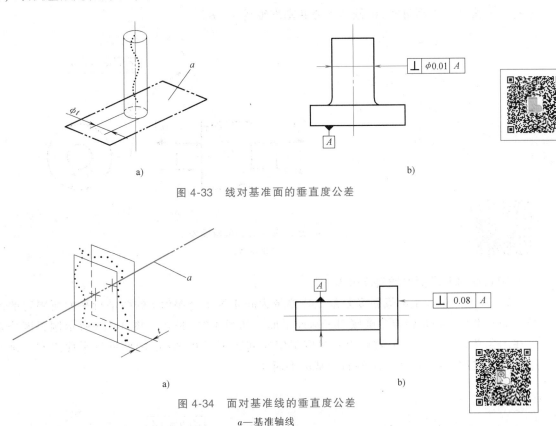

图 4-33 线对基准面的垂直度公差

图 4-34 面对基准线的垂直度公差

a—基准轴线

（5）面对基准面的垂直度公差 公差带为间距等于公差值 t、垂直于基准平面的两平行平面所限定的区域，如图 4-35a 所示。图 4-35b 所示垂直度公差标注的含义为：提取（实际）表面应限定在间距等于 0.08mm、垂直于基准平面 A 的两平行平面之间。

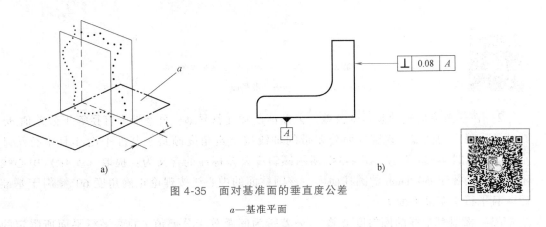

图 4-35 面对基准面的垂直度公差

a—基准平面

3. 倾斜度

（1）线对基准线的倾斜度公差 公差带为间距等于公差值 t 的两平行平面所限定的区

域。该两平行平面按给定角度倾斜于基准轴线，如图 4-36a 所示。图 4-36b 所示倾斜度公差标注的含义为：提取（实际）中心线应限定在间距等于 0.08mm 的两平行平面之间。该两平行平面按理论正确角度 60°倾斜于公共基准轴线 $A—B$。

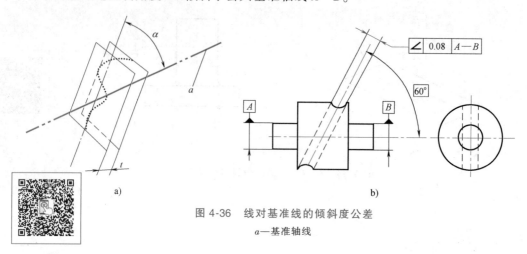

a)

b)

图 4-36　线对基准线的倾斜度公差

a—基准轴线

（2）线对基准面的倾斜度公差

1）在一个方向上的倾斜度公差。公差带为间距等于公差值 t 的两平行平面所限定的区域。该两平行平面按给定角度倾斜于基准平面，如图 4-37a 所示。图 4-37b 所示倾斜度公差标注的含义为：提取（实际）中心线应限定在间距等于 0.08mm 的两平行平面之间。该两平行平面按理论正确角度 60°倾斜于基准平面 A。

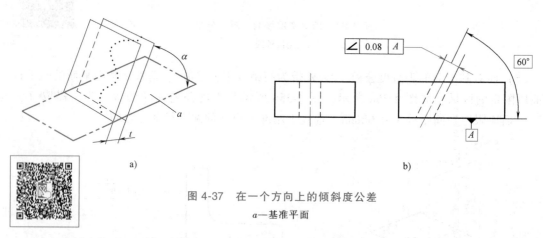

a)

b)

图 4-37　在一个方向上的倾斜度公差

a—基准平面

2）在任意方向上的倾斜度公差。公差值前加注符号 ϕ，公差带为直径等于公差值 ϕt 的圆柱面所限定的区域。该圆柱面公差带的轴线按给定角度倾斜于基准平面 A 且平行于基准平面 B，如图 4-38a 所示。图 4-38b 所示倾斜度公差标注的含义为：提取（实际）中心线应限定在直径等于 $\phi 0.1$mm 的圆柱面内。该圆柱面的中心线按理论正确角度 60°倾斜于基准平面 A 且平行于基准平面 B。

（3）面对基准线的倾斜度公差　公差带为间距等于公差值 t 的两平行平面所限定的区域。该两平行平面按给定角度倾斜于基准轴线，如图 4-39a 所示。图 4-39b 所示倾斜度公差标注的含义为：提取（实际）表面应限定在间距等于 0.1mm 的两平行平面之间。该两平行平面按理论正确角度75°倾斜于基准轴线 A。

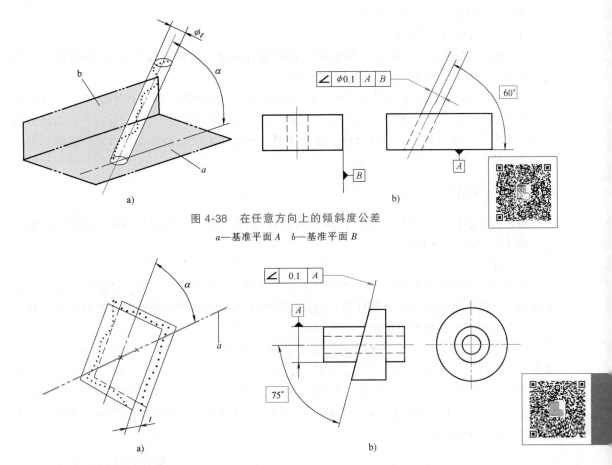

图 4-38　在任意方向上的倾斜度公差

a—基准平面 A　b—基准平面 B

图 4-39　面对基准线的倾斜度公差

a—基准轴线

（4）面对基准面的倾斜度公差　公差带为间距等于公差值 t 的两平行平面所限定的区域。该两平面按给定角度倾斜于基准平面，如图 4-40a 所示。图 4-40b 所示倾斜度公差标注

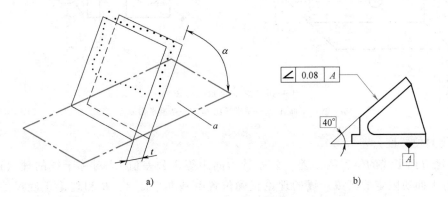

图 4-40　面对基准面的倾斜度公差

a—基准平面

的含义为：提取（实际）表面应限定在间距等于 0.08mm 的两平行平面之间。该两平行平面按理论正确角度 40°倾斜于基准平面 A。

方向公差具有如下特点。

1）方向公差带的方向固定（与基准平行或垂直或成一理论正确角度），而其位置可以随被测实际要素的变化而变化，即位置是浮动的。

2）方向公差带具有综合控制被测要素的方向和形状的功能。例如：平面的平行度公差可以控制该平面的平面度和直线度误差。因此被测要素给出方向公差后，通常不再给出形状公差。如果需要对该要素的形状有进一步要求时，才给出形状公差，而且形状公差值要小于方向公差值。

4.2.4　位置公差

位置公差包括五个项目，即位置度、同轴度（同心度）、对称度、线轮廓度、面轮廓度。本节介绍前三个项目。

1. 位置度

位置度的被测要素有点、直线和平面，基准要素主要有直线和平面。给定位置度的被测要素相对于基准要素必须保持图样给定的正确位置关系，被测要素相对于基准要素的正确位置关系应由基准要素和理论正确尺寸来确定。

（1）点的位置度公差　公差值前加注符号 $S\phi$，公差带为直径等于公差值 $S\phi t$ 的圆球面所限定的区域。该圆球面中心的理论正确位置由基准 A、B、C 和理论正确尺寸确定，如图 4-41a 所示。图 4-41b 所示位置度公差的含义为：提取（实际）球心应限定在直径等于 $S\phi 0.3$mm 的球面内。该圆球的中心由基准平面 A、基准平面 B、基准中心平面 C 和理论正确尺寸 30mm、25mm 确定。

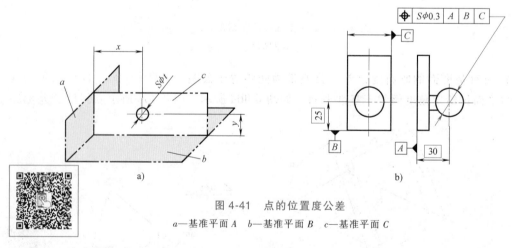

图 4-41　点的位置度公差

a—基准平面 A　b—基准平面 B　c—基准平面 C

（2）线的位置度公差

1）给定方向上线的位置度公差。公差带为间距等于公差值 t、对称于线的理论正确位置的两平行平面所限定的区域。线的理论正确位置由基准平面 A、B 和理论正确尺寸确定。公差只在一个方向给定，如图 4-42a 所示。图 4-42b 所示位置度公差标注的含义为：每条刻线的提取（实际）中心线应限定在间距等于 0.1mm、对称于基准平面 A、B 和理论正确尺寸

25mm、10mm 确定的理论正确位置的两平行平面之间。

2）任意方向上线的位置度公差 公差值前加注符号 ϕ，公差带为直径等于公差值 ϕt 的圆柱面所限定的区域，如图 4-43a 所示。图 4-43b 所示位置度公差标注的含义为：提取（实际）中心线应限定在直径等于 $\phi 0.08$mm 的圆柱面内。该圆柱面轴线的位置由基准平面 C、B、A 和理论正确尺寸确定。

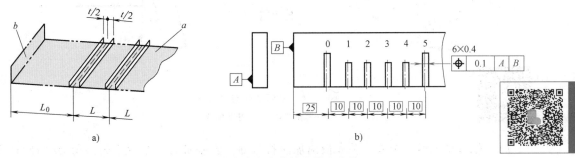

图 4-42 给定方向上线的位置度公差

a—基准平面 A b—基准平面 B

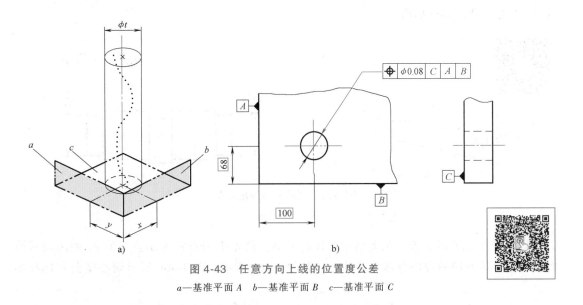

图 4-43 任意方向上线的位置度公差

a—基准平面 A b—基准平面 B c—基准平面 C

（3）平面的位置度公差 公差带为间距等于公差值 t 且对称于被测平面理论正确位置的两平行平面所限定的区域。平面的理论正确位置由基准平面、基准轴线和理论正确尺寸确定，如图 4-44a 所示。图 4-44b 所示位置度公差标注的含义为：提取（实际）表面应限定在间距等于 0.05mm 且对称于被测平面的理论正确位置的两平行平面之间。基准平面 A、基准轴线 B 和理论正确尺寸 15mm、105° 确定了被测平面的理论正确位置。

2. 同轴度（同心度）

同轴度的被测要素主要是回转体的轴线，基准要素也是轴线，且被测要素与基准要素的理想位置重合（定位尺寸为零），其实质是回转体的被测轴线相对于基准轴线的位置度要求。

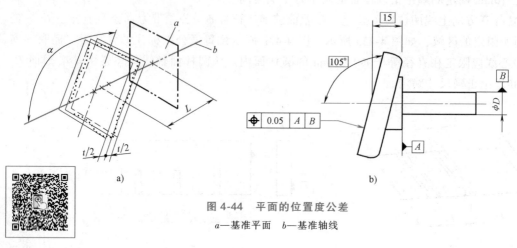

图 4-44　平面的位置度公差

a—基准平面　b—基准轴线

（1）轴线的同轴度公差　公差值前加注符号 ϕ，公差带为直径等于公差值 ϕt 的圆柱面所限定的区域。该圆柱面的轴线与基准轴线重合，如图 4-45a 所示。图 4-45b 所示同轴度公差标注的含义为：大圆柱的提取（实际）中心线应限定在直径等于 0.08mm、以公共基准轴线 A—B 为轴线的圆柱面内。

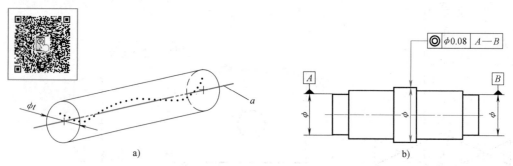

图 4-45　轴线的同轴度公差

a—基准轴线

（2）点的同心度公差　公差值前标注符号 ϕ，公差带为直径等于公差值 ϕt 的圆周所限定的区域。该圆周的圆心与基准点重合，如图 4-46a 所示。图 4-46b 所示同心度公差标注的

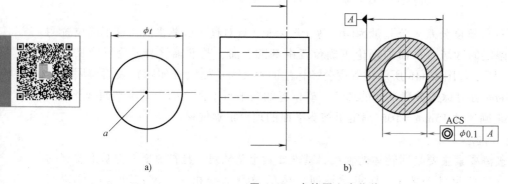

图 4-46　点的同心度公差

a—基准点

含义为：在任意横截面内，内圆的提取（实际）中心应限定在直径为 0.1mm、以基准点 A 为圆心的圆周内。

3. 对称度

对称度的被测要素主要是槽类的中心平面，基准要素也是中心平面（或轴线），且被测要素与基准要素的理想位置重合（定位尺寸为零），其实质是被测槽类的中心平面相对于基准中心平面（或轴线）的位置度要求。

公差带为间距等于公差值 t、对称于基准中心平面的两个平行平面所限定的区域，如图 4-47a 所示。图 4-47b 所示对称度公差标注的含义为：提取（实际）中心面应限定在间距等于 0.08mm、对称于基准中心平面 A 的两平行平面之间。

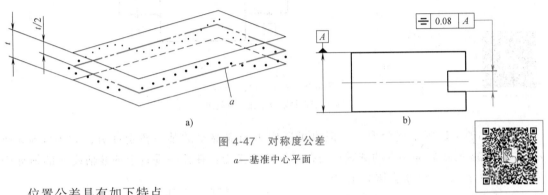

图 4-47　对称度公差

a—基准中心平面

位置公差具有如下特点。

1）位置公差相对于基准具有确定位置。其中，位置度公差的位置由理论正确尺寸确定，同轴度（同心度）、对称度的理论正确尺寸为零，在图上省略不注。

2）位置公差具有综合控制被测要素的位置、方向和形状的功能。例如：同轴度公差可以控制被测中心线的直线度误差和相对于基准轴线的平行度误差。因此被测要素给出了位置公差后，通常不再给出形状或方向公差。如果需要对形状或方向有进一步的要求时，才给出形状或方向公差，各公差值应满足 $t_{形状} < t_{方向} < t_{位置}$。

如图 4-48 所示，如果功能需要，可以规定一种或多种几何公差以限定要素的几何误差。

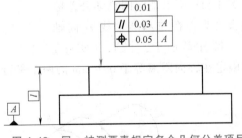

图 4-48　同一被测要素规定多个几何公差项目

4.2.5　跳动公差

跳动公差包括两个项目，即圆跳动和全跳动。圆跳动的被测要素有圆柱面、圆锥面和端面，基准要素是轴线，被测要素相对于基准要素回转一周，同时测头相对于基准不动。全跳动的被测要素有圆柱面和端面，基准要素是轴线，被测要素相对于基准要素回转多周，测头要同时相对基准进行移动。

1. 圆跳动

（1）径向圆跳动公差　公差带为在任一垂直于基准轴线的横截面内，半径差等于公差值 t、圆心在基准轴线上的两同心圆所限定的区域，如图 4-49a 所示。图 4-49b 所示径向圆跳动公差标注的含义为：在任一垂直于公共基准轴线 *A—B* 的横截面内，提取（实际）圆应限定在半径差等于 0.1mm、圆心在公共基准轴线 *A—B* 上的两同心圆之间。

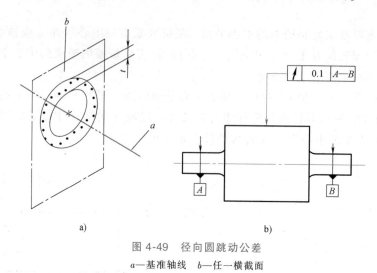

a)　　　　　　　　　　　b)

图 4-49　径向圆跳动公差

a—基准轴线　*b*—任一横截面

　　圆跳动通常适用于整个要素，但也可适用于局部要素的某一指定部分，如图 4-50a 所示。图 4-50b 所示局部要素的圆跳动公差标注的含义为：在任一垂直于基准轴线 *A* 的横截面内，提取（实际）圆弧应限定在半径差等于 0.2mm、圆心在基准轴线 *A* 上的两同心圆弧之间。

　　（2）轴向圆跳动公差　公差带为与基准轴线同轴的任一半径的圆柱截面上，间距等于公差值 *t* 的两圆所限定的圆柱面区域，如图 4-51a 所示。图 4-51b 所示轴向圆跳动公差标注的含义为：在与基准轴线 *D* 同轴的任一圆柱截面上，提取（实际）圆应限定在轴向距离等于 0.1 mm 的两个平行平面之间。

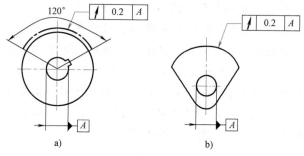

a)　　　　　　　　　　b)

图 4-50　局部要素的圆跳动公差

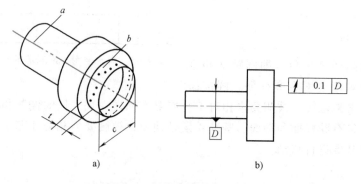

a)　　　　　　　　　　　b)

图 4-51　轴向圆跳动公差

a—基准轴线　*b*—公差带　*c*—任一直径

（3）斜向圆跳动公差　公差带为与基准轴线同轴的某一圆锥截面上，间距等于公差值 t 的两圆所限定的圆锥面区域，如图 4-52a 所示。除非另有规定，测量方向应沿被测表面的法线方向。图 4-52b 所示斜向圆跳动公差标注的含义为：在与基准轴线 C 同轴的任一圆锥截面上，提取（实际）线应限定在素线方向间距等于 0.1mm 的两不等圆之间。

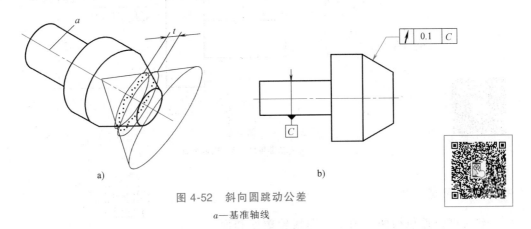

图 4-52　斜向圆跳动公差

a—基准轴线

2. 全跳动

（1）径向全跳动公差　公差带为半径差等于公差值 t，与基准轴线同轴的两圆柱面所限定的区域，如图 4-53a 所示。图 4-53b 所示径向全跳动公差标注的含义为：提取（实际）表面应限定在半径差等于 0.1mm，与公共基准轴线 $A—B$ 同轴的两圆柱面之间。

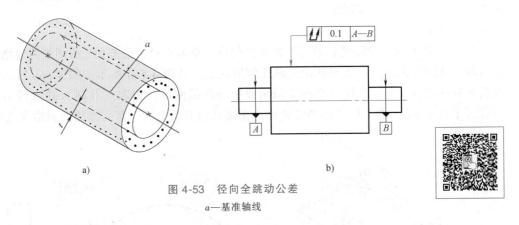

图 4-53　径向全跳动公差

a—基准轴线

（2）轴向全跳动公差　公差带为间距等于公差值 t，垂直与基准轴线的两平行平面所限定区域，如图 4-54a 所示。图 4-54b 所示轴向全跳动公差标注的含义为：提取（实际）表面应限定在间距等于 0.1mm、垂直于基准轴线 D 的两平行平面之间。

跳动公差特点如下。

1）跳动公差涉及基准，跳动公差带的方位是固定的。

2）跳动公差具有综合控制被测要素的功能，可以同时限制被测要素的形状、方向和位置误差。因此被测要素给出了跳动公差后，通常不再给出形状、方向或位置公差。

采用如图 4-55 所示的跳动公差时，想进一步给出相应的形状公差，其数值应小于跳动公差值。

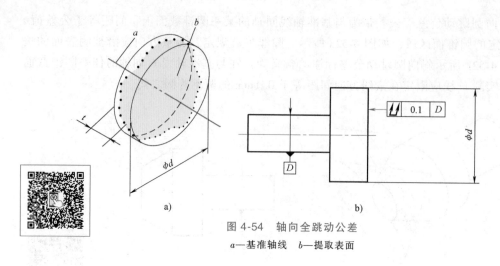

图 4-54　轴向全跳动公差
a—基准轴线　b—提取表面

4.2.6　轮廓度公差

轮廓度公差包括两个项目，即线轮廓度和面轮廓度。线轮廓度公差主要用于限制平面曲线的误差，面轮廓度公差主要用于限制曲面的误差。不涉及基准的轮廓度公差，其公差带的方位可以浮动；涉及基准的轮廓度公差，基准要素有平面和直线，其公差带的方位固定。

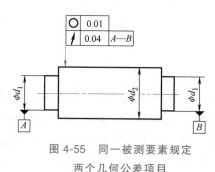

图 4-55　同一被测要素规定
两个几何公差项目

1. 线轮廓度

（1）无基准的线轮廓度公差　公差带是包络一系列直径为公差值 t 的圆的两包络线之间的区域，各圆的圆心位于具有理论正确几何形状上，如图 4-56a 所示。图 4-56b 所示线轮廓度公差标注的含义为：在任一平行于图示投影面的截面内，提取（实际）轮廓线应限定在直径等于 0.04mm、圆心位于被测要素理论正确几何形状上的一系列圆的两包络线之间。

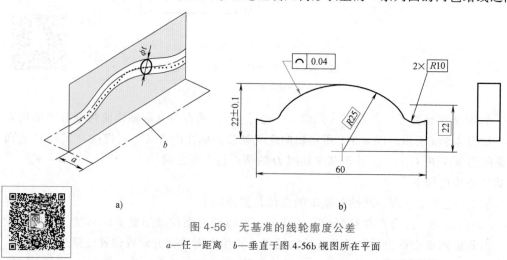

图 4-56　无基准的线轮廓度公差
a—任一距离　b—垂直于图 4-56b 视图所在平面

（2）相对于基准的线轮廓度公差　公差带为直径等于公差值 t、圆心位于由基准平面 A

和基准平面 B 确定的被测要素理论正确几何形状上的一系列圆的两包络线所限定的区域，如图 4-57a 所示。图 4-57b 所示线轮廓度公差标注的含义为：在任一平行于图示投影面的截面内，提取（实际）轮廓线应限定在直径等于 0.04mm、圆心位于由基准平面 A 和基准平面 B 确定的被测要素理论正确几何形状上的一系列圆的两包络线之间。

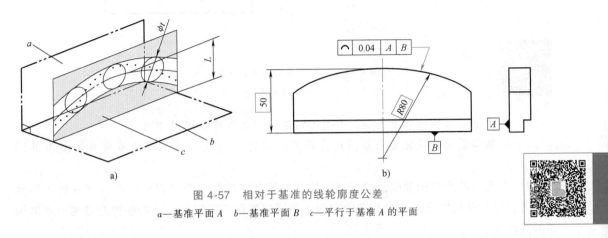

图 4-57 相对于基准的线轮廓度公差

a—基准平面 A b—基准平面 B c—平行于基准 A 的平面

2. 面轮廓度公差

（1）无基准的面轮廓度公差 公差带为直径等于公差值 t、球心位于被测要素理论正确形状上的一系列圆球的两包络面所限定的区域，如图 4-58a 所示。图 4-58b 所示面轮廓度公差标注的含义为：提取（实际）轮廓面应限定在直径等于 0.02mm、球心位于被测要素理论正确几何形状上的一系列圆球的两包络面之间。

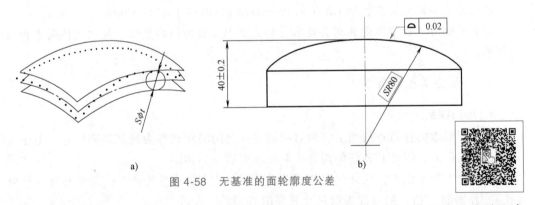

图 4-58 无基准的面轮廓度公差

（2）相对于基准的面轮廓度公差 公差带为直径等于公差值 t、球心位于由基准平面确定的被测要素理论正确几何形状上的一系列圆球的两包络面所限定的区域，如图 4-59a 所示。图 4-59b 所示面轮廓度公差标注的含义为：提取（实际）轮廓面应限定在直径等于 0.1mm、球心位于由基准平面 A 确定的被测要素理论正确几何形状上的一系列圆球的两包络面之间。

应该注意，面轮廓度公差可以同时限制被测曲面的面轮廓误差和曲面上任意一截面的线轮廓误差。

轮廓度公差的特点如下。

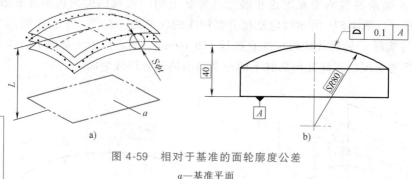

图 4-59　相对于基准的面轮廓度公差

a—基准平面

1）无基准要求的轮廓度公差，其公差带的形状由理论正确尺寸决定。

2）有基准要求的轮廓度公差，其公差带的位置（方向）由理论正确尺寸和基准共同决定。

3）不涉及基准的轮廓度公差带只能控制被测要素的轮廓形状误差；涉及基准的轮廓度公差带在控制被测要素相对于基准的方向误差或位置误差的同时，还能够控制被测要素的轮廓形状误差。

4.3　公差原则

为了满足零件的功能和互换性要求，有时对零件的同一被测要素同时给出尺寸公差和几何公差。公差原则就是处理零件的几何公差和尺寸公差之间相互关系的基本原则。

公差原则的国家标准包括 GB/T 4249—2009 和 GB/T 16671—2009。

公差原则分为独立原则和相关要求。相关要求又分为包容要求、最大实体要求和最小实体要求。

4.3.1　有关术语和定义

1. 局部提取尺寸

在实际要素的任意正截面上，两对应测量点之间的距离称为局部提取尺寸。由于实际要素存在几何误差，因此其各处的局部提取尺寸可能不尽相同。

由于存在测量误差，局部提取尺寸并不是两对应点的真实距离，而是测得距离。内表面（孔）、外表面（轴）的局部提取尺寸分别用 D_a 和 d_a 表示。

2. 作用尺寸

（1）体外作用尺寸　在被测要素的给定长度上，与实际内表面（孔）体外相接的最大理想外表面（轴）或与实际外表面（轴）体外相接的最小理想面（孔）的直径或宽度，如图 4-60 所示。

对于关联要素，该理想面的轴线或中心平面必须与基准保持图样上给定的几何关系。孔和轴的体外作用尺寸分别以 D_{fe} 和 d_{fe} 表示。

（2）体内作用尺寸　在被测要素的给定长度上，与实际内表面（孔）体内相接的最小理想外表面（轴）或与实际外表面（轴）体内相接的最大理想内表面（孔）的直径或宽度，如图 4-60 所示。

对于关联要素，该理想面的轴线或中心平面必须与基准保持图样上给定的几何关系。孔和轴的体内作用尺寸分别以 D_{fi} 和 d_{fi} 表示。

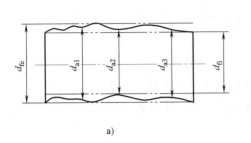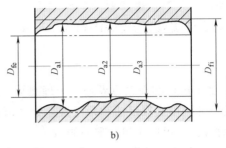

图 4-60 体外作用尺寸与体内作用尺寸

3. 最大实体状态、最大实体尺寸

孔或轴具有允许的材料量为最多时的状态称为最大实体状态（MMC）。在最大实体状态下的极限尺寸称为最大实体尺寸（MMS），它是孔的下极限尺寸和轴的上极限尺寸的统称。

孔和轴的最大实体尺寸分别以 D_M 和 d_M 表示。

4. 最小实体状态、最小实体尺寸

孔或轴具有允许的材料量为最少时的状态称为最小实体状态（LMC）。在最小实体状态下的极限尺寸称为最小实体尺寸（LMS），它是孔的上极限尺寸和轴的下极限尺寸的统称。

孔和轴的最小实体尺寸分别以 D_L 和 d_L 表示。

5. 最大实体实效状态和最大实体实效尺寸

在给定长度上，实际要素处于最大实体状态且其导出要素的形状或位置误差等于给出的几何公差值时的综合极限状态称为最大实体实效状态（MMVC）。在最大实体实效状态下的体外作用尺寸称为最大实体实效尺寸（MMVS）。

对内表面，最大实体实效尺寸等于最大实体尺寸 D_M 减去几何公差值 t，用 D_{MV} 表示，即

$$D_{MV} = D_M - t = D_{min} - t$$

对外表面，最大实体实效尺寸等于最大实体尺 d_M 加上几何公差值 t，用 d_{MV} 表示，即

$$d_{MV} = d_M + t = d_{max} + t$$

如图 4-61a 所示。

6. 最小实体实效状态和最小实体实效尺寸

在给定长度上，实际要素处于最小实体状态且其导出要素的形状或位置误差等于给出的几何公差值时的综合极限状态称为最小实体实效状态（LMVC）。在最小实体实效状态下的体内作用尺寸称为最小实体实效尺寸（LMVS）。

对内表面，最小实体实效尺寸等于最小实体尺寸 D_L 加上几何公差值 t，用 D_{LV} 表示，即

$$D_{LV} = D_L + t = D_{max} + t$$

对外表面，最小实体实效尺寸等于最小实体尺寸 d_L 减去几何公差值 t，用 d_{LV} 表示，即

$$d_{LV} = d_L - t = d_{min} - t$$

如图 4-61b 所示。

7. 边界

（1）边界 由设计给定的具有理想形状的极限包容面。

（2）最小实体边界（LMB）　尺寸为最小实体尺寸时的边界。

（3）最大实体边界（MMB）　尺寸为最大实体尺寸时的边界。

（4）最小实体实效边界（LMVB）　尺寸为最小实体实效尺寸时的边界，如图 4-61b 所示。

（5）最大实体实效边界（MMVB）　尺寸为最大实体实效尺寸时的边界，如图 4-61a 所示。

注意：

1）内表面（孔）的理想边界是一个理想轴，外表面（轴）的理想边界是一个理想孔。

2）作用尺寸是由提取尺寸和几何误差综合形成的，一批零件中各不相同，但就每个实际的轴或孔而言，作用尺寸却是唯一的。

3）实效尺寸是由实体尺寸和几何公差综合形成的，对一批零件而言是一个定量。实效尺寸可以视为作用尺寸的允许极限值。

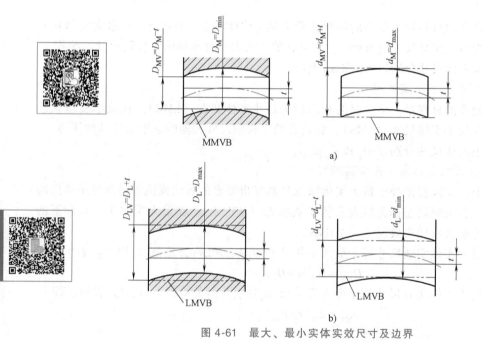

图 4-61　最大、最小实体实效尺寸及边界

4.3.2　独立原则

1. 独立原则的含义及标注

独立原则是指图样上给定的尺寸公差和几何公差各自独立，相互无关，应分别满足各自要求的公差原则。

独立原则的标注如图 4-62 所示，不需标注任何相关符号。被测要素只需分别满足尺寸公差和几何公差即可。图 4-62 所示轴的直径公差与其中心线的直线度公差采用独立原则。只要轴的局部提取尺寸在 $\phi19.967 \sim \phi20\text{mm}$ 之间，中心线的直线度误差不大于 $\phi0.02\text{mm}$，则零件合格。

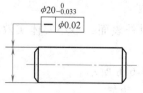

图 4-62　独立原则的标注

2. 独立原则的特点

1）尺寸误差在尺寸公差范围内，与几何误差无关。

2）几何误差在几何公差范围内，与尺寸误差无关。

3）在图样上不需要有任何标注。

3. 独立原则的应用

独立原则是最基本的公差原则，其应用范围最广。各种组成要素和导出要素均可采用，主要用来满足功能要求。

4.3.3　相关要求

图样上给定的尺寸公差与几何公差相互有关的公差要求称为相关要求。它分为包容要求、最大实体要求和最小实体要求。最大实体要求和最小实体要求还可用于可逆要求。

1. 包容要求（ER）

（1）包容要求的含义及标注　包容要求表示被测实际要素的实体不得超越其最大实体边界，即其体外作用尺寸不超出最大实体尺寸且其局部提取尺寸不超出最小实体尺寸的一种公差要求。它只适用于单一要素（如圆柱面、两平行平面）的尺寸公差与几何公差之间的关系。

包容要求在零件图样上的标注是在尺寸公差带代号或极限偏差后加注符号Ⓔ，如图4-63a所示。

包容要求的实质是当要素的提取尺寸偏离最大实体尺寸时，允许其几何误差增大。它反映了尺寸公差与几何公差之间的补偿关系。

（2）包容要求的特点

1）要素的体外作用尺寸不得超出最大实体尺寸（MMS）。

2）要素的局部提取尺寸不得超出最小实体尺寸。

3）当要素的局部提取尺寸处处为最大实体尺寸时，不允许有任何几何误差。

4）当要素的局部提取尺寸偏离最大实体尺寸时，其偏移量可补偿几何误差。

补偿量的一般计算公式为

$$t_B = \left| MMS - d_a(D_a) \right|$$

（3）包容要求的应用　包容要求是将尺寸误差和几何误差同时控制在尺寸公差范围内的一种公差要求，主要用于有配合要求且其极限间隙或极限过盈必须严格得到保障的场合，即用最大实体边界保证必要的最小间隙或最大过盈，用最小实体尺寸防止间隙过大或过盈过小。

例4-1　解释图4-63所示的包容要求。

解　如图4-63a所示，轴的尺寸$\phi 20_{-0.03}^{0}$mm采用包容要求，该轴应满足下列要求。

① $\phi 20_{-0.03}^{0}$mm轴的实际轮廓不得超出其最大实体边界（即尺寸为ϕ20mm的边界）。

② 轴的局部提取尺寸必须在ϕ19.97~ϕ20mm之间。

③ 当轴的局部提取尺寸处处为最大实体尺寸ϕ20mm时，该轴不允许有任何几何误差，即几何误差为ϕ0mm；当轴的局部提取尺寸偏离最大实体尺寸ϕ20mm时，允许轴的

直线度（形状）误差增加，增加量为局部提取尺寸与最大实体尺寸之差（绝对值），其最大增加量等于尺寸公差，此时轴的局部提取尺寸应处处为最小实体尺寸，轴线的直线度误差可增大到$\phi 0.03$mm，如图4-63b所示。

④ 表4-3列出了轴的不同局部提取尺寸所允许的几何误差值。

⑤ 图4-63c所示为反映其补偿关系的动态公差图，表达了轴为不同局部提取尺寸时所允许的几何误差值。

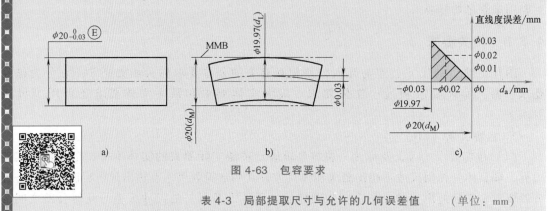

图4-63　包容要求

表4-3　局部提取尺寸与允许的几何误差值　　　　　（单位：mm）

被测要素局部提取尺寸	允许的直线度误差值
$\phi 20$	$\phi 0$
$\phi 19.99$	$\phi 0.01$
$\phi 19.98$	$\phi 0.02$
$\phi 19.97$	$\phi 0.03$

2. 最大实体要求（MMR）

（1）最大实体要求的含义及标注　最大实体要求是指被测要素的实际轮廓应遵守最大实体实效边界，当其局部提取尺寸偏离最大实体尺寸时，允许其几何误差值超出在最大实体状态下给出的几何公差值的一种公差要求。

最大实体要求既可应用于被测导出要素，也可用于基准导出要素。

最大实体要求应用于被测导出要素时，应在被测导出要素几何公差框格中的公差值后标注符号Ⓜ；应用于基准导出要素时，应在几何公差框格中相应的基准字母后标注符号Ⓜ。

（2）最大实体要求的特点

1）被测要素的实际轮廓应遵守其最大实体实效边界，即其体外作用尺寸不得超出最大实体实效尺寸。

2）当被测要素的局部提取尺寸处处均为最大实体尺寸时，允许的几何误差为图样上给出的几何公差值。

3）当被测要素的局部提取尺寸偏离最大实体尺寸时，其偏离量可补偿几何公差值，允许的几何误差为图样上给出的几何公差值与偏离量之和。

4）局部提取尺寸必须在最大实体尺寸与最小实体尺寸之间。

（3）最大实体要求的应用　最大实体要求只能用于被测导出要素或基准导出要素，主要用于保证装配的互换性场合。采用最大实体要求时，尺寸公差可以补偿几何公差，允许的最大几何误差等于图样给定的几何公差和尺寸公差之和。与包容要求相比，可以得到较大的尺寸制造公差和几何制造公差，具有良好的工艺性和经济性。对于平面、直线等组成要素，由于不存在尺寸公差对几何公差的补偿问题，因而不具备应用条件。关联要素采用最大实体要求的零几何公差时，主要用于保证配合性质，其使用场合与包容要求相同。

1）最大实体要求应用于被测要素。

例 4-2 最大实体要求应用于单一要素，如图 4-64a 所示，试做出解释。

解 图 4-64a 中标注表示 $\phi 20^{\ 0}_{-0.3}$ mm 轴线的直线度公差采用最大实体要求，即当被测要素处于最大实体状态时，其轴线直线度公差为 $\phi 0.1$ mm。

轴的最大实体实效尺寸为

$$d_{MV} = d_{max} + t$$
$$= \phi 20mm + \phi 0.1mm$$
$$= \phi 20.1mm$$

d_{MV} 确定的最大实体实效边界是一个 $\phi 20.1$ mm 的理想圆柱面。该轴应满足：

1）当轴处于最大实体状态时，其轴线的直线度公差为 $\phi 0.1$ mm，如图 4-64b 所示。

2）若轴的局部提取尺寸向最小实体尺寸方向偏离最大实体尺寸，则其轴线直线度误差可超出给出的公差值 $\phi 0.1$ mm，但必须保证其体外作用尺寸不超出轴的最大实体实效尺寸 $\phi 20.1$ mm。

3）当轴的局部提取尺寸处处为最小实体尺寸 $\phi 19.7$ mm 时，其轴线的直线度公差可达最大值，$t = \phi(0.3 + 0.1)$ mm $= \phi 0.4$ mm，如图 4-64c 所示。

4）轴的局部提取尺寸必须在 $\phi 20 \sim \phi 19.7$ 之间。

表 4-4 列出了轴的不同局部提取尺寸所允许的几何误差值。图 4-64d 所示为其动态公差图。

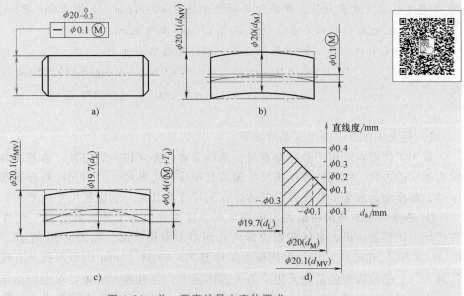

图 4-64 单一要素的最大实体要求

零件合格条件为

$$d_{min} = \phi 19.7mm \leqslant d_a \leqslant d_{max} = \phi 20mm$$

$$d_{fe} \leqslant d_{MV} = d_M + t = d_{max} + t$$

$$= \phi 20mm + \phi 0.1mm$$

$$= \phi 20.1mm$$

当给出的被测要素的几何公差值为零时，则为零几何公差，此时，被测要素的最大实体实效边界MMVB等于最大实体边界MMB，最大实体实效尺寸等于最大实体尺寸。

表 4-4　局部提取尺寸与允许的几何误差值　　　　　　（单位：mm）

被测要素局部提取尺寸	允许的直线度误差（给定值+被测要素补偿值）
$\phi 20$	$\phi 0.1(\phi 0.1 + \phi 0)$
$\phi 19.9$	$\phi 0.2(\phi 0.1 + \phi 0.1)$
$\phi 19.8$	$\phi 0.3(\phi 0.1 + \phi 0.2)$
$\phi 19.7$	$\phi 0.4(\phi 0.1 + \phi 0.3)$

例 4-3　最大实体要求应用于关联要素，如图 4-65 所示，试做出解释。

解　图 4-65a 表示 $\phi 50^{+0.13}_{-0.08}$mm 孔的中心线对基准平面在任意方向的垂直度公差为零，采用最大实体要求。

1）当该孔处处为最大实体尺寸 $\phi 49.92$mm（最大实体状态）时，其中心线对基准平面的垂直度公差为零，即不允许有垂直度误差，如图 4-65b 所示。

2）当孔的局部提取尺寸偏离其最大实体状态，即其实际直径向最小实体尺寸方向偏离最大实体尺寸时，才允许其中心线对基准平面有垂直度误差，但必须保证其定向体外作用尺寸不超出其最大实体实效尺寸：$D_{MV} = D_M - t = \phi 49.92mm - \phi 0mm = \phi 49.92mm$。

3）当孔的局部提取尺寸处处为最小实体尺寸 $\phi 50.13$mm，其中心线对基准平面的垂直度公差可达最大值，即等于孔的尺寸公差 $\phi 0.21$mm，如图 4-65c 所示。

4）孔的局部提取尺寸必须在 $\phi 50.13$mm～$\phi 49.92$mm 之间。

图 4-65d 所示该孔的动态公差图。零件的合格条件为

$$D_{fe} \geqslant D_{MV} = D_M - t = D_{min} - t = \phi 49.92mm - \phi 0mm = \phi 49.92mm$$

$$D_{min} = \phi 49.92mm \leqslant D_a \leqslant D_{max} = \phi 50.13mm$$

2）最大实体要求应用于基准要素。

最大实体要求应用于基准要素时，基准要素应遵守相应的边界。若基准要素的实际轮廓偏离相应的边界，即其体外作用尺寸偏离其相应的边界尺寸，则允许基准要素在一定范围内浮动，其浮动范围等于基准要素的体外作用尺寸与其相应的边界尺寸之差。

① 基准要素本身采用最大实体要求时，应遵守最大实体实效边界。此时，基准符号应直接标注在形成该最大实体实效边界的几何公差框格下面，如图 4-66 所示。该标注表示基准 A（$\phi 20^{0}_{-0.1}$ 中心线）本身采用最大实体要求。$4 \times \phi 8^{+0.1}_{0}$mm 均布四孔中心线相对于基准 A 任意方向上的位置度公差也采用了最大实体要求，并且最大实体要求也应用于基准 A。因此对于均布四孔的位置度公差，基准要素应遵守由直线度公差确定的最大实体实效边界，其边界尺寸为 $d_{MV} = d_M + t = \phi 20mm + \phi 0.02mm = \phi 20.02mm$。

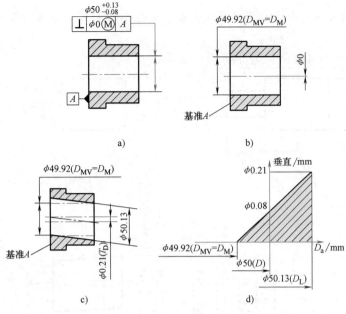

图 4-65　关联要素的最大实体要求（零几何公差）

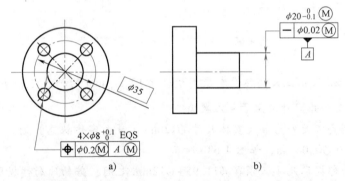

图 4-66　最大实体要求应用于基准要素且基准要素本身采用最大实体要求

② 基准要素本身不采用最大实体要求时，其相应边界为最大实体边界。此时，基准符号应标注在基准要素的尺寸线处，其连线与尺寸线对齐。图 4-67a 所示为采用独立原则的示例，图 4-67b 所示为采用包容要求的示例。

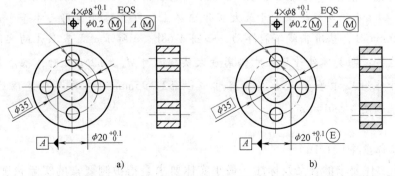

图 4-67　最大实体要求应用于基准要素，基准要素本身不采用最大实体要求

例 4-4　最大实体要求应用于基准要素，如图 4-68 所示，试做出解释。

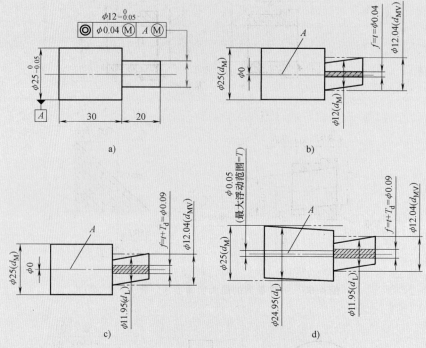

图 4-68　最大实体要求应用于基准要素

解　图 4-68a 表示最大实体要求应用于轴 $\phi 12_{-0.05}^{0}$ mm 的轴线与轴 $\phi 25_{-0.05}^{0}$ mm 的轴线的同轴度公差，并同时应用于基准要素。

1）当被测要素处处为最大实体尺寸 $\phi 12$mm（最大实体状态）时，其轴线对基准 A 的同轴度公差为 $\phi 0.04$mm，如图 4-68b 所示。

2）轴的局部提取尺寸必须在 $\phi 11.95 \sim \phi 12$mm 之间；若轴的局部提取尺寸向最小实体尺寸方向偏离最大实体尺寸，则其轴线同轴度误差可以超出图样给出的公差值 $\phi 0.04$mm，但必须保证其实际轮廓不超出关联最大实体实效边界，即其关联体外作用尺寸不超出关联最大实体实效尺寸 $d_{MV}=d_M+t=\phi 12$mm$+\phi 0.04$mm$=\phi 12.04$mm。

3）当轴的局部提取尺寸处处为最小实体尺寸 $\phi 11.95$mm，其轴线对基准 A 的同轴度公差可达最大值，$t=\phi 0.05$mm$+\phi 0.04$mm$=\phi 0.09$mm，如图 4-68c 所示。

4）当基准 A 的实际轮廓处于最大实体边界上，即其体外作用尺寸等于最大实体尺寸 $d_M=\phi 25$mm 时，基准轴线不能浮动，如图 4-68b、c 所示。当基准 A 的实际轮廓偏离最大实体边界，即其体外作用尺寸偏离最大实体尺寸 $d_M=\phi 25$mm 时，基准轴线可以浮动。当体外作用尺寸等于最小实体尺寸 $d_L=\phi 24.95$mm 时，其浮动范围达到最大值 $\phi 0.05$mm，如图 4-68d 所示。

3. 最小实体要求（LMR）

（1）最小实体要求的含义及标注　最小实体要求是指被测要素的实际轮廓应遵守最小

实体实效边界，当其局部提取尺寸偏离最小实体尺寸时，允许其几何误差值超出在最小实体状态下给出的几何公差值的一种公差要求。它既可用于被测导出要素，也可用于基准导出要素。

最小实体要求用于被测导出要素时，应在被测要素几何公差框格中的公差值后标注符号Ⓛ；应用于基准导出要素时，应在被测要素几何公差框格内相应的基准字母后标注符号Ⓛ。

（2）最小实体要求的特点

1）被测要素的实际轮廓应遵守其最小实体实效边界，即其体内作用尺寸不得超出最小实体实效尺寸。

2）当被测要素的局部提取尺寸处处均为最小实体尺寸时，允许的几何误差为图样上给出的几何公差值。

3）当被测要素的局部提取尺寸偏离最小实体尺寸时，其偏离量可补偿几何公差值，允许的几何误差为图样上给出的几何公差值与偏离量之和。

4）局部提取尺寸必须在最大实体尺寸与最小实体尺寸之间。

（3）最小实体要求的应用　最小实体要求仅应用于被测导出要素或基准导出要素，主要用于保证零件的强度和壁厚。由于最小实体要求的被测要素不得超越最小实体实效边界，因而应用最小实体要求可以保证零件强度和最小壁厚尺寸。另外，当被测要素偏离最小实体状态时，可以扩大几何误差的允许值，以增加几何误差的合格范围，从而能获得良好的经济效益。

例4-5　最小实体要求应用于被测要素，如图4-69所示，试做出解释。

解　图4-69a表示$\phi8^{+0.25}_{0}$mm孔的中心线对基准平面在任意方向上的位置度公差采用最小实体要求。

1）当该孔处于最小实体状态时，其中心线对基准平面在任意方向上的位置度公差为$\phi0.4$mm，如图4-69b所示。

2）当孔的局部提取尺寸向最大实体尺寸方向偏离最小实体尺寸时，即小于最小实体尺寸$\phi8.25$mm，则其中心线对基准平面的位置度误差可以超出图样给出的公差值$\phi0.4$mm，但必须保证其定位体内作用尺寸D_{fi}不超出孔的定位最小实体实效尺寸$D_{LV}=D_L+t=\phi8.25$mm$+\phi0.4$mm$=\phi8.65$mm。

所以，当孔的局部提取尺寸处处相等时，它对最小实体尺寸$\phi8.25$mm的偏离量就等于中心线对基准平面在任意方向上的位置度公差的增加值。

当孔的局部提取尺寸处处为最大实体尺寸$\phi8$mm，即处于最大实体状态时，其中心线对基准平面在任意方向上的位置度公差可达最大值，等于其尺寸公差与给出的在任意方向上的位置度公差之和，即$t=\phi0.25$mm$+\phi0.4$mm$=\phi0.65$mm，如图4-69c所示。

3）图4-69d所示为其动态公差图。零件的合格条件为

$$D_L=D_{max}=\phi8.25\text{mm}\geqslant D_a\geqslant D_M=D_{min}=\phi8\text{mm}$$

$$D_{fi}\leqslant D_{LV}=\phi8.65\text{mm}$$

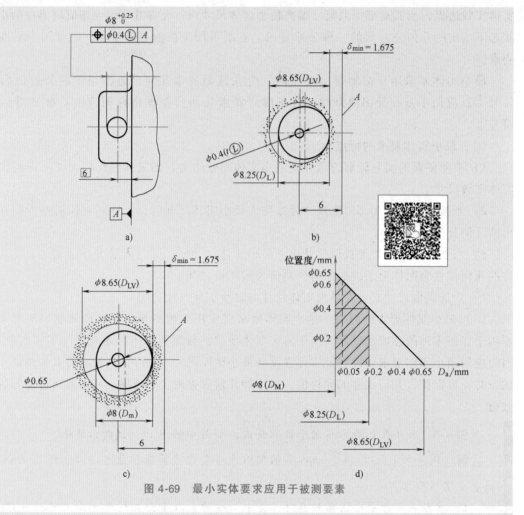

图 4-69　最小实体要求应用于被测要素

例 4-6　最小实体要求应用于被测要素（零几何公差）如图 4-70 所示，试做出解释。

解　图 4-70a 表示 $\phi 8^{+0.65}_{0}$mm 孔的中心线对基准平面在任意方向上的位置度公差采用最小实体要求。

1）当该孔处于最小实体状态时，其中心线对基准平面在任意方向上的位置度公差为零，即不允许有位置误差，如图 4-70b 所示。

2）当孔的实际尺寸向最大实体尺寸方向偏离最小实体尺寸时，即小于最小实体尺寸 $\phi 8.65$mm，才允许其中心线对基准平面有位置度误差，但必须保证其定位体内作用尺寸 D_{fi} 不超出孔的定位最小实体实效尺寸 $D_{LV} = D_L + t = \phi 8.65\text{mm} + \phi 0\text{mm} = \phi 8.65\text{mm}$。所以当孔的局部提取尺寸处处相等时，它对最小实体尺寸的偏离量就是中心线对基准平面在任意方向上的位置度公差。当孔的局部提取尺寸处处为最大实体尺寸 $\phi 8$mm 时，其中心线对基准平面在任意方向上的位置度公差可达最大值，即孔的尺寸公差值 $\phi 0.65$mm，如图 4-70c 所示。

3）图 4-70d 所示为其动态公差图。

图 4-69 与图 4-70 两种尺寸公差和位置度公差的标注，具有相同的边界和综合公差，因此具有基本相同的设计要求，它们之间的差别在于对于综合公差的分配有所不同。

从两者的定位最小实体实效边界来看，这种设计要求主要是为了在被测孔与基准平面之间保证最小壁厚，即

$$\delta_{min} = 6mm - (D_{LV}/2)mm$$
$$= 6mm - (8.65/2)mm = 1.675mm$$

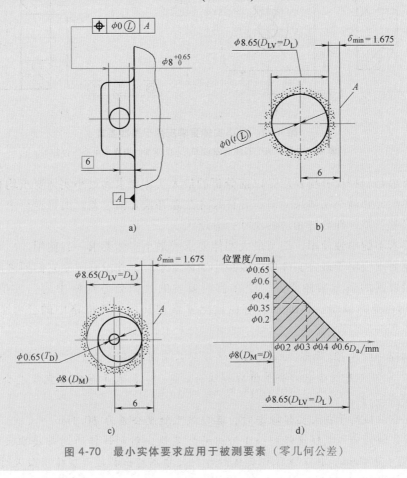

图 4-70　最小实体要求应用于被测要素（零几何公差）

（4）最小实体要求应用于基准要素　此时基准要素应遵守相应的边界。若基准要素的实际轮廓偏离其相应的边界，则允许基准要素在一定范围内浮动，其浮动范围等于基准要素的体内作用尺寸与其相应的边界尺寸之差。

最小实体要求应用于基准要素时，基准要素应遵守的边界也有两种情况。

1）基准要素本身采用最小实体要求时，应遵守最小实体实效边界。此时基准符号应直接标注在形成该最小实体实效边界的几何公差框格下面，如图 4-71a 所示。

2）基准要素本身不采用最小实体要求时，应遵守最小实体边界。此时基准符号应标注在基准要素的尺寸线处，其连线与尺寸线对齐，如图 4-71b 所示。

4. 可逆要求（RR）

在不影响零件功能要求的前提下，当被测中心线或中心面的几何误差值小于给出的几何公差值时，允许相应的尺寸公差增大。它是最大实体要求或最小实体要求的附加要求。

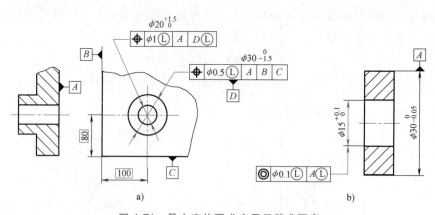

图 4-71　最小实体要求应用于基准要素

a）基准的边界为最小实体实效边界　b）基准的边界为最小实体边界

可逆要求是一种反补偿要求。以前分析的最大实体要求和最小实体要求均是实体尺寸偏离最大实体尺寸和最小实体尺寸时，允许尺寸公差补偿几何公差。而可逆要求反过来用几何公差补偿尺寸公差，即允许相应的尺寸公差增大。

可逆要求不能单独使用，应与最大实体要求或最小实体要求一起使用。

当可逆要求应用于最大实体要求或最小实体要求时，并没有改变它们原来所遵守的极限边界。采用可逆的最大实体要求，应在被测要素的几何公差框格中的公差值后加注符号 Ⓜ Ⓡ。采用可逆的最小实体要求，应在被测要素的几何公差框格中的公差值后加注符号 Ⓛ Ⓡ。

例 4-7　图 4-72a 所示为轴线的直线度公差采用可逆的最大实体要求，试做出解释。

解　几何公差框格中的公差值后加注符号 Ⓜ Ⓡ，表示轴线的直线度公差采用可逆的最大实体要求。

1）当该轴处于最大实体状态时，其轴线直线度公差为 $\phi0.1\text{mm}$。

2）若轴的轴线直线度误差小于给出的公差值，则允许轴的局部提取尺寸超出其最大实体尺寸 $\phi20\text{mm}$，但必须保证其体外作用尺寸不超出其最大实体实效尺寸 $\phi20.1\text{mm}$，所以当轴的轴线直线度误差为零（即具有理想形状）时，其局部提取尺寸可达最大值，即等于轴的最大实体实效尺寸 $\phi20.1\text{mm}$，如图 4-72b 所示。

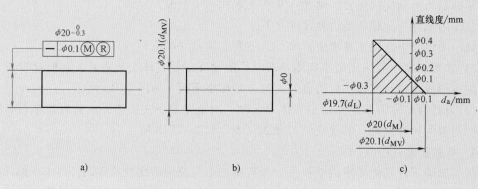

图 4-72　可逆要求应用于最大实体要求

3）图 4-72c 所示为其动态公差图。

零件的合格条件为

$$d_a \geqslant d_L = d_{min} = \phi 19.7 \text{mm}$$

$$d_{fe} \leqslant d_{MV} = d_M + t = \phi 20 \text{mm} + \phi 0.1 \text{mm} = \phi 20.1 \text{mm}$$

例 4-8   图 4-73a 所示为孔的中心线对基准平面在任意方向上的位置度公差采用可逆的最小实体要求，试做出解释。

解   几何公差框格中的公差值后加注符号 Ⓛ Ⓡ，表示孔的中心线对基准平面在任意方向上的位置度公差采用可逆的最小实体要求。

1）当孔处于最小实体状态时，其中心线对基准平面在任意方向上的位置度公差为 $\phi 0.4 \text{mm}$。

2）若孔的中心线对基准平面在任意方向上的位置度误差小于给出的公差值，则允许孔的局部提取尺寸超出其最小实体尺寸（即大于 $\phi 8.25 \text{mm}$），但必须保证其定位体内作用尺寸不超出其定位最小实体实效尺寸 $\phi 8.65 \text{mm}$。所以当孔的中心线对基准平面在任意方向上的位置度误差为零时，其局部提取尺寸可达最大值，即等于孔的最小实体实效尺寸 $\phi 8.65 \text{mm}$，如图 4-73b 所示。

3）图 4-73c 所示为动态公差图。

零件的合格条件为

$$D_a \geqslant D_M = D_{min} = \phi 8 \text{mm}$$

$$D_{fi} \leqslant D_{LV} = D_L + t = D_{max} + t = \phi 8.25 \text{mm} + \phi 0.4 \text{mm} = \phi 8.65 \text{mm}$$

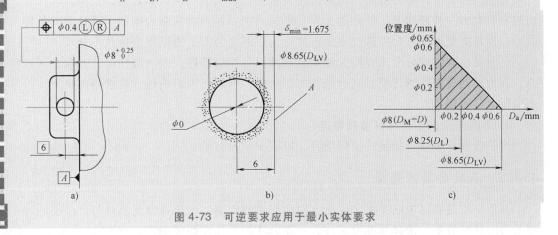

图 4-73   可逆要求应用于最小实体要求

4.4   几何公差的选择

几何公差的设计选用对保证产品质量和降低制造成本具有十分重要的意义。它对保证轴类零件的旋转精度，保证结合件的连接强度和密封性，保证齿轮传动零件的承载均匀性等都有十分重要的影响。

几何公差的选择主要包括几何公差项目、几何公差值、公差原则和基准要素的选择等。

4.4.1 几何公差项目的选择

几何公差项目的选择，取决于零件的几何特征与功能要求，同时也要考虑检测的方便性。

1. 零件的几何特征

形状公差项目主要是按要素的几何形状特征制定的，因此单一要素的几何特征是选择公差项目的基本依据。例如：控制平面的形状误差应选择平面度公差；控制导轨导向面的形状误差应选择直线度公差；控制圆柱面的形状误差应选择圆度公差或圆柱度公差等。

方向、位置或跳动公差项目是按要素间几何方位关系制定的，所以选择关联要素的公差项目应以它与基准间的几何方位关系为基本依据。对线（中心线）、面可规定方向和位置公差，对点只能规定位置度公差，只有回转体零件才规定同轴度公差和跳动公差。

2. 零件的功能要求

零件的功能要求不同，对几何公差应提出不同的要求，所以应分析几何误差对零件功能的影响。一般说来，平面的形状误差将影响支承面安置的平稳和定位的可靠性，影响结合面的密封性和滑动面的耐磨性；导轨面的形状误差将影响导向精度；圆柱面的形状误差将影响定位配合的连接强度和可靠性，影响转动配合的间隙均匀性和运动平稳性；轮廓表面或导出要素的方向或位置误差将直接决定机器的装配精度和运动精度，如齿轮箱体上两孔中心线不平行将影响齿轮副的接触精度从而降低承载能力，滚动轴承的定位轴肩与中心线不垂直将影响轴承的旋转精度。

3. 检测的方便性

为了检测方便，有时可将所需的公差项目用控制效果相同或相近的公差项目来代替。例如被测要素为一圆柱面时，圆柱度公差是理想的项目，因为它综合控制了圆柱面的各种形状误差，但是由于圆柱度公差检测不便，故可选用圆度公差、直线度公差几个分项。

又如径向圆跳动公差或径向全跳动公差可综合控制圆度公差、圆柱度公差以及同轴度公差。因为跳动公差检测方便且具有综合控制功能，所以在不影响设计要求的前提下，可尽量选用跳动公差项目。

4. 考虑各几何公差项目控制特点

可尽量选择有综合控制特点的项目，以减少项目数量。

4.4.2 基准要素的选择

基准要素是确定关联要素之间的方向和位置的依据。在选择公差项目时，必须同时考虑要采用的基准要素。选择基准要素时，一般应从如下几方面考虑。

1. 基准要素选择时需注意的问题

1）从零件结构考虑，应选择较宽大的平面、较长的轴线作为基准，以使定位稳定。对结构复杂的零件，一般应选三个基准面，以确定被测要素在空间的方向和位置。

2）从设计考虑，应根据零件要素的功能及要素间的几何关系来选择基准。例如：轴类零件，常以两个轴承为支承来运转，其运动轴线是安装轴承的两轴颈公共轴线，因此从功能要求和控制其他要素的位置精度来看，应选这两处轴颈的公共轴线（组合基准）作为基准。

3）从加工工艺考虑，应选择零件加工时在工夹具中定位的相应要素作为基准。

4）从加工检测考虑，应选择在加工、检测中方便装夹定位的要素作为基准。

5）从装配关系考虑，应选择零件相互配合、相互接触的表面作为基准，以保证零件的正确装配。

2. 三基准统一原则

比较理想的基准是设计、加工、测量和装配基准是同一要素，也就是遵守基准统一的原则。

4.4.3 公差原则的选择

选择公差原则时，应根据被测要素的功能要求，各公差原则的应用场合、可行性和经济性等方面来考虑。表4-5列出了公差原则的选择示例，可供选择时参考。

表4-5 公差原则的选择示例

公差原则	应用场合	示　例
独立原则	尺寸精度与几何精度需要分别满足要求	齿轮箱体孔的尺寸精度与两孔中心线的平行度；连杆活塞销孔的尺寸精度与圆柱度；滚动轴承内、外圈滚道的尺寸精度与形状精度
	尺寸精度与几何精度相差较大	滚筒类零件尺寸精度要求很低，形状精度要求较高；平板的尺寸精度要求不高，形状精度要求很高；通油孔的尺寸有一定精度要求，形状精度无要求
	尺寸精度与几何精度无联系	滚子链条的套筒或滚子内、外圆柱面的轴线同轴度与尺寸精度；发动机连杆上的尺寸精度与孔中心线间的位置精度
	保证运动精度	导轨的形状精度要求严格，尺寸精度一般
	保证密封性	气缸的形状精度要求严格，尺寸精度一般
	未注公差	凡未注尺寸公差与未注几何公差都采用独立原则，如退刀槽、倒角、圆角等非功能要素
包容要求	保证国家标准规定的配合性质	如$\phi30H7\text{Ⓔ}$孔与$\phi30h6\text{Ⓔ}$轴的配合，可以保证配合的最小间隙等于零
	尺寸公差与几何公差间无严格比例关系要求	一般的孔与轴配合，只要求作用尺寸不超越最大实体尺寸，局部提取尺寸不超越最小实体尺寸
最大实体要求	保证关联作用尺寸不超越最大实体尺寸	关联要素的孔与轴有配合性质要求，在公差框格的第二格中标注Ⓜ
	保证可装配性	如轴承盖上用于穿过螺钉的通孔；法兰盘上用于穿过螺栓的通孔
最小实体要求	保证零件强度和最小壁厚	如孔组中心线的任意方向上的位置度公差，采用最小实体要求可保证孔组间的最小壁厚
可逆要求	与最大（最小）实体要求联用	能充分利用公差带，扩大被测要素局部提取尺寸的变动范围，在不影响使用性能要求的前提下可以选用

4.4.4 几何公差值的选择

图样中标注的几何公差有两种形式，即未注公差值和注出公差值。注出几何公差要求的几何精度高低是用公差等级数字的大小来表示的。

按国家标准的规定，对14项几何公差特征项目，除线轮廓度、面轮廓度及位置度未规定公差等级外，其余项目均有规定。一般分为12级，即1～12级，1级精度最高，12级精度最低；圆度、圆柱度分为13级，最高级为0级，以便适应精密零件的需要。

各项目的各级公差值见表4-6～表4-9。

表 4-6 直线度和平面度公差值

主参数 L/mm	公差等级											
	1	2	3	4	5	6	7	8	9	10	11	12
	公差值/μm											
≤10	0.2	0.4	0.8	1.2	2	3	5	8	12	20	30	60
>10~16	0.25	0.5	1	1.5	2.5	4	6	10	15	25	40	80
>16~25	0.3	0.6	1.2	2	3	5	8	12	20	30	50	100
>25~40	0.4	0.8	1.5	2.5	4	6	10	15	25	40	60	120
>40~63	0.5	1	2	3	5	8	12	20	30	50	80	150
>63~100	0.6	1.2	2.5	4	6	10	15	25	40	60	100	200
>100~160	0.8	1.5	3	5	8	12	20	30	50	80	120	250
>160~250	1	2	4	6	10	15	25	40	60	100	150	300
>250~400	1.2	2.5	5	8	12	20	30	50	80	120	200	400
>400~630	1.5	3	6	10	15	25	40	60	100	150	250	500

主参数 L 图例

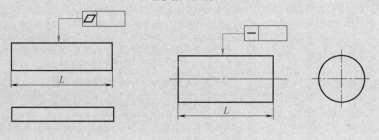

注：主参数 L 是轴、直线、平面的长度。

表 4-7 圆度和圆柱度公差值

主参数 $d(D)$/mm	公差等级												
	0	1	2	3	4	5	6	7	8	9	10	11	12
	公 差 值/μm												
≤3	0.1	0.2	0.3	0.5	0.8	1.2	2	3	4	6	10	14	25
>3~6	0.1	0.2	0.4	0.6	1	1.5	2.5	4	5	8	12	18	30
>6~10	0.12	0.25	0.4	0.6	1	1.5	2.5	4	6	9	15	22	36
>10~18	0.15	0.25	0.5	0.8	1.2	2	3	5	8	11	15	27	43
>18~30	0.2	0.3	0.6	1	1.5	2.5	4	6	9	13	21	33	52
>30~50	0.25	0.4	0.6	1	1.5	2.5	4	7	11	16	25	39	62
>50~80	0.3	0.5	0.8	1.2	2	3	5	8	13	19	30	46	74
>80~120	0.4	0.6	1	1.5	2.5	4	6	10	15	22	35	54	87
>120~180	0.6	1	1.2	2	3.5	5	8	12	18	25	40	63	100
>180~250	0.8	1.2	2	3	4.5	7	10	14	20	29	46	72	115
>250~315	1	1.6	2.5	4	6	8	12	16	23	32	52	81	130
>315~400	1.2	2	3	5	7	9	13	18	25	36	57	89	140
>400~500	1.5	2.5	4	6	8	10	15	20	27	40	63	97	155

（续）

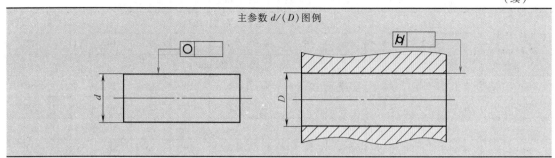

主参数 d/(D) 图例

注：主参数 d(D) 是轴（孔）的直径。

表 4-8 平行度、垂直度和倾斜度公差值

主参数 L、d(D)/mm	公 差 等 级											
	1	2	3	4	5	6	7	8	9	10	11	12
	公 差 值/μm											
≤10	0.4	0.8	1.5	3	5	8	12	20	30	50	80	120
>10~16	0.5	1	2	4	6	10	15	25	40	60	100	150
>16~25	0.6	1.2	2.5	5	8	12	20	30	50	80	120	200
>25~40	0.8	1.5	3	6	10	15	25	40	60	100	150	250
>40~63	1	2	4	8	12	20	30	50	80	120	200	300
>63~100	1.2	2.5	5	10	15	25	40	60	100	150	250	400
>100~160	1.5	3	6	12	20	30	50	80	120	200	300	500
>160~250	2	4	8	15	25	40	60	100	150	250	400	600
>250~400	2.5	5	10	20	30	50	80	120	200	300	500	800
>400~630	3	6	12	25	40	60	100	150	250	400	600	1000

主参数 L、d(D) 图例

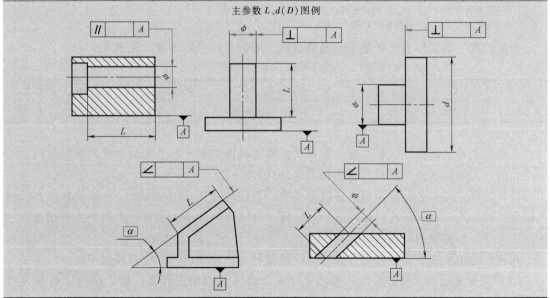

注：1. 主参数 L 是给定平行度时中心线或平面的长度，或给定垂直度、倾斜度时被测要素的长度。

2. 主参数 d(D) 是给定面对线垂直度时，被测要素的轴（孔）直径。

表 4-9　同轴度、对称度、圆跳动和全跳动公差值

主参数 $d(D)$、B、L/mm	公　差　等　级											
	1	2	3	4	5	6	7	8	9	10	11	12
	公　差　值/μm											
≤1	0.4	0.6	1	1.5	2.5	4	6	10	15	25	40	60
>1~3	0.4	0.6	1	1.5	2.5	4	6	10	20	40	60	120
>3~6	0.5	0.8	1.2	2	3	5	8	12	25	50	80	150
>6~10	0.6	1	1.5	2.5	4	6	10	15	30	60	100	200
>10~18	0.8	1.2	2	3	5	8	12	20	40	80	120	250
>18~30	1	1.5	2.5	4	6	10	15	25	50	100	150	300
>30~50	1.2	2	3	5	8	12	20	30	60	120	200	400
>50~120	1.5	2.5	4	6	10	15	25	40	80	150	250	500
>120~250	2	3	5	8	12	20	30	50	100	200	300	600
>250~500	2.5	4	6	10	15	25	40	60	120	250	400	800

主参数 $d(D)$、B、L 图例

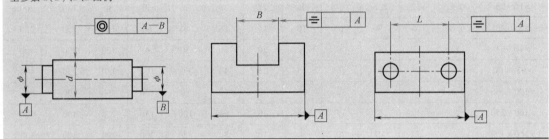

注：1. 主参数 $d(D)$ 为给定同轴度或给定圆跳动、全跳动时的轴（孔）直径。
　　2. 圆锥体斜向圆跳动公差的主参数为平均直径。
　　3. 主参数 B 为给定对称度时槽的宽度。
　　4. 主参数 L 为给定两孔对称度时的孔心距。

对位置度，国家标准只规定了公差值数系，而未规定公差等级，见表 4-10。

表 4-10　位置度数系

1	1.2	1.5	2	2.5	3	4	5	6	8
1×10^n	1.2×10^n	1.5×10^n	2×10^n	2.5×10^n	3×10^n	4×10^n	5×10^n	6×10^n	8×10^n

注：n 为正整数。

几何公差值的选择原则是在满足零件功能要求的前提下，尽量选取较低的公差等级。

几何公差值的选择方法有计算法和类比法两种。

计算法确定几何公差值，目前还没有成熟、系统的计算步骤和方法，一般是根据产品的功能和结构特点，在有条件的情况下通过计算求得几何公差值。该方法多用于几何精度要求较高的零件，如精密测量仪器等。

几何公差值常用类比法确定，该方法简便易行，在实际设计中应用较为广泛。

（1）类比法选用几何公差值　类比法主要考虑零件的使用性能、加工的可能性和经济性等因素，还应考虑：

1）形状公差与方向、位置公差的关系。同一要素上给定的形状公差值应小于方向公差

值，方向公差值应小于位置公差值。如同一平面上，平面度公差值应小于该平面对基准平面的平行度公差值。

2）几何公差和尺寸公差的关系。圆柱形零件的形状公差值一般情况下应小于其尺寸公差值；线对线或面对面的平行度公差值应小于其相应距离的尺寸公差值。

圆度、圆柱度公差值约为同级尺寸公差值的50%，因而一般可按同级选取。例如：尺寸公差为IT6，则圆度、圆柱度公差通常也选6级，必要时也可比尺寸公差等级高1~2级。

3）几何公差与表面粗糙度的关系。通常表面粗糙度 Ra 值约占形状公差值的20%~25%。

4）考虑零件的结构特点。对于刚性较差的零件（如细长轴）和结构特殊的要素（如跨距较大的轴和孔、宽度较大的零件表面等），在满足零件的功能要求下，可适当降低1~2级选用。

此外，孔相对于轴、线对线和线对面相对于面对面的平行度、垂直度公差可适当降低1~2级。

表4-11~表4-14列出了各种几何公差等级应用举例，可供类比时参考。

（2）计算法选用位置度公差值 位置度公差值通常需要经过计算确定。对用螺栓联接的两个或两个以上零件时，若被联接零件均为光孔，则光孔的位置度公差值的计算公式为

$$t \leqslant KX_{min}$$

式中，t 是位置度公差值；K 是间隙利用系数，其推荐值为不需调整的固定联接 $K=1$，需调整的固定联接 $K=0.6~0.8$；X_{min} 是光孔与螺栓间的最小间隙。

用螺钉联接时，被联接零件中有一个是螺孔，而其余零件均是光孔，则光孔和螺孔的位置度公差计算公式为

$$t \leqslant 0.6KX_{min}$$

式中，X_{min} 是光孔与螺钉间的最小间隙。

按以上公式计算确定的位置度公差值，经圆整并按表4-10选择标准的位置度公差值。

表4-11 直线度、平面度公差等级应用举例

公差等级	应用举例
1 2	用于精密量具、计量仪器以及精度要求高的精密机械零件,如量块、0级样板、平尺、0级宽平尺、工具显微镜等
3	1级宽平尺,1级样板平尺,计量仪器圆弧导轨,量仪的测杆等
4	0级平板,测量仪器的V形导轨,高精度平面磨床的V形导轨和滚动导轨等
5	1级平板,2级宽平尺,平面磨床的导轨和工作台,液压龙门刨床导轨面,柴油机进气和排气阀门导杆等
6	普通机床导轨面,柴油机机体结合面等
7	2级平板,机床主轴箱结合面,液压泵盖,减速器壳体结合面等
8	机床传动箱体、交换齿轮箱体、车床溜板箱体、柴油机气缸体,连杆分离面,缸盖结合面,汽车发动机缸盖,曲轴箱结合面,液压管件和法兰连接面等
9	自动车床床身底面,摩托车曲轴箱体,汽车变速器壳体,手动机械的支承面等

表4-12 圆度、圆柱度公差等级应用举例

公差等级	应用举例
0 1	高精度量仪主轴,高精度机床主轴,滚动轴承的滚珠和滚柱等

（续）

公差等级	应 用 举 例
2	精密量仪主轴、外套、阀套，高压油泵柱塞及套，纺锭轴承，高速柴油机进气和排气门，精密机床主轴轴颈，针阀圆柱表面，喷油泵柱塞及柱塞套等
3	高精度外圆磨床轴承，磨床砂轮主轴套筒，喷油嘴针，阀体，高精度轴承内外圈等
4	较精密机床主轴和主轴箱孔，高压阀门，活塞，活塞销，阀体孔，高压油泵柱塞，较高精度滚动轴承配合轴，铣削动力头箱体孔等
5	一般计量仪器主轴、测杆外圆柱面，陀螺仪轴颈，一般机床主轴轴颈及轴承孔，柴油机和汽油机的活塞、活塞销，与 P6 级滚动轴承配合的轴颈等
6	一般机床主轴及箱体孔，泵及压缩机的活塞和气缸，汽油发动机凸轮轴，纺机锭子，减速传动轴轴颈，高速船用发动机曲轴、拖拉机曲轴主轴颈，与 P6 级滚动轴承配合的外壳孔、与 P0 级滚动轴承配合的轴颈等
7	大功率低速柴油机曲轴轴颈、活塞、活塞销、连杆、气缸，高速柴油机箱体轴承孔，千斤顶或液压油缸活塞，机车传动轴，水泵及通用减速器转轴轴颈，与 P0 级滚动轴承配合的外壳孔等
8	低速发动机、大功率曲柄轴颈，压气机连杆盖、体，拖拉机气缸、活塞，炼胶机冷铸轴辊，印刷机传墨辊，内燃机曲轴轴颈，柴油机凸轮轴承孔，凸轮轴，拖拉机、小型船用柴油机气缸套等
9	空气压缩机缸体，液压传动筒，通用机械杠杆与拉杆用套筒销子，拖拉机活塞环、套筒孔等

表 4-13　平行度、垂直度、倾斜度公差等级应用举例

公差等级	应 用 举 例
1	高精度机床、计量仪器、量具等主要工作面和基准面等
2 3	精密机床、计量仪器、量具、模具的工作面和基准面，精密机床的导轨，重要箱体主轴孔对基准面的要求，精密机床主轴轴肩端面，滚动轴承座圈端面，普通机床的主要导轨，精密刀具的工作面和基准面等
4 5	普通机床导轨，重要支承面，机床主轴孔对基准的平行度，精密机床重要零件，计量仪器、量具、模具的工作面和基准面，主轴箱重要孔，通用减速器壳体孔，齿轮泵的油孔端面，发动机轴和离合器的凸缘，气缸支承端面，安装精密滚动轴承壳体孔的凸肩等
6 7 8	一般机床的工作面和基准面，压力机和锻锤的工作面，中等精度钻模的工作面，机床一般轴承孔对基准的平行度，变速器箱体孔，主轴花键对定心直径部位中心线的平行度，重型机械轴盖端面，卷扬机、手动传动装置中的传动轴，一般导轨、主轴箱体孔，刀架，砂轮架，气缸配合面对基准轴线，活塞销孔对活塞轴线的垂直度，滚动轴承内、外圈端面对轴线的垂直度等
9 10	低精度零件，重型机械滚动轴承端盖，柴油机、煤气发动机箱体曲轴孔、曲轴颈、花键轴和轴肩端面，皮带运输机法兰盘等端面对轴线的垂直度，手动卷扬机及传动装置中的轴承端面，减速器壳体平面等

表 4-14　同轴度、对称度、跳动公差等级应用举例

公差等级	应 用 举 例
1 2	精密计量仪器的主轴和顶尖，柴油机喷油嘴针阀等
3 4	机床主轴轴颈，砂轮轴轴颈，汽轮机主轴，计量仪器的小齿轮轴，安装高精度齿轮的轴颈等
5	机床轴颈，机床主轴箱孔，套筒，计量仪器的测杆，轴承座孔，汽轮机主轴，柱塞油泵转子，高精度轴承外圈，一般精度轴承内圈等
6 7	内燃机曲轴，凸轮轴轴颈，柴油机机体主轴承孔，水泵轴，油泵柱塞，汽车后桥输出轴，安装一般精度齿轮的轴颈，涡轮盘，计量仪器杠杆轴，电机转子，普通滚动轴承内圈，印刷机传墨辊的轴颈，键槽等
8 9	内燃机凸轮轴孔，连杆小端铜套，齿轮轴，水泵叶轮，离心泵体，气缸套外径配合面对内径工作面，运输机械滚筒表面，压缩机十字头，安装低精度齿轮用轴颈，棉花精梳机前后滚子，自行车中轴等

4.4.5　未注几何公差

未注公差值是各类工厂中常用设备能保证的精度。零件大部分要素的几何公差值均应遵

循未注公差值的要求，不必注出。只有当要求要素的公差值小于未注公差值时或者要求要素的公差值大于未注公差值而给出大的公差值后能给工厂的加工带来经济效益时，才需要在图样中用几何公差框格给出几何公差要求。

为了简化图样，对一般机床加工能保证的几何精度，不必在图样上注出几何公差。

图样上没有具体注明几何公差值的要素，其几何精度应按下列规定执行。

1）对未注直线度、平面度、垂直度、对称度和圆跳动各规定了 H、K、L 三个公差等级，其公差值见表 4-15～表 4-18。

采用规定的未注公差值时，应在标题栏附近或技术要求中注出公差等级代号及标准号，如 "GB/T 1184-H"。

2）未注圆度公差值等于直径公差值，但不能大于表 4-18 中的圆跳动的未注公差值。

3）未注圆柱度公差值由圆度、直线度和相对素线的平行度注出公差或未注公差控制。

4）未注平行度公差值等于给出的尺寸公差值或被测要素的直线度和平面度未注公差值中的较大者。

5）国家标准对同轴度的未注公差值未做规定，必要时，未注同轴度公差值可以和表 4-18 中规定的圆跳动的未注公差值相等。

6）未注线轮廓度、面轮廓度、倾斜度、位置度和全跳动的公差值均应由各要素的注出或未注线性尺寸公差或角度公差控制。

表 4-15　直线度和平面度未注公差值　（单位：mm）

公差等级	公称长度范围					
	≤10	>10～30	>30～100	>100～300	>300～1000	>1000～3000
H	0.02	0.05	0.1	0.2	0.3	0.4
K	0.05	0.1	0.2	0.4	0.6	0.8
L	0.1	0.2	0.4	0.8	1.2	1.6

表 4-16　垂直度未注公差值　（单位：mm）

公差等级	公称长度范围			
	≤100	>100～300	>300～1000	>1000～3000
H	0.2	0.3	0.4	0.5
K	0.4	0.6	0.8	1
L	0.6	1	1.5	2

表 4-17　对称度未注公差值　（单位：mm）

公差等级	公称长度范围			
	≤100	>100～300	>300～1000	>1000～3000
H	0.5			
K	0.6		0.8	1
L	0.6	1	1.5	2

表 4-18　圆跳动未注公差值　　　　　　　　　　　　（单位：mm）

公差等级	H	K	L
公差值	0.1	0.2	0.5

4.4.6　几何公差选用举例

例 4-9　图 4-74 所示为减速器输出轴，其结构特征、使用要求及各轴颈的尺寸均已确定，现为其选择几何公差。

解　选择几何公差时，主要依据轴的结构特征和功能要求，还要考虑测量的可能性和经济性，具体选择如下。

1）2×ϕ40k6 圆柱面是该轴的支承轴颈，其轴线是该轴的装配基准，故应以该轴 2×ϕ40k6 圆柱面的公共轴线作为设计基准。两轴颈处安装滚动轴承后，将分别与减速器箱体的两孔配合，因此需限制两轴颈的同轴度误差，以保证轴承外圈和箱体孔的安装精度，为检测方便，可用两轴颈的径向圆跳动公差代替同轴度公差。同时为了给滚动轴承轴向定位，应给轴颈的端面规定轴向圆跳动公差。ϕ40k6 外圆柱面是与滚动轴承内圈相配合的重要表面，为保证配合性质，故采用了包容要求。为保证轴承的旋转精度，在遵循包容要求的前提下，又进一步提出圆柱度公差的要求。

2）ϕ30m7 圆柱面与带轮配合，为保证配合性质，故采用包容要求。为保证带轮的运动精度，对与带轮配合的 ϕ30m7 圆柱又进一步提出了对基准轴线的径向圆跳动公差。

3）轴颈上的键槽规定了对称度公差，以保证键槽的安装精度和安装后的受力状态。

4）未注尺寸公差按 GB/T 1804-m 执行，未注几何公差按 GB/T 1184 执行。

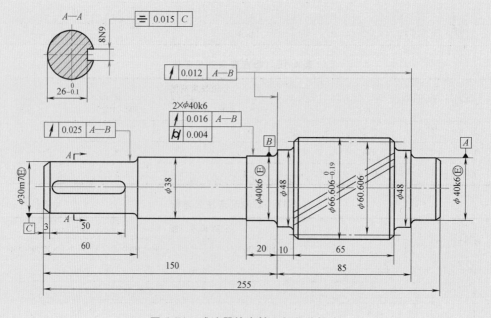

图 4-74　减速器输出轴几何公差标注

4.5 几何误差的评定与检测原则

由于零件结构形式多种多样，几何误差的项目又较多，所以其检测方法也很多。为了能正确测量几何误差和合理的选择检测方案，国家标准 GB/T 1958—2004《产品几何量技术规范（GPS）形状和位置公差 检测规定》规定了几何误差检测的五条原则。它是各种检测方案的概括。检测几何误差时，应根据被测对象的特点和检测条件，按照这些原则选择最合理的检测方案。

4.5.1 几何误差的评定

几何误差是指被测实际要素对其理想要素的变动量。若被测实际要素全部位于几何公差带内，零件合格，反之就不合格。

1. 形状误差的评定

形状误差是指被测实际要素对其理想要素的变动量。若被测实际要素全部位于几何公差带内，则零件为合格，反之则不合格。

（1）形状误差的评定准则——最小条件 最小条件是指被测实际要素对其理想要素的最大变动量为最小。在图4-75中，理想直线Ⅰ、Ⅱ、Ⅲ处于不同的位置，被测实际要素相对于理想要素的最大变动量分别为 f_1、f_2、f_3，$f_1 < f_2 < f_3$，所以理想直线Ⅰ的位置符合最小条件。

（2）形状误差的评定方法——最小区域法 形状误差值用被测要素的位置符合最小条件的最小包容区域的宽度或直径表示。最小包容区域是指包容被测要素时，具有最小宽度 f 或直径 ϕf 的包容区域。最小包容区域的形状与其公差带相同。

最小包容区域是根据被测要素与包容区域的接触状态来判别的。

1）评定给定平面内的直线度误差时，包容区域为两平行直线，被测实际直线应至少与包容直线有两高夹一低或两低夹一高三点接触，称为相间准则，如图4-76所示。这两条平行直线之间的区域即为最小包容区域，该区域的宽度 f 即为符合定义的直线度误差值。直线度误差值还可以用两端点连线法来评定。

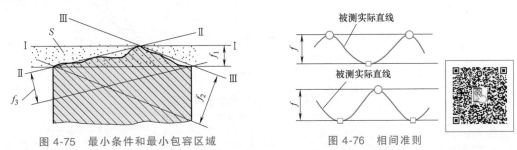

图4-75 最小条件和最小包容区域   图4-76 相间准则

2）评定圆度误差时，包容区域为两同心圆间的区域，实际圆轮廓应至少有内外交替四点与两包容圆接触，如图4-77所示。

3）评定平面度误差时，包容区域为两平行平面间的区域，被测平面至少有三点或四点按下列三种准则之一分别与此两平行平面接触。

三角形准则：三个极高点与一个极低点（或相反），其中一个极低点（或极高点）位于三个极高点（或极低点）构成的三角形之内，如图 4-78a 所示。

交叉准则：两个极高点的连线与两个极低点的连线在包容平面上的投影相交，如图 4-78b 所示。

直线准则：两平行包容平面与被测平面接触为高低相间的三点且它们在包容平面上的投影位于同一直线上，如图 4-78c 所示。

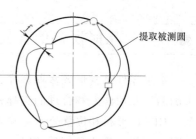

图 4-77　圆度误差最小包容
区域判别准则

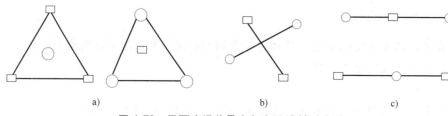

a)　　　　　　　　b)　　　　　　　　c)

图 4-78　平面度误差最小包容区域判别准则

a）三角形准则　b）交叉准则　c）直线准则

2. 方向误差的评定

方向误差是关联被测实际要素对理想要素的变动量，理想要素的方向由基准确定。如图 4-79 所示，评定方向误差时，理想要素相对于基准 A 的的方向应保持图样上给定的几何关系，即平行、垂直或倾斜于某一理论正确角度，按实际被测要素对理想要素的最大变动量为最小构成最小包容区域。方向误差值用对基准保持所要求方向的方向最小包容区域的宽度 f 或直径 ϕf 来表示。方向最小包容区域的形状与方向公差带的形状相同，但前者的宽度或直径则由实际被测要素本身决定。

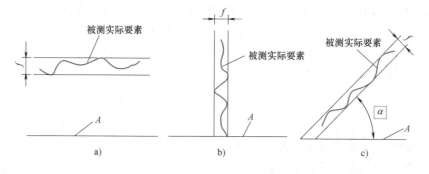

图 4-79　定向最小包容区域

a）平行度　b）垂直度　c）倾斜度

3. 位置误差的评定

评定位置误差时，理想要素相对于基准的位置由理论正确尺寸来确定。以理想要素的位置为中心来包容被测实际要素时，应使之具有最小宽度或最小直径，来确定定位最小包容区域。位置误差值的大小用最小包容区域的宽度 f 或直径 ϕf 来表示。位置度最小包容区域的形状与位置度公差带的形状相同，如图 4-80 所示。

4.5.2 几何误差的检测原则

在几何公差项目中，即使是同一公差项目因被测零件的结构、形状、尺寸精度要求及生产批量不同，其检测方法也不尽相同。国家标准规定了几何误差的五种检测原则。

1. 与理想要素比较原则

与理想要素比较原则就是将被测实际要素与其理想要素相比较，从而测得几何误差值。该原则是根据几何误差的定义提出的，根据这一原则进行检测，可获得与几何误差定义一致的误差，因此是检测几何误差的基本原则。运用该检测原则时，必须有理想要素作为测量基准。理想要素通常用模拟法获得。理想要素可以是实物，也可以是一束光线、水平面或运动轨迹。用刀口尺测量给定平面内的直线度误差如图 4-81 所示，就是以刀口作为理想直线，与被测实际要素直接接触，并使两者之间的最大空隙为最小，则此最大空隙即为被测实际要素的直线度误差。当空隙较小时，可用标准光隙估读；当空隙较大时，可用塞尺测量。

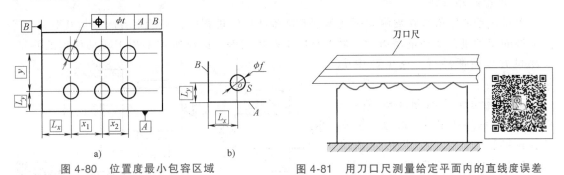

图 4-80 位置度最小包容区域　　　　图 4-81 用刀口尺测量给定平面内的直线度误差

2. 测量坐标值原则

测量坐标值原则就是利用坐标测量装置（如三坐标测量机、工具显微镜）测量被测实际要素的坐标值（如直角坐标值、极坐标值、圆柱坐标值），并经过数据处理获得几何误差值。

如图 4-82 所示，由坐标测量机测得各孔实际位置的坐标值 $(x_1，y_1)$、$(x_2，y_2)$、$(x_3，y_3)$、$(x_4，y_4)$，计算出相对理论正确尺寸的偏差，即

$$\Delta x_i = x_i - x_i \qquad \Delta y_i = y_i - y_i$$

于是，各孔的位置度误差值可按下式求得，即

$$\phi f_i = \sqrt{(\Delta x_i)^2 + (\Delta y_i)^2} \qquad (i = 1、2、3、4)$$

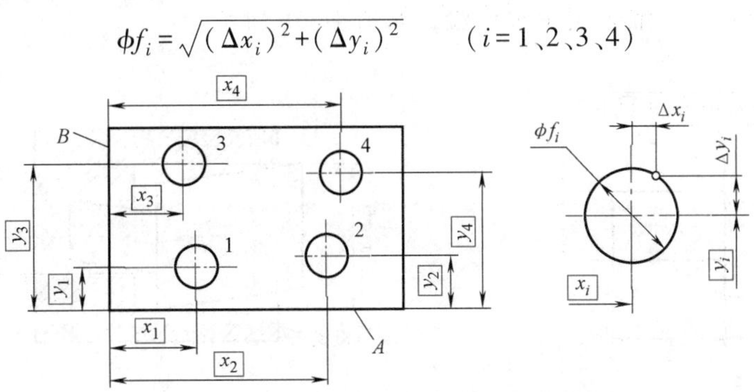

图 4-82 用坐标测量机测量位置度误差图

3. 测量特征参数原则

测量特征参数原则是指测量被测实际要素上具有代表性的参数（即特征参数）来近似表示几何误差值。

应用测量特征参数原则测得的几何误差，与按定义确定的几何误差相比，只是一个近似值。两点法测量圆度误差如图 4-83 所示，在一个横截面内的几个方向上测量直径，取最大、最小直径差之半作为圆度误差。

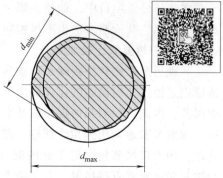

虽然测量特征参数原则得到的几何误差只是一个近似值，存在着测量原理误差，但该原则的检测方法较简单，不需复杂的数据处理，可使测量过程和测量设备简化。因此，在不影响使用功能的前提下，应用该原则可以获得良好的经济效益，在生产现场应用较为普遍。

图 4-83 两点法测量圆度误差

4. 测量跳动原则

测量跳动原则就是在被测实际要素绕基准轴线回转过程中，沿给定方向测量其对某参考点或线的变动量，变动量是指示计最大与最小读数之差。此原则主要用于跳动误差的测量，其测量方法简便易行，在生产中应用较为广泛。

测量跳动误差如图 4-84 所示。图 4-84a 所示为被测零件通过心轴安装在两同轴顶尖之间，此两同轴顶尖的中心线体现基准轴线；图 4-84b 所示为用 V 形块体现基准轴线。测量时，当被测零件绕基准轴线回转一周中，指示表不做轴向移动时，

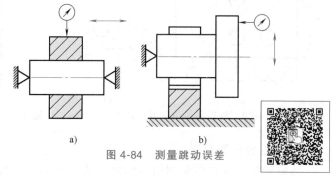

a)   b)

图 4-84 测量跳动误差

可测得径向圆跳动误差；若指示表在测量中做轴向移动时，可测得径向全跳动误差。指示表不做径向移动时，可测得端面的轴向圆跳动误差；若指示表在测量中做径向移动时，可测得端面的轴向全跳动误差。

5. 控制实效边界原则

控制实效边界原则就是检验被测实际要素是否超过实效边界，以判断零件合格与否。按包容要求或最大实体要求给出几何公差时，被测要素的实际轮廓不得超出最大实体实效边界，如图 4-85a 所示。一般采用量规检验，如图 4-85b 所示。

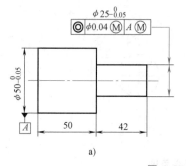

a)

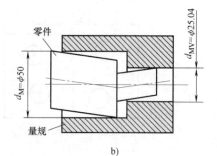

b)

图 4-85 控制实效边界原则的应用

4-1 判断题下列说法是否正确。

1) 几何公差的研究对象是零件的几何要素。

2) 基准要素是用来确定被测要素方向和位置的要素。

3) 平面度公差带与轴向全跳动公差带的形状是相同的。

4) 形状公差带的方向和位置都是浮动的。

5) 轴向全跳动公差和端面对轴线垂直度公差的作用完全一致。

6) 径向全跳动公差可以综合控制圆柱度误差和圆度误差。

7) 最大实体状态就是尺寸最大时的状态。

8) 独立原则是指零件无几何误差。

9) 最大实体要求之下关联要素的几何公差不能为零。

10) 某平面对基准平面的平行度误差为0.05mm，那么这平面的平面度误差一定不大于0.05mm。

11) 某圆柱面的圆柱度公差为0.03mm，那么该圆柱面对基准轴线的径向全跳动公差不小于0.03mm。

12) 对同一要素既有位置公差要求、又有形状公差要求时，形状公差值应大于位置公差值。

13) 线轮廓度公差带是指包络一系列直径为公差值 t 的圆的两包络线之间的区域，各圆圆心应位于理想轮廓线上。

14) 零件图样上规定 ϕd 实际轴线相对于 ϕD 基准轴线的同轴度公差为 $\phi 0.02$mm，这表明只要 ϕd 实际轴线上各点分别相对于 ϕD 基准轴线的距离不超过0.02mm，就能满足同轴度要求。

4-2 几何公差特征项目如何分类？其特征项目名称和符号是什么？

4-3 解释图4-86中各几何公差标注的含义（说明几何公差特征项目名称，被测要素，基准要素，公差带的形状、大小、方向和位置）

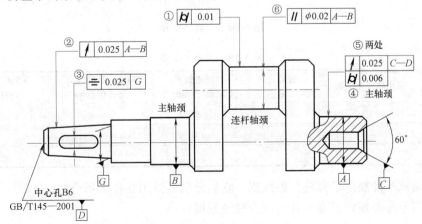

图 4-86 习题 4-3 图

4-4　对同一被测要素时，比较下列公差项目间的区别和联系。

1）圆度公差与圆柱度公差

2）圆度公差与径向圆跳动公差

3）直线度公差与平面度公差

4）平面度公差与轴向全跳动公差

5）垂直度公差与轴向全跳动公差

4-5　几何公差带由哪几个要素组成？形状公差带、轮廓公差带、方向公差带、位置公差带、跳动公差带的特点各是什么？

4-6　改正图4-87中几何公差标注的错误。

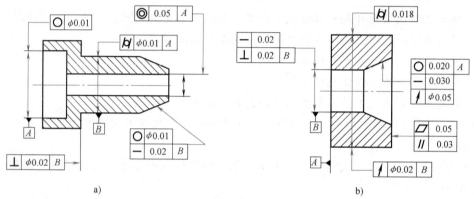

a)　　　　　　　　b)

图4-87　习题4-6图

4-7　根据图4-88所示公差要求填写表4-19。

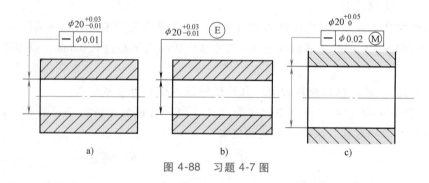

a)　　　　　　　b)　　　　　　　c)

图4-88　习题4-7图

表4-19　习题4-7表

图样序号	采用的公差原则	理想边界名称	理想边界尺寸/mm	MMC时的几何公差值/mm	LMC时的几何公差值/mm
a）					
b）					
c）					

4-8　国家标准规定了哪些公差原则？它们分别主要用在什么场合？

4-9　国家标准规定了哪些几何误差检测原则？

第 5 章

表面粗糙度与检测

> **教学导读**
>
> 　　机械零件的表面粗糙度对零件的使用性能有很大影响，也充分反映了机械产品的质量。为了保证机械产品的使用性能，应该正确选择表面粗糙度参数、正确标注，选定合理的参数评定方法。要求学生掌握的知识点为：表面粗糙度术语、表面粗糙度标注和表面粗糙度的选择，各种评定参数及其代号的表达，常用测量方法与计量仪器的工作原理。其中表面粗糙度术语、评定参数与表面粗糙度的选择是重点和难点，涉及计量仪器与图样表达等方面的运用能力。

5.1　表面粗糙度的概念及其作用

　　零件是由表面轮廓组成的。零件的表面轮廓是物体与周围介质区分的物理边界。这些表面轮廓根据零件需要有些需要加工，有些不需要加工，如图 5-1 所示。表面粗糙度是零件表面加工后形成的具有较小间距和峰谷组成的微观几何形状特性。表面粗糙度对机械零件的使用性能、可靠性和寿命有着直接影响。

　　我国对表面粗糙度标准进行了多次修订，本章以 GB/T 3505—2009《产品几何技术规范（GPS）表面结构　轮廓法　术语、定义及表面结构参数》、GB/T 1031—2009《产品几何技术规范（GPS）表面结构　轮廓法　表面粗糙度参数及其数值》、GB/T 131—2006《产品几何技术规范（GPS）技术产品文件中表面结构的表示法》等系列国家标准为基础介绍，此外还简要介绍国家标准 GB/T 3505—2009 与 GB/T 131—2009 的术语、定义的演变情况。

图 5-1　零件实物图

5.1.1　表面特征的意义

　　由于加工形成的实际表面一般处于非理想状态，根据其特征可以分为表面粗糙度

（roughness）、表面形状（primary profile）误差、表面波纹度（waviness）和表面缺陷。

通常，波距小于1mm的属于表面粗糙度；波距在1～10mm的属于表面波纹度；波距大于10mm的属于表面形状误差。显然，上述传统划分方法并不严谨。实际上表面形状误差、表面粗糙度以及表面波纹度之间，并没有确定的界线，它们通常与生成表面的加工工艺和零件的使用功能有关。近年来，国际标准化组织（ISO）加强了对表面滤波方法和技术的研究，对复合的表面特征采用软件或硬件滤波的方式，获得与使用功能相关联的表面特征评定参数。

表面粗糙度不但影响零件的耐磨性、强度、耐蚀性、配合性质的稳定性，而且还影响零件的密封性、外观和检测精度等。因此，在保证零件尺寸、形状和位置精度的同时，对表面粗糙度也必须进行控制。

5.1.2　表面粗糙度对零件使用性能的影响

1. 影响配合性质

对于间隙配合的零件，表面粗糙就容易磨损，使间隙很快增大，甚至破坏配合性质。特别是在小尺寸、高精度的情况下，表面粗糙度对配合性质的影响更大。对于过盈配合，表面粗糙会减小实际有效过盈，降低连接强度。

2. 影响零件的耐磨性

两个零件当它们接触并产生相对运动时，零件工作表面之间的摩擦会增加能量的耗损，因为需要克服起伏不平的表面峰谷之间的阻力。表面越粗糙，摩擦因数就越大，因摩擦而消耗的能量也就越大。同时，表面越粗糙，配合表面间的实际有效接触面积越小，单位压力越大，故更易磨损。

因此，减少零件表面的粗糙程度，可以减小摩擦因数，对工作机械可以提高传动效率，对动力机械可以减少摩擦损失，增加输出功。此外，还可以减少零件表面的磨损，延长机器的使用寿命。但是，表面过于光洁，会不利于润滑油的贮存，易使工作面间形成半干摩擦甚至干摩擦，反而使摩擦因数增大，从而加剧磨损。同时，由于配合表面过于光洁，还增加零件接触表面之间的吸附力，也会使摩擦因数增大，加速磨损。

3. 影响零件的耐蚀性

表面越粗糙，则积聚在零件表面上的腐蚀性气体或液体也越多，而且会通过表面的微观凹谷向零件表面层渗透，使腐蚀加剧。

4. 影响零件的疲劳强度

微观几何形状误差的轮廓谷是造成应力集中的因素。零件越粗糙，对应力集中越敏感，特别是当零件承受交变载荷时，由于应力集中的影响，使疲劳强度降低，导致零件表面产生裂纹而损坏。

5. 影响机器或仪器的工作精度

表面粗糙不平，摩擦因数大，磨损也大，不仅会降低机器或仪器零件运动的灵敏性，而且影响机器或仪器工作精度的保持。由于粗糙表面的实际有效接触面积小，在相同载荷下，接触表面的单位面积压力增大，使表面层的变形增大，即表面层的接触刚度变差，影响机器或仪器的工作精度。因此，零件表面粗糙程度越小，机器或仪器的工作精度越高。

5.1.3　表面波纹度对零件性能的影响

表面波纹度对零件性能的影响除部分与表面粗糙度相同外，还有其自身的特点，特别是对某些产品性能的影响尤为突出。

对于滚动轴承，其工作时产生振动的主要因素是表面波纹度。因为形状误差主要反映零件表面的低频分量，而这些低频分量对轴承振动的影响要远远小于高频分量。滚珠的表面波纹度会使钢球的单体振动值上升，从而使滚动轴承的整体振动和噪声增大。试验表明，滚动轴承的振动和噪声与零件的表面波纹度成正比，表面波纹度的大小直接影响滚动轴承的多项性能指标。将轴承滚道和滚动体的表面波纹度控制在一定范围内，对提高滚动轴承的精度和延长其使用寿命有着重要作用。

表面波纹度对机械接触式密封件的性能有着重要影响。随着表面波纹度幅值的增加，流体膜承受的载荷将明显增加，泄漏量也将迅速增加。从密封设计和使用要求看，对一个给定的工况，表面波纹度幅值有相应的最优值。

硬盘的表面波纹度已成为制约其读写速度的瓶颈。这是由于表面波纹度会引起工作过程中磁头和硬盘表面之间气隙的变动，尽管磁头有跟随功能，但当硬盘转速很高时，气隙的变动可能使磁头响应不及时，从而造成磁头与硬盘碰撞，导致信息丢失、设备损坏的严重后果。

另外，表面波纹度对光学介质表面的光散射具有不可忽视的影响。近年来的研究发现，当光学介质的表面粗糙度要求已提高到纳米水平时，反射率并无明显提高，其原因就是由于表面波纹度的影响。

5.2　表面粗糙度的评定

5.2.1　一般术语

1. 轮廓滤波器

将轮廓分成长波与短波成分的滤波器，包括 λs 轮廓滤波器、λc 轮廓滤波器、λf 轮廓滤波器三种，如图 5-2 所示。

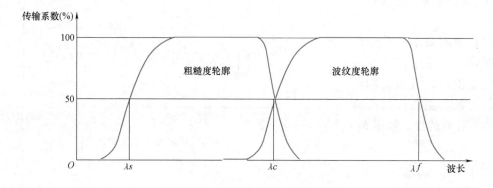

图 5-2　表面粗糙度与波纹度轮廓的传输特性

λs 轮廓滤波器是确定存在于表面上的粗糙度与比它更短的波的成分之间相交界限的滤波器。

λc 轮廓滤波器是确定粗糙度与波纹度之间相交界限的滤波器。

λf 轮廓滤波器是确定存在于表面上的波纹度与比它更长的波的成分之间相交界限的滤波器。

2. 轮廓

轮廓分为表面轮廓、原始轮廓、粗糙度轮廓与波纹度轮廓。

表面轮廓是指一个指定平面与实际表面相交所形成的轮廓。

原始轮廓是指通过 λs 轮廓滤波器后的总轮廓。

粗糙度轮廓是指对原始轮廓采用 λc 轮廓滤波器抑制长波成分以后形成的轮廓，是经过人为修正的轮廓。

波纹度轮廓是指对原始轮廓连续采用 λf 和 λc 两个轮廓滤波器以后形成的轮廓，采用 λf 轮廓滤波器抑制长波成分，而采用 λc 轮廓滤波器抑制短波成分，是经过人为修止的轮廓。

3. 取样长度 lr （sampling length）

在轮廓 x 轴方向判别轮廓不规则特征的长度。规定这段长度是为了限制和减弱其他几何形状误差，特别是表面波纹度对表面粗糙度测量结果的影响。取样长度应与被测表面的粗糙度相适应。表面越粗糙，取样长度应越大。

4. 评定长度 ln （evaluation length）

用于评定被评定轮廓的 x 轴方向上的长度，包含有一个或几个取样长度的长度。

5. 中线 （mean lines）

具有理想几何轮廓形状并划分轮廓的基准线。

用 λc 滤波器抑制长波成分后对应的中线称为粗糙度轮廓中线 （mean line for the roughness profile）。

用 λf 滤波器抑制长波成分后对应的中线称为波纹度轮廓中线 （mean line for the waviness profile）。

对原始轮廓进行最小二乘拟合，按标称形状所获得的中线称为原始轮廓中线 （mean line for the primary profile）。

中线有下列两种，即轮廓最小二乘中线、轮廓算术平均中线。

（1）轮廓最小二乘中线 轮廓最小二乘中线是在取样长度范围内，被测实际轮廓线上的各点至该线的距离平方和为最小的线，如图 5-3 所示。

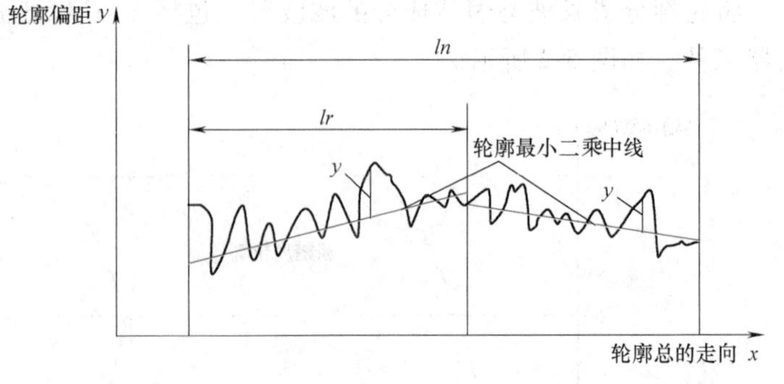

图 5-3 轮廓最小二乘中线

$$\int_0^{lr} y^2 \mathrm{d}x = \min$$

（2）轮廓算术平均中线 轮廓算术平均中线是在取样长度范围内，将实际轮廓划分为

上下两部分，且使上下面积相等的线，如图 5-4 所示，即

$$F_1 + F_2 + \cdots + F_n = G_1 + G_2 + \cdots + G_m$$

轮廓算术平均中线往往不是唯一的，在一组轮廓算术平均中线中只有一条与最小二乘中线重合。在实际评定和测量表面粗糙度时，使用图解法时可用轮廓算术平均中线代替最小二乘中线。

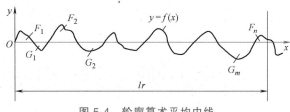

图 5-4　轮廓算术平均中线

5.2.2　几何参数

1. 轮廓峰（profile peak）

轮廓与轮廓中线相交，相邻两交点之间的轮廓外凸部分，如图 5-5 所示。

2. 轮廓谷（profile valley）

轮廓与轮廓中线相交，相邻两交点之间的轮廓内凹部分，如图 5-5 所示。

3. 轮廓单元（profile element）

轮廓峰与相邻轮廓谷的组合。

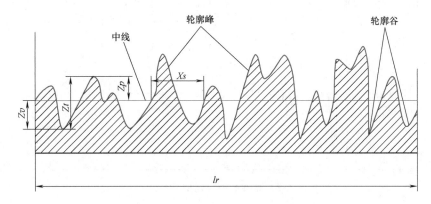

图 5-5　几何参数

4. 轮廓单元宽度 *Xs*（profile element width）

一个轮廓单元与 x 轴相交线段的长度，如图 5-5 所示。

5. 轮廓单元高度 *Zt*（profile element height）

一个轮廓单元的轮廓峰高与轮廓谷深之和，如图 5-5 所示。

6. 轮廓峰高 *Zp*（profile peak height）

轮廓峰的最高点到 x 轴线的距离，如图 5-5 所示。

7. 轮廓谷深 *Zv*（profile valley height）

轮廓谷的最低点到 x 轴线的距离，如图 5-5 所示。

5.2.3　表面轮廓参数

1. 轮廓的算术平均偏差 *Ra*（arithmetical mean deviation of the assessed profile）

它是在一个取样长度内，纵坐标 $Z(x)$ 绝对值的算术平均值，记为 Ra，如图 5-6 所示。

$$Ra = \frac{1}{lr} \int_0^{lr} |Z(x)| \, dx$$

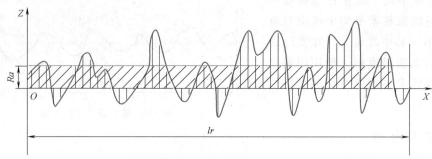

图 5-6　轮廓的算术平均偏差 Ra

2. 轮廓的最大高度 Rz（maximum height of profile）

它是在一个取样长度内，最大轮廓峰高 Zp 与最大轮廓谷深 Zv 之和，记为 Rz，如图 5-7 所示，即

$$Rz = Zp + Zv = \max\{Zp_i\} + \max\{Zv_i\}$$

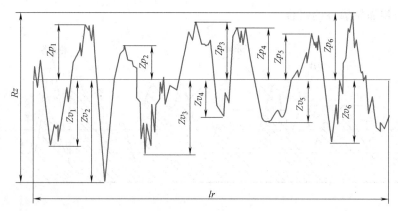

图 5-7　轮廓的最大高度 Rz

3. 轮廓单元的平均宽度 Rsm（mean width of the profile elements）

它是在一个取样长度内，轮廓单元宽度的平均值，如图 5-8 所示，即

$$Rsm = \frac{1}{m} \sum_{i=1}^{m} Xs_i$$

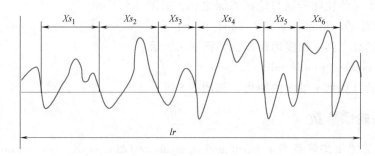

图 5-8　轮廓单元的平均宽度 Rsm

4. 轮廓支承长度率 Rmr(c) （material ratio of the profile）

它是在给定水平截面高度 c 上，轮廓的实体材料长度 $Ml(c)$ 与评定长度 ln 的比率，即

$$Rmr(c) = \frac{Ml(c)}{ln}$$

$Rmr(c)$ 与表面轮廓形状有关，是反映表面耐磨性能的指标。如图 5-9 所示，在给定水平位置时，图 5-9 所示表面比 5-9b 所示表面的实体材料长度大，所以，图 5-9a 所示的表面耐磨。

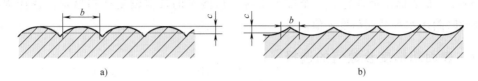

图 5-9　表面的不同形状

5.3　零件表面粗糙度的选择

表面粗糙度的选择主要包括评定参数及其参数值的选择两个内容。

5.3.1　评定参数的选择

评定参数的选择主要从使用功能要求、检测的方便性及仪器设备条件等因素综合考虑选择。

1. 幅度参数的选择

表面粗糙度幅度参数选择的原则：确定表面粗糙度时在幅度参数（Ra、Rz）中选择一个，优先选择 Ra。

在评定表面粗糙度参数中，在幅度参数常用的参数值范围内（Ra 为 $0.025\sim6.3\mu m$，Rz 为 $0.1\sim25\mu m$），应优先选用 Ra。因为它是最完整、最全面地表征了零件表面的轮廓特征，通常采用电动轮廓仪测量零件表面的 Ra，电动轮廓仪的测量范围为 $0.02\sim8\mu m$。Rz 是反映最大高度的参数，通常用光学仪器测量 Rz，其测量范围为 $0.1\sim60\mu m$。它只反映了峰顶和谷底的几个点，反映出的表面信息有局限性，不如 Ra 全面。当表面要求耐磨性时，采用 Ra 较为合适。

对疲劳强度来说，表面只要有较深的痕迹，就容易产生疲劳裂纹而导致损坏，因此，这种情况采用 Rz 为好。另外，在仪表、轴承行业中，由于某些零件很小，难以取得一个规定的取样长度，用 Ra 有困难，采用 Rz 则具有实用意义。

2. 附加评定参数 Rsm 与 Rmr(c) 的选择

1）由于幅度参数为主要评定参数，而轮廓单元的平均宽度参数等为附加参数，所以，零件所有表面都应选择幅度参数，只有少数零件的重要表面，有特殊使用要求时，才附加选择轮廓单元的平均宽度参数等附加参数。

零件的表面粗糙度对表面的可漆性影响较大，如汽车外形薄钢板，除去控制高度参数 Ra（$0.9\sim1.3\mu m$）外，还需进一步控制轮廓单元的平均宽度 Rsm（$0.13\sim0.23mm$）；又如，

为了使电动机定子硅钢片的功率损失最少，应使其 Ra 为 $1.5 \sim 3.2 \mu m$，Rsm 约为 $0.17mm$；再如冲压钢板时，尤其是深冲时，为了使钢板和冲模之间有良好的润滑，避免冲压时引起裂纹，除了控制 Ra 外，还要控制轮廓单元的平均宽度参数。另外，受交变载荷作用的应力界面除用 Ra 外也还要用 Rsm。

2）由于 $Rmr(c)$ 能直观反映实际接触面积的大小，综合反映了峰高和间距的影响，而摩擦、磨损、接触变形都与实际接触面积有关，故此时适宜选用参数 $Rmr(c)$。至于在多大 $Rmr(c)$ 之下确定水平截面高度 c 值，要经过研究确定。

$Rmr(c)$ 是表面耐磨性能的一个度量指标，但测量的仪器较复杂和昂贵。选择 $Rmr(c)$ 时必须同时给出水平截面高度 c 值。

5.3.2　表面粗糙度参数值的选择

表面粗糙度参数值选择的一般原则：在满足功能要求的前提下，尽量选用较大的表面粗糙度参数值，以便于加工，降低生产成本，获得较好的经济效益。表面粗糙度参数值选择通常采用类比法。

1. 选择具体要求

选择时主要考虑以下要求再做适当调整。

1）同一零件上，工作表面的粗糙度应比非工作表面要求严、$Rmr(c)$ 值应大。

2）对于摩擦表面，速度越高，单位面积压力越大，则表面粗糙度值应越小，尤其是对滚动摩擦表面应更小。

3）受交变载荷时，特别是零件圆角、沟槽处要求应严。

4）配合性质要求稳定可靠时，表面的粗糙度要求须严。

5）确定零件配合表面的粗糙度时，应与其尺寸公差相协调。通常，尺寸、几何公差值小，表面粗糙度 Ra 值或 Rz 值也要小；尺寸公差等级相同时，轴比与其配合孔的表面粗糙度数值要小。

此外，还应考虑其他一些特殊因素和要求。凡有关标准已对表面粗糙度做出规定的标准件或常用典型零件，均应按相应的标准确定其表面粗糙度参数值。

2. 国家标准推荐数值

国家标准推荐 Ra、Rz、Rsm 以及 $Rmr(c)$ 的参数值见表5-1~表5-4，具体参数值选择时优先选择推荐数值。

选用 $Rmr(c)$ 时必须同时给出水平截面高度 c 值。它可用 μm 或 Rz 的百分数表示。Rz 的百分数系列如下：5%、10%、15%、20%、25%、30%、40%、50%、60%、70%、80%、90%。

相应的取样长度国家标准规定数值见表5-5~表5-7。取样长度的数值按照表5-5中给出的系列数值选取。

注意：一般情况下，在测量 Ra、Rz 时，推荐按表5-6和表5-7选择对应的取样长度，此时取样长度值的标注在图样上和技术文件中可省略，在本教材中采用"默认"表示。

表面粗糙度参数值与加工方法及应用举例见表5-8，供设计者参考。

表 5-1　*Ra* 的参数值（摘自 GB/T 1031—2009）　　　　　　（单位：μm）

0.012		0.2		3.2		50	
0.025		0.4		6.3		100	
0.05		0.8		12.5			
0.1		1.6		25			

表 5-2　*Rz* 的参数值（摘自 GB/T 1031—2009）　　　　　　（单位：μm）

0.025	0.4	6.3	100	1600
0.05	0.8	12.5	200	
0.1	1.6	25	400	
0.2	3.2	50	800	

表 5-3　*Rsm* 的参数值（摘自 GB/T 1031—2009）　　　　　　（单位：mm）

0.006	0.05	0.4	3.2
0.0125	0.1	0.8	6.3
0.025	0.2	1.6	12.5

表 5-4　*Rmr*(*c*) 的参数值（%）（摘自 GB/T 1031—2009）

10	25	50	80
15	30	60	90
20	40	70	

表 5-5　取样长度（*lr*）的数值　　　　　　（单位：mm）

lr	0.08	0.25	0.8	2.5	8	25

表 5-6　*Ra* 参数值与取样长度 *lr* 值的对应关系

$Ra/\mu m$	lr/mm	$ln/mm(ln = 5×lr)$
≥0.008~0.02	0.08	0.4
>0.02~0.1	0.25	1.25
>0.1~2.0	0.8	4.0
>2.0~10.0	2.5	12.5
>10.0~80.0	8.0	40.0

表 5-7　*Rz* 参数值与取样长度 *lr* 值的对应关系

$Rz/\mu m$	lr/mm	$ln/mm(ln = 5×lr)$
≥0.025~0.10	0.08	0.4
>0.10~0.50	0.25	1.25
>0.50~10.0	0.8	4.0
>10.0~50.0	2.5	12.5
>50~320	8.0	40.0

表 5-8 表面粗糙度参数值与加工方法及应用举例

$Ra/\mu m$	$Rz/\mu m$	加工方法	应用举例
≤80	≤320	粗车、粗刨、粗铣、钻、毛锉、锯断	粗糙工作面，一般很少用
≤20	≤80		粗加工表面，如轴端面、倒角、螺钉和铆钉孔表面、齿轮及带轮侧面、键槽底面、焊接前焊缝表面
≤10	≤40	车、刨、铣、镗、钻、粗铰	轴上不安装轴承、齿轮处的非配合表面，筋间的自由装配表面，轴和孔的退刀槽等
≤5	≤20	车、刨、铣、镗、磨、拉、粗刮、滚压	半精加工表面，箱体、支架、套筒等和其他零件结合而无配合要求的表面，需要发蓝的表面，机床主轴的非工作表面
≤2.5	≤10	车、刨、铣、镗、磨、拉、刮、滚压、铣齿	接近于精加工表面，衬套、轴承、定位销的压入孔表面，中等精度齿轮齿面，低速传动的轴颈、电镀前金属表面等
≤1.25	≤6.3	车、镗、磨、拉、刮、精铰、滚压、磨齿	圆柱销、圆锥销，与滚动轴承配合的表面，卧式车床导轨面，内、外花键定心表面、中速转轴轴颈等
≤0.63	≤3.2	精镗、磨、刮、精铰、滚压	要求配合性质稳定的配合表面，较高精度车床的导轨面，高速工作的轴颈及衬套工作表面
≤0.32	≤1.6	精磨、珩磨、研磨、超精加工	精密机床主轴锥孔，顶尖锥孔，发动机曲轴表面，高精度齿轮齿面，凸轮轴表面等
≤0.16	≤0.8	精磨、研磨、普通抛光	活塞表面，仪器导轨表面，液压阀的工作面，精密滚动轴承的滚道
≤0.08	≤0.4	超精磨、精抛光、镜面磨削	精密机床主轴颈表面，量规工作面，测量仪器的摩擦面，滚动轴承的滚珠表面
≤0.04	≤0.2		特别精密或高速滚动轴承的滚道、滚珠表面，测量仪器中的中等精度配合表面，保证高度气密的结合表面
≤0.02	≤0.1	镜面磨削、超精研	精密仪器的测量面，仪器中的高精度配合表面，大于100mm 的量规工作表面等
≤0.01	≤0.05		高精度量仪、量块的工作表面，光学仪器中的金属镜面，高精度坐标镗床中的镜面尺等

5.4 表面粗糙度的标注

5.4.1 表面粗糙度符号与代号

1. 表面粗糙度符号
表面粗糙度符号及含义见表 5-9。

2. 表面粗糙度代号
表面粗糙度的各项参数及补充要求的注写位置，如图 5-10 所示。

表 5-9 表面粗糙度符号及含义

符　　号	含　　义
∨ (√)	表示表面用去除材料的方法获得,如车、铣、钻、镗、磨、剪切、抛光、腐蚀、电火花加工、气割等。如不加注粗糙度参数值,仅要求去除材料
∨	表示表面可用任意方法获得。当不加注粗糙度参数值或有关说明时,仅适用于简化代号标注
∨○	表示表面用不去除材料的方法获得,如铸、锻、冲压、热轧、冷轧、粉末冶金等或者是用于保持原供应状况或保持上道工序状况
∨ ∨ ∨○	在上述三个符号的长边上均可加一横线,用于标注有关参数和说明
∨ ∨ ∨○	在上述三个符号上均可加一小圆,表示所有表面具有相同的粗糙度要求

位置 a：标注表面粗糙度参数代号、极限值和传输带或取样长度。

位置 a 和 b：注写两个或多个表面粗糙度要求。

位置 c：注写加工方法、涂层或其他加工工艺要求等。

位置 d。注写表面纹理和纹理方向,如 " = "、"X"、"R" 等符号（见表 5-10）。

位置 e。注写加工余量,以 mm 为单位给出数值。

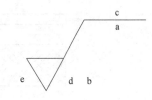

图 5-10　表面粗糙度的各项参数及补充要求的注写位置

5.4.2　表面粗糙度的标注方法

总的原则是使表面粗糙度的注写和读取方向一致,如图5-11所示。

对表面粗糙度的要求可标注在轮廓线上,其符号应从材料外指向并接触表面,必要时,表面粗糙度符号也可用带箭头或黑点的指引线引出标注,如图 5-11 和图 5-12 所示。

5.4.3　表面粗糙度的标注示例

1. 图样标注示例

表面粗糙度可标注在几何公差框格的上方,如图 5-13 所示。

在不致引起误解时,表面粗糙度也可以标注在给定的尺寸线上,如图 5-14 所示。

表 5-10　表面纹理符号及说明

符　号	示　意　图	说　明
=		纹理平行于视图所在的投影面
⊥		纹理垂直于视图所在的投影面
P		纹理呈微粒、凸起,无方向
X		纹理呈两斜向交叉且与视图所在投影面相交
C		纹理呈近似同心圆且圆心与表面中心相关
R		纹理呈近似放射状且与表面圆心相关

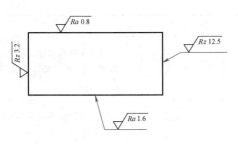

图 5-11　表面粗糙度的注写方向

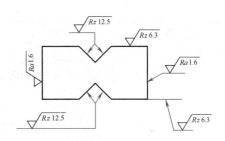

图 5-12　表面粗糙度的标注

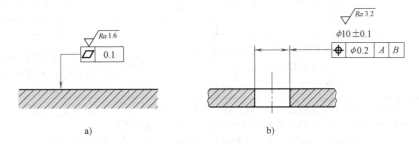

a)　　　　　　　　　　　　b)

图 5-13　表面粗糙度标注在几何公差框格的上方

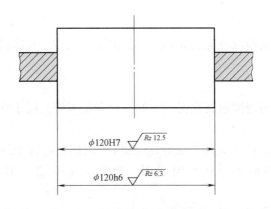

图 5-14　表面粗糙度标注在尺寸线上

2. 表面粗糙度参数标注示例

常用表面粗糙度参数标注见表 5-11。

表 5-11　常用表面粗糙度参数标注

代　号	含　义	代　号	含　义
$Rz\ 0.4$	用不去除材料方法获得的表面粗糙度，Rz 单向上限值为 $0.4\mu m$	$Rz\ 0.2$	用去除材料方法获得的表面粗糙度，Rz 单向上限值为 $0.2\mu m$

（续）

代　号	含　义	代　号	含　义
$\sqrt{}$ $Ra\ 3.2$	用去除材料方法获得的表面粗糙度，Ra 单向上限值为 3.2μm	$\sqrt{}$ $Rz\ max\ 0.2$	用去除材料方法获得的表面粗糙度，Rz 最大值为 0.2μm
$\sqrt{}$ U $Ra\ 3.2$ L $Ra\ 0.8$	用不去除材料方法获得的表面粗糙度，Ra 上限为 3.2μm，Ra 下限值 0.8μm	$\sqrt{}$ $Ra\ max\ 3.2$	用去除材料方法获得的表面粗糙度，Ra 最大值为 3.2μm
$\sqrt{}$ $Ra\ 3.2$	用任何方法获得的表面粗糙度，Ra 单向上限值为 3.2μm	$\sqrt{}$ U $Ra\ max\ 3.2$ L $Ra\ 0.8$	用不去除材料方法获得的表面粗糙度，Ra 最大值为 3.2μm，Ra 下限值 0.8μm
$\sqrt{}$ $Rz\ max\ 0.4$	用不去除材料方法获得的表面粗糙度，Rz 最大值为 0.4μm	$\sqrt{}$ $Ra\ max\ 3.2$	用任何方法获得的表面粗糙度，Ra 最大值为 3.2μm

注：1. 当表面粗糙度参数的所有实测值中超过规定值的个数少于总数的 16% 时，应标注"上限值"或"下限值"；当表面粗糙度参数的所有实测值不得超过规定值时，应标注"最大值"。

2. U、L 表示表面粗糙度值双向限制，U 代表粗糙度上限值要求，L 代表粗糙度下限值要求。

5.5　表面粗糙度的检测

常用的表面粗糙度的检测方法有光切法、针描法、比较法及印模法等。

5.5.1　光切法

光切法是应用光切原理测量表面粗糙度的一种测量方法，属于间接测量法，测量结果需要计算后得出。

常用仪器是光切显微镜（又称为双管显微镜）。该仪器适宜于测量用车、铣、刨等加工方法所加工的金属零件的平面或外圆表面。光切法主要用于测量 Rz 值，测量范围为 $0.8 \sim 80\mu m$。

光切法测量原理可用图 5-15a 来说明。在图 5-15a 中，P_1、P_2 阶梯面表示被测表面，其阶梯高度为 h。A 为一扁平光束，当它从 45° 方向投射在阶梯表面上时，就被折割成 S_1 和 S_2 两段，经 B 方向反射后，就可在显微镜内看到 S_1 和 S_2 两段光带的放大像 S_1'' 和 S_2''；同样，S_1 和 S_2 之间的距离 h 也被放大为 S_1'' 和 S_2'' 之间的距离 h''。只要用测微目镜测出 h'' 值，就可以根据放大关系算出 h 值。图 5-15b 所示为光切显微镜的光学系统。

显微镜有照明管和观察管，两管轴线互成 90°。在照明管中，光源 1 的光通过聚光镜 2、窄缝 3 和透镜 5，以 45° 方向投射在工件表面 4 上，形成一狭细光带。光带边缘的形状，即为光束与工件表面相交的曲线，也就是工件在 45° 截面上的表面形状。此曲线的波峰在点 S_1 反射，波谷在点 S_2 反射，通过观察管的透镜 5，分别成像在分划板 6 上的点 S_1'' 和点 S_2''，h'' 是峰、谷影像的高度差。

测量笨重零件及内表面（如孔、槽等表面）的粗糙度时，可用石蜡、低熔点合金或其

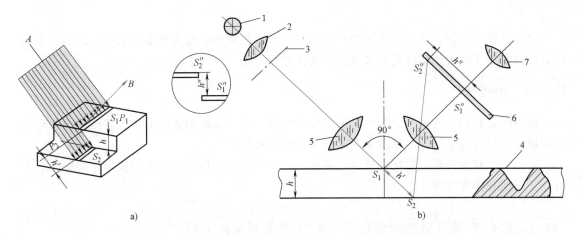

图 5-15　光切法测量原理与光切显微镜的光学系统

1—光源　2—聚光镜　3—窄缝　4—工件表面　5—透镜　6—分划板　7—目镜

他印模材料压印在被检测表面上，取得被检测表面的复制模型，放在光切显微镜上间接地测量被检测表面的粗糙度。

用光切显微镜可测量车、铣、刨或其他类似方法加工的金属零件的表面，但不便于检测用磨削或抛光等方法加工的零件表面。

5.5.2　针描法

针描法是利用仪器的触针在被测表面上移动，被测表面的微观不平使触针做垂直方向的位移，再通过传感器将位移量变成电量，经信号放大后送入计算机，在显示器上读出表面粗糙度 Ra 值及其他参数的一种测量方法。常用仪器是电动轮廓仪。该仪器可直接显示 Ra 值，适宜测量 Ra 范围为 $0.02 \sim 8\mu m$。

电动轮廓仪的缺点是：受触针圆弧半径（可小到 $1 \sim 2mm$）的限制，难以探测到表面实际轮廓的谷底，影响测量精度，且被测表面可能被触针划伤。

这类仪器的优点如下。

1）可以直接测量某些难以测量的零件表面（如孔、槽等）的粗糙度。

2）可以直接测出算术平均偏差 Ra 等评定参数。

3）可以给出被测表面的轮廓图形。

4）使用简便，测量效率高。

正是这个原因，使这种仪器在工业生产中得到了广泛的应用。

5.5.3　比较法

比较法是将被测表面与标有一定评定参数值的表面粗糙度样板直接进行比较，从而估计出被测表面粗糙度的一种测量方法。

比较时，可用肉眼或用手摸感觉判断，还可以借助放大镜或比较显微镜判断；另外，选择样板时，样板的材料、表面形状、加工方法、加工纹理方向等应尽可能与被测表面一致。

表面粗糙度样板的材料、形状及制造工艺应尽可能与工件相同，否则往往会产生较大的误差。在生产实际中，也可直接从工件中挑选样品，用仪器测定粗糙度参数值后作为样板使用。

比较法使用简便，适宜于车间检验，但其判断的准确性在很大程度上取决于检验人员的经验，故常用于对表面粗糙度要求较低的表面进行评定。

5.5.4　印模法

印模法是利用一些无流动性和弹性的塑性材料，贴合在被测表面上，将被测表面的轮廓复制成模，然后测量印模，从而来评定被测表面的粗糙度。

它适用于对某些既不能使用仪器直接测量，也不便于用样板相对比的表面，如深孔、不通孔、凹槽、内螺纹等。

知识拓展：表面粗糙度的演变与表面粗糙度测量仪

1. 表面粗糙度基本术语与参数符号的演变

表面粗糙度标准经多次演变，现行标准为 2009 版。表面粗糙度基本术语与参数符号对照见表 5-12。

表 5-12　表面粗糙度基本术语与参数符号对照

基 本 术 语	2009 版	2000 版	1983 版
取样长度	lr	lr	l
评定长度	ln	ln	ln
纵坐标值	$Z(x)$	$Z(x)$	y
轮廓峰高	Zp	Zp	yp
轮廓谷深	Zv	Zv	y_v
轮廓单元高度	Zt		
轮廓单元宽度	Xs		
轮廓的最大高度	Rz	Rz	Ry
轮廓的算术平均偏差	Ra	Ra	Ra
轮廓单元的平均宽度	Rsm	Rsm	Sm
轮廓支承长度率	$Rmr(c)$	$Rmr(c)$	
十点高度			Rz
轮廓单元的平均高度	Rc	Rc	Rc
相对支承长度率	Rmr		t_p

2. GB/T 131 的演变

表面结构的表示法在图形标注方面都进行了变更，见表 5-13。

3. 表面粗糙度测量仪简介

表面粗糙度测量仪是专门测量机械零件表面结构参数的仪器，一般由标准传感器、测量主机、驱动器、标准样板等部分组成，如图 5-16 所示。它适用于生产现场、实验室、计量室。这类仪器的特点是：实现多参数测量、测量精密、效率高、使用方便。

表 5-13 图形标注对照

序号	1983 版	1993 版	2006 版	说明主要问题的示例
1	1.6 ▽	1.6 ▽ 　 1.6 ▽	√ Ra 1.6	Ra 只采用"16%规则"
2	R_y 3.2 ▽	R_y 3.2 ▽ 　 R_y 3.2 ▽	√ Rz 1.6	除了 Ra"16%规则"的参数
3		1.6 max ▽	√ Ra max 1.6	最大规则
4	1.6 / 0.8 ▽	1.6 / 0.8 ▽	√ −0.8/Ra 1.6	Ra 加取样长度
5			√ 0.025−0.8/Ra 1.6	传输带
6	R_y 3.2 / 0.8 ▽	R_y 3.2 / 0.8 ▽	√ −0.8/Rz 3.2	除 Ra 外其他参数及取样长度
7	R_y 1.6 6.3 ▽	R_y 1.6 6.3 ▽	√ Ra 1.6 Rz 6.3	Ra 及其他参数
8		3.2 / R_y ▽	√ Rz3 3.2	评定长度中的取样长度个数默认为 5 个，如果不是须将具体个数标出
9			√ L Ra 1.6	下限值
10	3.2 1.6 ▽	3.2 1.6 ▽	√ U Ra 3.2 L Ra 1.6	上、下限值

注：新的 Rz 为原 R_y 的定义，原 R_y 符号不再使用。

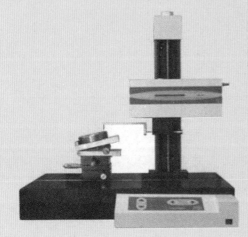

图 5-16 粗糙度测量仪

习 题 五

5-1 表面粗糙度影响零件哪些使用性能？

5-2 表面粗糙度检测方法有哪几种？

5-3 为何规定评定长度？取样长度和评定长度两者有何关系？

5-4 评定表面粗糙度的主要幅度参数有哪些？分别论述其含义及其代号？

5-5 将下列要求标注在图 5-17 上。

1）直径为 $\phi 92_{-0.054}^{0}$ mm 的齿轮齿顶圆表面粗糙度 Ra 的允许值为 3.2μm。

2）左端面的表面粗糙度 Ra 的允许值为 1.6μm。

3）直径为 $\phi 92_{-0.054}^{0}$ mm 的右端面的表面粗糙度 Ra 的允许值为 1.6μm。

4）内孔 $\phi 35_{0}^{+0.025}$ mm 表面粗糙度 Ra 的允许值为 0.8μm。

5）齿轮工作面的表面粗糙度 Ra 的上限值为 0.8μm。

6）直径为 $\phi 92_{-0.054}^{0}$ mm 的左端面的表面粗糙度 Ra 的允许值为 6.3μm。

7）键槽处配合面粗糙度 Ra 允许值为 3.2μm、非配合面粗糙度 Ra 的允许值为 12.5μm。

8）其余各面为不去除材料方法获得表面，表面粗糙度 Ra 上限值为 25μm。

5-6 试用比较法确定轴 $\phi 80h5$ 和孔 $\phi 80H6$ 的表面粗糙度 Ra 的上限值。

5-7 针对 $\phi 50H7/d6$ 与 $\phi 50H7/h6$ 如何选用表面粗糙度参数值？为什么？

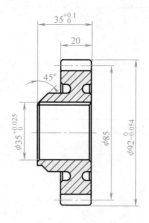

图 5-17 习题 5-5 图

第 6 章

光滑工件尺寸的检验与
光滑极限量规设计

教学导读

　　为了使工件符合规定的精度要求，关键是确定合适的质量验收标准及正确选用计量器具。本章主要介绍《产品几何技术规范（GPS） 光滑工件尺寸的检验》和《光滑极限量规 技术条件》两个国家标准。要求学生掌握的知识点为：误收、误废、安全裕度、验收极限、光滑极限量规等概念，光滑极限量规的设计方法，计量仪器的不确定度。其中验收极限确定、光滑极限量规的设计依据与量规公差带的计算是重点和难点。

　　尺寸检验是机械加工中的基本工序，特别是生产批量大且尺寸要求较严格的机械零部件，高效检验是关键。"极限与配合"制度的建立，给互换性生产创造了条件。但是，为了使零件符合图样规定的精度要求，除了要保证加工零件所用的设备和工艺装备具有足够的精度和稳定性外，质量检验也是十分重要的问题，而质量检验的关键是确定合适的质量验收标准及正确选用计量器具。为此，我国制定了 GB/T 3177—2009《产品几何技术规范（GPS） 光滑工件尺寸的检验》和 GB/T 1957—2006《光滑极限量规 技术条件》两个国家标准，本章主要介绍这两个标准。

6.1　光滑工件尺寸的检验

　　加工完成的工件其局部提取尺寸应位于上、下极限尺寸之间，包括局部提取尺寸正好等于上或下极限尺寸，都应该认为是合格的。但由于测量误差的存在，局部提取尺寸并非工件尺寸的真值，特别是局部提取尺寸在极限尺寸附近时，加上形状误差的影响极易造成错误判断。因此，为了保证测量精度，如何处理测量结果以及如何正确地选择计量器具，国家标准 GB/T 3177—2009《产品几何技术规范（GPS） 光滑工件尺寸的检验》对此做了相应规定。本节主要讨论关于验收原则、验收极限和安全裕度的确定问题。

6.1.1　验收原则、验收极限与安全裕度

1. 验收原则

所用验收方法应只接收位于规定极限尺寸以内的工件。

把不合格的工件判为合格品称为"误收"；而把合格的工件判为废品称为"误废"。因

此，如果只根据测量结果是否超出图样给定的极限尺寸来判断其合格性，有可能会造成误收或误废。为防止受测量误差的影响而使工件的局部提取尺寸超出两个极限尺寸范围，必须规定验收极限。

2. 验收极限及其确定方式

验收极限是判断所检验工件尺寸合格与否的尺寸界限。

国家标准中规定了两种验收极限的确定方式。

（1）采用内缩方案确定验收极限　验收极限是从规定的最大实体尺寸（MMS）和最小实体尺寸（LMS）分别向工件公差带内移动一个安全裕度 A 来确定，如图6-1所示。

孔尺寸的验收极限为

$$上验收极限 = 最小实体尺寸(LMS) - 安全裕度 A$$
$$下验收极限 = 最大实体尺寸(MMS) + 安全裕度 A$$

轴尺寸的验收极限为

$$上验收极限 = 最大实体尺寸(MMS) - 安全裕度 A$$
$$下验收极限 = 最小实体尺寸(LMS) + 安全裕度 A$$

按内缩方案验收工件，并合理的选择内缩的安全裕度 A，将会没有或很少有误收，并能将误废量控制在所要求的范围内。

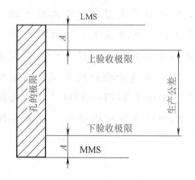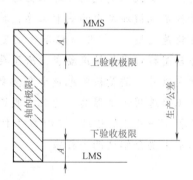

图 6-1　验收极限

（2）采用不内缩方案确定验收极限　验收极限等于规定的最大实体尺寸（MMS）和最小实体尺寸（LMS），即安全裕度 $A = 0$。此方案使误收和误废都有可能发生。

按照 GB/T 3177—2009 确定的验收原则对位于规定的极限尺寸之外的工件应拒收，为此需要根据被测工件的精度高低和相应的极限尺寸，确定其安全裕度 A 和验收极限。

生产上，要按去掉安全裕度 A 的公差加工工件。一般称去掉安全裕度 A 的工件公差为生产公差，它小于工件公差。

3. 安全裕度 A 的确定

确定安全裕度 A 应综合考虑技术和经济两方面因素。

A 较大时，虽可用较低精度的计量器具进行检验，但减少了生产公差，故加工经济性较差；A 较小时，加工经济性较好，但要使用精度高的计量器具，故计量器具成本高，所以也提高了生产成本。因此，确定安全裕度 A 应按被检验工件的公差大小来确定，一般为工件公差的 1/10。

国家标准对 A 有明确的规定，见表 6-1。

表 6-1　安全裕度 A 与计量器具的不确定度允许值 u_1　　　（单位：μm）

公差等级 6、7、8、9、10（每一等级列出 T、A 及 u_1 的 I、II、III 档）

公称尺寸/mm 大于	至	6 T	6 A	6 I	6 II	6 III	7 T	7 A	7 I	7 II	7 III	8 T	8 A	8 I	8 II	8 III	9 T	9 A	9 I	9 II	9 III	10 T	10 A	10 I	10 II	10 III
—	3	6	0.6	0.54	0.9	1.4	10	1.0	0.9	1.5	2.3	14	1.4	1.3	2.1	3.2	25	2.5	2.3	3.8	5.6	40	4	3.6	6.0	9.0
3	6	8	0.8	0.72	1.2	1.8	12	1.2	1.1	1.8	2.7	18	1.8	1.6	2.7	4.1	30	3.0	2.7	4.5	6.8	48	4.8	4.3	7.2	11
6	10	9	0.9	0.81	1.4	2.0	15	1.5	1.4	2.3	3.4	22	2.2	2.0	3.3	5.0	36	3.6	3.3	5.4	8.1	58	5.8	5.2	8.7	13
10	18	11	1.1	1.0	1.7	2.5	18	1.8	1.7	2.7	4.1	27	2.7	2.4	4.1	6.1	43	4.3	3.9	6.5	9.7	70	7.0	6.3	11	16
18	30	13	1.3	1.2	2.0	2.9	21	2.1	1.9	3.2	4.7	33	3.3	3.0	5.0	7.4	52	5.2	4.7	7.8	12	84	8.4	7.6	13	19
30	50	16	1.6	1.4	2.4	3.6	25	2.5	2.3	3.8	5.6	39	3.9	3.5	5.9	8.8	62	6.2	5.6	9.3	14	100	10	9.0	15	23
50	80	19	1.9	1.7	2.9	4.3	30	3.0	2.7	4.6	6.8	46	4.6	4.1	6.9	10	74	7.4	6.7	11	17	120	12	11	18	27
80	120	22	2.2	2.0	3.3	5.0	35	3.5	3.2	5.3	7.9	54	5.4	4.9	8.1	12	87	8.7	7.8	13	20	140	14	13	21	32
120	180	25	2.5	2.3	3.8	5.6	40	4.0	3.6	6.0	9.0	63	6.3	5.7	9.5	14	100	10	9.0	15	23	160	16	15	24	36
180	250	29	2.9	2.6	4.4	6.5	46	4.6	4.1	6.9	10	72	7.2	6.5	11	16	115	12	10	17	26	185	18	17	28	42
250	315	32	3.2	2.9	4.8	7.2	52	5.2	4.7	7.8	12	81	8.1	7.3	12	18	130	13	12	19	29	210	21	19	32	47
315	400	36	3.6	3.2	5.4	8.1	57	5.7	5.1	8.4	13	89	8.9	8.0	13	20	140	14	13	21	32	230	23	21	35	52
400	500	40	4.0	3.6	6.0	9.0	63	6.3	5.7	9.5	14	97	9.7	8.7	15	22	155	16	14	23	35	250	25	23	38	56

公差等级 11、12、13、14、15、16（每一等级列出 T、A 及 u_1 的 I、II、III 档）

公称尺寸/mm 大于	至	11 T	11 A	11 I	11 II	11 III	12 T	12 A	12 I	12 II	12 III	13 T	13 A	13 I	13 II	13 III	14 T	14 A	14 I	14 II	14 III	15 T	15 A	15 I	15 II	15 III	16 T	16 A	16 I	16 II	16 III
—	3	60	6.0	5.4	9.0	14	100	10	9.0	15	23	140	14	13	21	32	250	25	23	38	56	400	40	36	60	90	600	60	54	90	140
3	6	75	7.5	6.8	11	17	120	12	11	18	27	180	18	16	27	41	300	30	27	45	68	480	48	43	72	110	750	75	68	110	170
6	10	90	9.0	8.1	14	20	150	15	14	23	34	220	22	20	33	50	360	36	32	54	81	580	58	52	87	130	900	90	81	140	200
10	18	110	11	10	17	25	180	18	16	27	41	270	27	24	41	61	430	43	39	65	97	700	70	63	110	160	1100	110	99	170	250
18	30	130	13	12	20	29	210	21	19	32	47	330	33	30	50	74	520	52	47	78	120	840	84	76	130	190	1300	130	120	200	290
30	50	160	16	14	24	36	250	25	23	38	56	390	39	35	59	88	620	62	56	93	140	1000	100	90	150	230	1600	160	140	240	360
50	80	190	19	17	29	43	300	30	27	45	68	460	46	41	69	100	740	74	67	110	170	1200	120	110	180	270	1900	190	170	290	430
80	120	220	22	20	33	50	350	35	32	53	79	540	54	49	81	120	870	87	78	130	200	1400	140	130	210	320	2200	220	200	330	500
120	180	250	25	23	38	56	400	40	36	60	90	630	63	57	95	140	1000	100	90	150	230	1600	160	140	240	360	2500	250	230	380	560
180	250	290	29	26	44	65	460	46	41	69	100	720	72	65	110	160	1150	115	100	170	260	1850	185	170	280	420	2900	290	260	440	650
250	315	320	32	29	48	72	520	52	47	78	120	810	81	73	120	180	1300	130	120	200	290	2100	210	190	320	480	3200	320	290	480	720
315	400	360	36	32	54	81	570	57	51	86	130	890	89	80	130	200	1400	140	130	210	320	2300	230	210	350	520	3600	360	320	540	810
400	500	400	40	36	60	90	630	63	57	95	140	970	97	87	150	220	1500	150	140	230	340	2500	250	230	380	560	4000	400	360	600	900

6.1.2　计量器具的选择

选择计量器具时要综合考虑其技术指标和经济指标，以综合效果最佳为原则。

主要考虑以下因素。

首先，根据被测工件的结构特点、外形及尺寸来选择计量器具，使所选择的计量器具的测量范围能满足被测工件的要求。

其次，根据被测工件的精度要求来选择计量器具。

考虑到计量器具本身的误差会影响工件的测量精度，因此所选择的计量器具其允许的极限误差应当小。但计量器具的极限误差越小，其成本也越高，对使用时的环境条件和操作者的要求也越高。所以，在选择计量器具时，应综合考虑技术指标和经济指标。

具体选择时，可按国家标准 GB/T 3177—2009 进行。

对于国家标准未规定的工件所用计量器具的选择，应使所选择的计量器具的极限误差约占被测工件尺寸公差的 1/10 ~ 1/3。当被测工件精度低时，取 1/10；当被测工件精度高时，取 1/3 甚至 1/2。

因为工件精度越高，对计量器具的精度要求越高。高精度的计量器具制造困难，故只好以增大比例来满足要求。

国家标准 GB/T 3177—2009 适用于使用通用计量器具对光滑工件进行尺寸检验，如车间环境使用的计量器具游标卡尺和千分尺等。

它主要包括以下两个内容。

1. 验收极限确定原则

图样上注出公称尺寸至 500mm、公差等级为 IT6 ~ IT18 的有配合要求的光滑工件尺寸时，按内缩方案确定验收极限。

对非配合和一般公差的尺寸，按不内缩方案确定验收极限。

2. 安全裕度 A

不确定度用以表征测量过程中各项误差综合影响而使测量结果分散的误差范围，反映由于测量误差的存在而对被测量不能肯定的程度，以 U 表示。

U 是由计量器具的不确定度 u_1 和由温度、压陷效应及工件形状误差等因素引起的不确定度 u_2 组合而成的，具体按下式确定，即

$$U = \sqrt{u_1^2 + u_2^2} \tag{6-1}$$

u_1 是表征计量器具的内在误差引起测量结果分散的一个误差范围，其中也包括调整时用的标准件的不确定度，如千分尺的校对棒和比较仪用的量块等。

u_1 的影响比较大，允许值约为 0.9A。

u_2 的影响比较小，允许值约为 0.45A。

向工件公差带内缩的安全裕度按测量不确定度而定的，即 $A = U$，具体量值按下式计算，即

$$U = \sqrt{u_1^2 + u_2^2} = \sqrt{(0.9A)^2 + (0.45A)^2} \approx A \tag{6-2}$$

计量器具的不确定度是产生"误收"与"误废"的主要原因。

在验收极限一定的情况下，计量器具的不确定度 u_1 越大，则产生"误收"与"误废"的可能性也越大；反之，计量器具的不确定度 u_1 越小，则产生"误收"与"误废"的可能性也越小。因此，根据计量器具的不确定度 u_1 来正确的选择计量器具就非常重要。

选择计量器具时，应保证所选择的计量器具的不确定度等于或小于按工件公差确定的允许值 u_1，有关计量器具的不确定度见表 6-2 ~ 表 6-4 确定。

目前，游标卡尺、千分尺是一般工厂生产车间使用非常普遍的计量器具，然而这两种计量器具精度低，只适用于检验 IT9 与 IT10 工件的公差。

为了提高游标卡尺、千分尺的测量精度，扩大其使用范围，可采用比较法测量。比较测量时，计量器具的不确定度 u_1 可降为原来的 40%（当使用形状与工件形状相同的标准器时）或 60%（当使用形状与工件形状不相同的标准器时），此时验收极限不变。

表 6-2　千分尺和游标卡尺的不确定度　　　　　　　　　　（单位：mm）

尺寸范围		计 量 器 具 类 型			
		分度值为 0.01 的外径千分尺	分度值为 0.01 的内径千分尺	分度值为 0.02 的游标卡尺	分度值为 0.05 的游标卡尺
大于	至	不　确　定　度			
0	50	0.004			
50	100	0.005	0.008		0.020
100	150	0.006		0.020	
150	200	0.007			
200	250	0.008	0.013		
250	300	0.009			
300	350	0.010			0.100
350	400	0.011	0.020		
400	450	0.012			
450	500	0.013	0.025		
500	700		0.030		
700	800				0.150

表 6-3　指示表的不确定度　　　　　　　　　　（单位：mm）

尺寸范围		计量器具类型			
		分度值为 0.001 的千分表（0 级在全程范围内，1 级在 0.2mm 内）；分度值为 0.002 的千分表（在 1 转范围内）	分度值为 0.001、0.002、0.005 的千分表（1 级在全程范围内）；分度值为 0.01 的百分表（0 级在任意 1mm 内）	分度值为 0.01 的百分表（0 级在全程范围内，1 级在任意 1mm 内）	分度值为 0.01 的百分表（1 级在全程范围内）
大于	至	不确定度			
—	115	0.005	0.010	0.018	0.030
115	315	0.006			

注：测量时，使用的标准器由 4 块 1 级（或 4 等）量块组成。

表 6-4　比较仪的不确定度　　　　　　　　　　（单位：mm）

尺寸范围		计量器具类型			
		分度值为 0.0005（相当于放大 2000 倍）	分度值为 0.001（相当于放大 1000 倍）	分度值为 0.002（相当于放大 500 倍）	分度值为 0.005（相当于放大 200 倍）
大于	至	不确定度			
0	25	0.0006	0.0010	0.0017	
25	40	0.0007		0.0018	
40	65	0.0008	0.0011		0.0030
65	90				
90	115	0.0009	0.0012	0.0019	
115	165	0.0010	0.0013		
165	215	0.0012	0.0014	0.0020	
215	265	0.0014	0.0016	0.0021	0.0035
265	315	0.0016	0.0017	0.0022	

6.1.3　光滑工件尺寸检验极限计算与量具选择示例

例 6-1　被测工件为 $\phi 45 f 8 \left(\begin{smallmatrix} -0.025 \\ -0.064 \end{smallmatrix}\right)$ mm，试确定验收极限并选择合适的计量器具，并分析该工件可否使用分度值为 0.01mm 的外径千分尺进行比较法测量验收。

解　1）确定验收极限。该轴精度要求为 IT8 级，故验收极限按内缩方案确定。由表 6-1 确定安全裕度 A 和计量器具的不确定度允许值 u_1。该工件的公差为 0.039mm，从表 6-1 查得：$A = 0.0039$mm，$u_1 = 0.0035$mm。其上、下验收极限为

上验收极限 = $d_{max} - A = 45$mm $- 0.025$mm $- 0.0039$mm $= 44.9711$mm

下验收极限 = $d_{min} + A = 45$mm $- 0.064$mm $+ 0.0039$mm $= 44.9399$mm

2）选择计量器具。按工件公称尺寸 45mm 从表 6-4 中查得分度值为 0.005mm 的比较仪不确定度为 0.0030mm，小于允许值 $u_1 = 0.0035$mm，故能满足使用要求。

当现有计量器具的不确定度达不到"小于或等于Ⅰ档允许值 u_1"时，可选择表 6-1 中的第Ⅱ档 u_1 值，重新选择计量器具，依次类推，与第Ⅱ档 u_1 值满足不了要求时，可选择第Ⅲ档 u_1 值。

3）当没有比较仪时，由表 6-2 中选择分度值为 0.01mm 的外径千分尺，其不确定度为 0.004mm，大于允许值 $u_1 = 0.0035$mm，显然用分度值为 0.01mm 的外径千分尺采用绝对测量法，不能满足测量要求。

4）用分度值为 0.01mm 的外径千分尺进行比较测量时，使用 45mm 量块组作为标准器（标准器的形状与轴的形状不相同），千分尺的不确定度可降为原来的 60%，即减小到 0.004mm×60% = 0.0024mm，小于允许值 $u_1 = 0.0035$mm。选用分度值为 0.01mm 外径千分尺进行比较测量，就能满足测量精度要求。

结论：该工件可使用分度值为 0.005mm 的比较仪进行直接测量；还可使用分度值为 0.01mm 的外径千分尺进行比较法测量，此时验收极限不变。

例 6-2　被测工件为 $\phi 50 H 12 \left(\begin{smallmatrix} +0.250 \\ 0 \end{smallmatrix}\right)$ mm（无配合要求），试确定验收极限并选择合适的计量器具。

解　1）确定验收极限。该孔精度要求不高，为 IT12 级，无配合要求，故验收极限按不内缩方案确定，取安全裕度 A = 0。上、下验收极限为

上验收极限 = $D_{max} = 50.25$mm

下验收极限 = $D_{min} = 50$mm

2）选择计量器具。按工件公称尺寸 50mm，工件的公差为 0.25mm，由表 6-1 中确定计量器具的不确定度允许值 $u_1 = 0.023$mm。从表 6-2 中查得分度值为 0.02mm 的游标卡尺的不确定度为 0.020mm，小于允许值 $u_1 = 0.023$mm，故能满足使用要求。

结论：该工件可使用分度值为 0.02mm 的游标卡尺进行直接测量。

6.2　光滑极限量规设计

　　光滑圆柱体工件的检验可用通用计量器具，也可以用光滑极限量规；特别是大批量生产时，通常应用光滑极限量规检验工件。

6.2.1　光滑极限量规作用与分类

　　光滑极限量规是一种没有刻线的专用计量器具。它不能测得工件局部提取尺寸的大小，而只能确定被测工件的尺寸是否在它的极限尺寸范围内，从而对工件做出合格性判断。

　　光滑极限量规的公称尺寸就是工件的公称尺寸，通常把检验孔径的光滑极限量规称为塞规，把检验轴径的光滑极限量规称为环规或卡规。

　　不论塞规还是环规都包括两个：一个是按被测工件的最大实体尺寸制造的，称为通规，也称为通端；另一个是按被测工件的最小实体尺寸制造的，称为止规，称为止端。

　　使用时，塞规或环规都必须把通规和止规联合使用。例如：使用塞规检验工件孔（图6-2），如果塞规的通规通过被检验孔，说明被检验孔径大于孔的下极限尺寸；如果塞规的止规塞不进被检验孔，说明被检验孔径小于孔的上极限尺寸。故被检验孔径大于下极限尺寸且小于上极限尺寸，即孔的作用尺寸和局部提取尺寸在规定的极限范围内，因此被检验孔是合格的。

　　同理，用卡规的通规和止规检验工件轴如图6-3所示，通规通过轴，止规通不过轴，说明被检验轴径的作用尺寸和局部提取尺寸在规定的极限范围内，因此被检验轴是合格的。

　　由此可知，不论塞规还是卡规，如果通规通不过被测工件或者止规通过了被测工件，即可确定被测工件是不合格的。

　　根据量规不同用途，量规分为工作量规、验收量规和校对量规三类。

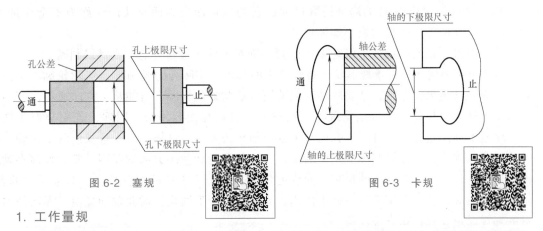

图6-2　塞规　　　　　　　　　　　　　图6-3　卡规

　　1. 工作量规

　　工人在加工时用来检验工件使用的量规。一般使用的通规是新制的或磨损较少的量规。工作量规的通规用代号"T"来表示，止规用代号"Z"来表示。

　　2. 验收量规

　　检验部门或用户代表验收工件时使用的量规。一般情况下，检验人员用的通规为磨损较大但未超过磨损极限的旧工作量规；用户代表用的是接近磨损极限尺寸的通规，这样由生产工人自检合格的产品，检验部门验收时也一定合格。

3. 校对量规

用以检验轴用工作量规的量规。它是检查轴用工作量规在制造时是否符合制造公差，在使用中是否已达到磨损极限所用的量规。校对量规可分为以下三种。

1）"校通—通"量规（代号为 TT） 检验轴用量规通规的校对量规。

2）"校止—通"量规（代号为 ZT） 检验轴用量规止规的校对量规。

3）"校通—损"量规（代号为 TS） 检验轴用量规通规磨损极限的校对量规。

6.2.2 光滑极限量规的设计原理

加工完的工件其局部提取尺寸虽经检验合格，但由于形状误差的存在，也可能存在不能装配、装配困难或即使偶然能装配也达不到配合要求的情况。故用量规检验时，为了正确地评定被测工件是否合格，是否能装配，对于遵守包容要求的孔和轴，应按极限尺寸判断原则（即泰勒原则）验收。

泰勒原则是指工件的作用尺寸不超过最大实体尺寸（即孔的作用尺寸应大于或等于其下极限尺寸；轴的作用尺寸应小于或等于其上极限尺寸），工件任何位置的局部提取尺寸应不超过其最小实体尺寸（即孔任何位置的局部提取尺寸应小于或等于其上极限尺寸；轴任何位置的局部提取尺寸应大于或等于其下极限尺寸）。

作用尺寸由最大实体尺寸限制，就把形状误差限制在尺寸公差之内；另外，工件的局部提取尺寸由最小实体尺寸限制，才能保证工件合格并具有互换性，并能自由装配。也即符合泰勒原则验收的工件是能保证使用要求的。

符合泰勒原则的光滑极限量规应达到如下要求。

1）通规用来控制工件的作用尺寸，它的测量面应具有与孔或轴相对应的完整表面，称为全形量规，其尺寸等于工件的最大实体尺寸，且其长度应等于被测工件的配合长度。

2）止规用来控制工件的局部提取尺寸，它的测量面应为两点状的，称为不全形量规，两点间的尺寸应等于工件的最小实体尺寸。

若光滑极限量规的设计不符合泰勒原则，则对工件的检验可能造成错误判断。

以图 6-4 为例，分析量规形状对检验结果的影响：实际孔为椭圆形，实际轮廓在 x 方向和 y 方向都已超出公差带，已属废品。但若用两点状通规检验，可能从 y 方向通过，若不进行多次不同方向检验，则可能发现不了孔已从 x 方向超出公差带。同理，若用全形止规检验，则根本通不过孔，发现不了孔已从 y 方向超出公差带。这样，由于量规形状不正确，有可能把该孔判为合格品。实际应用中的量规，由于制造和使用方面的原因，常常偏离泰勒原则。例如：为了用已标准化的量规，允许通规的长度小于工件的配合长度；对大尺寸的孔、轴用全形通规检验，既笨重又不便于使用，允许用不全形通规；对曲轴轴径由于无法使用全形的环规通过，允许用卡规代替。

对止规也不一定全是两点式接触，由于点接触容易磨损，一般常以小平面、圆柱面或球面代替点；检验小孔的止规，常用便于制造的全形塞规；同样，对刚性差的薄壁件，由于考虑受力变形，常用全形止规。

光滑极限量规国家标准规定，使用偏离泰勒原则的量规时，应保证被检验的孔、轴的形状误差（尤其是轴线的直线度、圆度）不致影响配合性质。

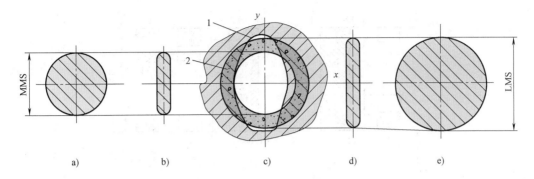

图 6-4　量规形状对检验结果的影响

a）全形通规　b）两点状通规　c）工件　d）两点状止规　e）全形止规

1—实际孔　2—孔公差带

6.2.3　光滑极限量规的公差

作为量具的光滑极限量规，本身也相当于一个精密工件，制造时和普通工件一样，不可避免地会产生加工误差，同样需要规定制造公差。量规制造公差的大小不仅影响量规的制造难易程度，还会影响被测工件加工的难易程度以及对被测工件的评判。为确保产品质量，国家标准 GB/T 1957—2006 规定量规公差带不得超越工件公差带。

通规由于经常通过被测工件会有较大的磨损，为了延长使用寿命，除规定了制造公差外还规定了磨损公差。磨损公差的大小，决定了量规的使用寿命。

止规不经常通过被测工件，故磨损较少，所以不规定磨损公差，只规定制造公差。

光滑极限量规国家标准规定的量规公差带如图 6-5 所示。工作量规"通规"的制造公差带对称于 Z_1 值且在工件的公差带之内，其磨损极限与工件的最大实体尺寸重合。工作量规"止规"的制造公差带从工件的最小实体尺寸起，向工件的公差带内分布。

校对量规公差带的分布如下。

（1）"校通—通"量规（TT）　它的作用是防止通规尺寸过小（制造时过小或自然时效时过小）。检验时应通过被校对的轴用通规。它的公差带从通规的下极限偏差开始，向轴用通规的公差带内分布。

（2）"校止—通"量规（ZT）　它的作用是防止止规尺寸过小（制造时过小或自然时效时过小）。检验时应通过被校对的轴用止规。它的公差带从止规的下极限偏差开始，向轴用止规的公差带内分布。

（3）"校通—损"量规（TS）　它的作用是防止通规超出磨损极限尺寸。检验时，若通过了，则说明所校对的量规已超过磨损极限，应予报废。它的公差带是从通规的磨损极限开始，向轴用通规的公差带内分布。

国家标准规定检验各级工件用的工作量规的制造公差 T_1 和通规公差带的位置要素 Z_1 值与工件公差的比例关系，其 T_1 和" Z_1 "的具体量值是考虑量规的制造工艺水平和使用寿命等因素确定的，具体见表 6-5。

国家标准规定的工作量规的形状和位置误差，应在工作量规的制造公差范围内。工作量规的几何公差为量规制造公差的 50%。当量规的尺寸公差小于或等于 0.002mm 时，其几何

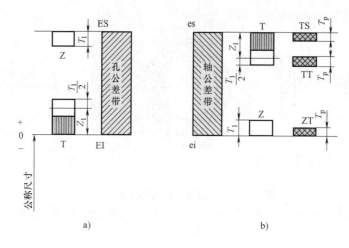

图 6-5　量规公差带

a）孔用工作量规公差带　b）轴用工作量规及其校对量规公差带

公差为 0.001mm。

　　国家标准还规定校对量规的制造公差 T_p 为被校对的轴用工作量规的制造公差 T_1 的 50%，其几何公差应在校对量规的制造公差范围内。

　　根据上述可知，工作量规的公差带完全位于工件极限尺寸范围内，校对量规的公差带完全位于被校对量规的公差带内，从而保证了工件符合"极限与配合"国家标准的要求，但是相应地缩小了工件的制造公差，给生产带来了困难，并且还会把一些合格品误判为废品。

6.2.4　设计步骤及极限尺寸计算

1. 量规型式的选择

　　检验圆柱形工件的光滑极限量规的型式很多，合理地选择与使用，对正确判断检验结果影响很大。

　　按照国家标准推荐，检验孔时，可用下列几种型式的量规（图 6-6a）：全形塞规、非全形塞规、片状塞规、球端杆规。

　　检验轴时，可用下列型式的量规（图 6-6b）：环规、卡规。

　　上述各种型式的量规及应用尺寸范围，可供设计时参考。具体结构参看工具专业标准（GB/T 10920—2008）及有关资料。

2. 量规极限尺寸的计算

　　光滑极限量规的尺寸及极限偏差计算步骤如下。

　　1）查出检验孔和轴的极限偏差。

　　2）由表 6-5 查出工作量规的制造公差 T_1 和位置要素 Z_1。

　　3）确定工作量规的形状公差。

　　4）确定校对量规的制造公差。

　　5）计算在图样上标注的各种尺寸和极限偏差。

3. 量规的技术要求

　　量规测量面的材料可选用渗碳钢、碳素工具钢、合金工具钢和硬质合金等，也可在测量面上镀铬或氮化处理。

量规测量面的硬度直接影响量规的使用寿命。选用上述几种钢材制作量规经淬火后的测量面硬度一般为 58~65HRC。

量规测量面的表面粗糙度参数值，取决于被检验工件的公称尺寸、公差等级和表面粗糙度参数值及量规的制造工艺水平，一般不低于光滑极限量规国家标准（GB/T 1957—2006）推荐的表面粗糙度参数值，见表 6-6。

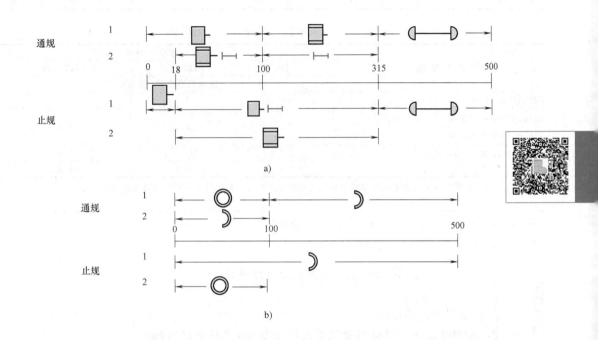

图 6-6　国家标准推荐的量规型式及应用尺寸范围

a）检验孔　b）检验轴

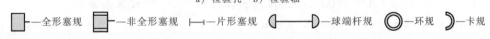

——全形塞规　——非全形塞规　——片形塞规　——球端杆规　——环规　——卡规

表 6-5　IT6~IT13 级工作量规制造公差和位置要素（摘自 GB/T 1957—2006）（单位：μm）

工件公称尺寸/mm	IT6		IT7		IT8		IT9		IT10		IT11		IT12		IT13	
	T_1	Z_1	T_1	Z_1	T_1	Z_1	T_1	Z_1	T_1	Z_1	T_1	Z_1	T_1	Z_1	T_1	Z_1
~3	1	1	1.2	1.6	1.6	2	2	3	2.4	4	3	6	4	9	6	14
>3~6	1.2	1.4	1.4	2	2	2.6	2.4	4	3	4	4	8	5	11	7	16
>6~10	1.4	1.6	1.8	2.4	2.4	3.2	2.8	5	3.6	6	5	9	6	13	8	20
>10~18	1.6	2	2	2.8	2.8	4	3.4	6	4	8	6	11	7	15	10	24
>18~30	2	2.4	2.4	3.4	3.4	5	4	7	5	9	7	13	8	18	12	28
>30~50	2.4	2.8	3	4	4	6	5	8	6	11	8	16	10	22	14	34
>50~80	2.8	3.4	3.6	4.6	4.6	7	6	9	7	13	9	19	12	26	16	40
>80~120	3.2	3.8	4.2	5.4	5.4	8	7	10	8	15	10	22	14	30	20	46

（续）

工件公称 尺寸/mm	IT6		IT7		IT8		IT9		IT10		IT11		IT12		IT13	
	T_1	Z_1	T_1	Z_1	T_1	Z_1	T_1	Z_1	T_1	Z_1	T_1	Z_1	T_1	Z_1	T_1	Z_1
>120~180	3.8	4.4	4.8	6	6	9	8	12	9	18	12	25	16	35	22	52
>180~250	4.4	5	5.4	7	7	10	9	14	10	20	14	29	18	40	26	60
>250~315	4.8	5.6	6	8	8	11	10	16	12	22	16	32	20	45	28	66
>315~400	5.4	6.2	7	9	9	12	11	18	14	25	18	36	22	50	32	74
>400~500	6	7	8	10	10	14	12	20	16	28	20	40	24	55	36	80

表 6-6　量规测量面的表面粗糙度参数值（摘自 GB/T 1957—2006）

工 作 量 规	工件公称尺寸/mm		
	~120	>120~315	>315~500
	表面粗糙度 Ra 值/μm		
IT6 级孔用量规	0.05	0.1	0.2
IT6~IT9 级轴用量规 IT7~IT9 级孔用量规	0.1	0.2	0.4
IT10~IT12 级孔、轴用量规	0.2	0.4	0.8
IT13~IT16 级孔、轴用量规	0.4	0.4	0.8

注：校对量规测量面的表面粗糙度参数值比被校对的轴用量规测量面的表面粗糙度参数值略高一级。

6.3　光滑极限量规的设计示例

例 6-3　设计 $\phi30H8/f7$ 孔和轴用光滑极限量规。

解

（1）量规型式的选择

1）$\phi30H8$ 孔用光滑极限量规型式根据图 6-6 选择全形塞规。

2）$\phi30f7$ 轴用光滑极限量规根据图 6-6 选择卡规。

（2）量规极限尺寸的计算

1）由国家标准 GB/T 1800.1—2009 查出孔与轴的上、下极限偏差为

$\phi30H8$ 孔：$ES = +0.033$ mm　$EI = 0$mm

$\phi30f7$ 轴：$es = -0.020$ mm　$ei = -0.041$mm

2）由表 6-5 查得工作量规的制造公差 T_1 和位置要素 Z_1 为

塞规：制造公差 $T_1 = 0.0034$ mm；位置要素 $Z_1 = 0.005$mm

卡规：制造公差 $T_1 = 0.0024$ mm；位置要素 $Z_1 = 0.0034$mm

3）工作量规的形状公差为

塞规：形状公差 $T_1/2 = 0.0017$mm

卡规：形状公差 $T_1/2 = 0.0012$mm

4）校对量规的制造公差为

校对量规制造公差 $T_p = T_1/2 = 0.0012$mm

5）计算在图样上标注的各种尺寸和极限偏差。

① $\phi30H8$ 孔用塞规。

通规：上极限偏差 $= EI + Z_1 + T_1/2 = 0$mm $+ 0.005$mm $+ 0.0017$mm $= +0.0067$mm

$$下极限偏差 = EI + Z_1 - T_1/2 = 0\text{mm} + 0.005\text{mm} - 0.0017\text{mm} = +0.0033\text{mm}$$

磨损极限尺寸 $= D_{min} = 30\text{mm}$

止规：上极限偏差 $= ES = +0.033\text{mm}$

下极限偏差 $= ES - T_1 = +0.033\text{mm} - 0.0034\text{mm} = +0.0296\text{mm}$

② $\phi30f7$ 轴用卡规。

通规：上极限偏差 $= es - Z_1 + T_1/2 = -0.02\text{mm} - 0.0034\text{mm} + 0.0012\text{mm} = -0.0222\text{mm}$

下极限偏差 $= es - Z_1 - T_1/2 = -0.02\text{mm} - 0.0034\text{mm} - 0.0012\text{mm} = -0.0246\text{mm}$

$$磨损极限尺寸 = d_{max} = 29.98\text{mm}$$

止规：上极限偏差 $= ei + T_1 = -0.041\text{mm} + 0.0024\text{mm} = -0.0386\text{mm}$

$$下极限偏差 = ei = -0.041\text{mm}$$

轴用卡规的校对量规

"校通—通"

$$上极限偏差 = es - Z_1 - T_1/2 + T_p = -0.02\text{mm} - 0.0034\text{mm} - 0.0012\text{mm} + 0.0012\text{mm} = -0.0234\text{mm}$$

$$下极限偏差 = es - Z_1 - T_1/2 = -0.02\text{mm} - 0.0034\text{mm} - 0.0012\text{mm} = -0.0246\text{mm}$$

"校通—损"

$$上极限偏差 = es = -0.02\text{mm}$$

$$下极限偏差 = es - T_p = -0.02\text{mm} - 0.0012\text{mm} = -0.0212\text{mm}$$

"校止—通"

$$上极限偏差 = ei + T_p = -0.041\text{mm} + 0.0012\text{mm} = -0.0398\text{mm}$$

$$下极限偏差 = ei = -0.041\text{mm}$$

$\phi30H8/f7$ 孔、轴用量规公差带如图6-7所示。

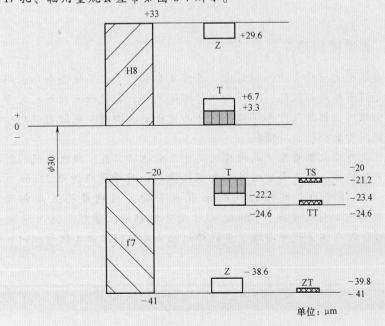

图6-7　$\phi30H8/f7$ 孔、轴用量规公差带

（3）量规的技术要求　φ30H8孔用塞规材料可选用碳素工具钢，测量面的硬度为58~65HRC，测量面的表面粗糙度 Ra 值不大于 $0.08\mu m$。

φ30f7 轴用卡规材料可选用碳素工具钢，测量面的硬度为58~65HRC，测量面的表面粗糙度 Ra 值不大于 $0.08\mu m$。

（4）光滑极限量规的标注（图6-8）

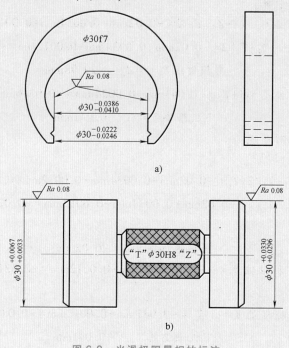

a)

b)

图6-8　光滑极限量规的标注

a）卡规　b）塞规

知识拓展：螺纹量规简介

螺纹一般属于大批量生产，同时由于其涉及参数较多，不便逐个参数测量，常用量规检验。螺纹量规有环规和塞规，环规检测外螺纹尺寸，塞规检测内螺纹尺寸。不论是环规或是塞规都由检测上极限尺寸和下极限尺寸的检验量具构成。螺纹塞规用于综合检验内螺纹，螺纹环规用于综合检验外螺纹。

螺纹塞规是测量大批量生产的内螺纹尺寸正确性的工具。螺纹塞规的种类繁多，从形状上可分为普通粗牙、细牙和管螺纹三种螺纹塞规；对于螺距为 0.35mm 或更小的、2级精度及高于2级精度的和螺距为 0.8mm 或更小的3级精度的塞规都没有止端测头；100mm 以下的为锥柄螺纹量规，100mm 以上的为双柄螺纹量规。使用螺纹量规时要保证被测螺纹公差等级及偏差代号与螺纹量规标识的公差等级及偏差代号相同。

习 题 六

6-1　什么是误收和误废？

6-2　光滑极限量规有何特点？如何用它检验工件的尺寸是否合格？

6-3　量规分几类？各有何用途？

6-4　确定 ϕ45H8/f7 孔、轴用工作量规及校对量规的尺寸并画出量规的公差带图。

6-5　有一配合 ϕ26H7/p6，试按照泰勒原则分别写出孔、轴尺寸的合格条件。

第 7 章

尺 寸 链

> **教学导读** ▮▮▮
>
> 　　通过本章的学习，需要掌握尺寸链的概念、分类和作用；掌握完全互换法和大数互换法两种解尺寸链的方法。要求学生掌握的知识点为：尺寸链的概念、分类和作用。解尺寸链的两种方法——完全互换法和大数互换法是重点和难点，涉及机械制造、加工工艺等理论知识。

　　机械零件无论在设计或制造中，一个重要的问题就是如何保证产品的质量。如图 7-1a 所示，工件先以 M 面定位加工 N 面得到尺寸 A_1，然后再以 M 面定位用调整法加工台阶面 B 得到尺寸 A_2，要求保证 B 面与 N 面间的尺寸 A_0。A_1、A_2 和 A_0 这三个尺寸就构成了一个封闭尺寸组（即尺寸链），如图 7-1b 所示。

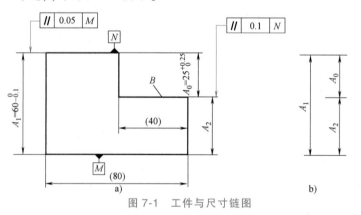

图 7-1　工件与尺寸链图

　　对设计图样上要素间或零件间的存在相互尺寸、位置关系要求，且能构成首尾衔接、形成封闭形式的尺寸组加以分析，研究它们之间的变化并计算各个尺寸的极限偏差及公差，以便选择保证达到产品规定公差要求的设计方案与经济的加工工艺方法。

📌 7.1　概述

7.1.1　尺寸链的定义与特点

1. 尺寸链

在机器装配或零件加工过程中，由相互连接的尺寸形成封闭的尺寸组，该尺寸组称为尺寸链。零件经过加工依次得到尺寸 A_1、A_2 和 A_3，则尺寸 A_0 也就随之确定，如图 7-2a 所示。

A_0、A_1、A_2 和 A_3 形成尺寸链，如图 7-2b 所示。

A_0 尺寸在零件图上是根据加工顺序来确定，在零件图上不需要标注。

车床主轴轴线与尾座顶尖轴线之间的高度差 A_0，如图 7-3a 所示。

尾座顶尖轴线高度 A_1、尾座底板高度 A_2 和主轴轴线高度 A_3 等相互连接成封闭的尺寸组即尺寸链，如图 7-3b 所示。

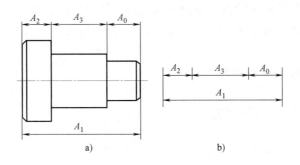

图 7-2　零件尺寸链

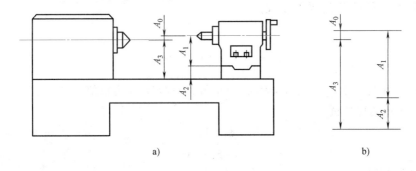

图 7-3　装配尺寸链

2. 环

尺寸链中的每一个尺寸都称为环。如图 7-2 和图 7-3 所示的 A_0、A_1、A_2 和 A_3 都是环。

（1）封闭环　尺寸链中在装配过程或加工过程最后自然形成的一环称为封闭环。它也是确保机器装配精度要求或零件加工质量的一环，封闭环加下标"0"。

任何一个尺寸链中，只有一个封闭环，如图 7-2 和图 7-3 所示的 A_0 都是封闭环。

（2）组成环　尺寸链中除封闭环以外的其他各环都称为组成环，如图 7-2 和图 7-3 所示的 A_1、A_2 和 A_3。

组成环用拉丁字母 A、B、C 等或希腊字母 α、β、γ 等再加下标"i"表示，序号 $i = 1$、2、3、$\cdots$、m。同一尺寸链的各组成环，一般用同一字母表示。

组成环按其对封闭环影响的不同，又分为增环与减环。

1）增环。当尺寸链中其他组成环不变时，某一组成环增大，封闭环也随之增大，则该组成环称为增环。

在图 7-2 中，若 A_1 增大，A_0 也将随之增大，所以 A_1 为增环。

2）减环。当尺寸链中其他组成环不变时，若某一组成环增大，封闭环反而随之减小，则该组成环称为减环。

在图 7-2 中，若 A_2 和 A_3 增大，A_0 将随之减小，所以 A_2 和 A_3 为减环。

有时增减环的判别不是很容易，如图 7-4 所示的尺寸链，当 A_0 为封闭环时，增、减环的判别就较困难，这时可用回路法进行判别。此方法是从封闭环 A_0 开始顺着一定的路线标箭头，凡是箭头方向与封闭环的箭头方向相反的环，便是增环，箭头方向与封闭环的箭头方向相同的环，便为减环。如图 7-4 所示，A_1、A_3、A_5 和 A_7 为增环，A_2、A_4、A_6 为减环。

3. 传递系数 ξ

表示各组成环对封闭环影响大小的系数，称为传递系数。

尺寸链中封闭环与组成环的关系，表现为函数关系，即

$$A_0 = f(A_1, A_2, \cdots, A_m) \qquad (7-1)$$

式中，A_0 是封闭环；A_1，A_2，$\cdots$，A_m 是组成环。

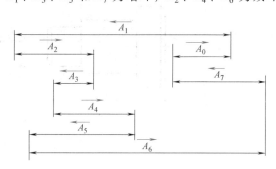

图 7-4　回路法判别增、减环

若第 i 个组成环的传递系数为 ζ_i，则有

$$\zeta_i = \frac{\partial f}{\partial A_i} \qquad (1 \leqslant i \leqslant m) \tag{7-2}$$

一般直线尺寸链的 $\xi = 1$，且对增环 ζ_i 为正值，对减环 ζ_i 为负值。

如图 7-2 所示的尺寸链，

$$\xi_1 = 1,$$
$$\xi_2 = \xi_3 = -1$$

按上式计算可得

$$A_0 = A_1 - (A_2 + A_3)$$

7.1.2　尺寸链的划分

1. 按照生产过程中的应用情况分

（1）装配尺寸链　在机器设计或装配过程中，由一些相关零件形成有联系且封闭的尺寸组，称为装配尺寸链，如图 7-3 所示。

（2）零件尺寸链　同一零件上由各个设计尺寸构成相互有联系且封闭的尺寸组，称为零件尺寸链，如图 7-2 所示。设计尺寸是指图样上标注的尺寸。

（3）工艺尺寸链　零件在机械加工过程中，同一零件上由各个工艺尺寸构成相互有联系且封闭的尺寸组，称为工艺尺寸链。工艺尺寸是指工序尺寸、定位尺寸、基准尺寸。

装配尺寸链与零件尺寸链统称为设计尺寸链。

2. 按照构成尺寸链各环在空间所处的形态分

（1）直线尺寸链　尺寸链的全部环都位于两条或几条平行的直线上，称为直线尺寸链，如图 7-2~图 7-4 所示。

（2）平面尺寸链　尺寸链的全部环都位于一个或几个平行的平面上，但其中某些组成环不平行于封闭环，这类尺寸链，称为平面尺寸链，如图7-5所示。

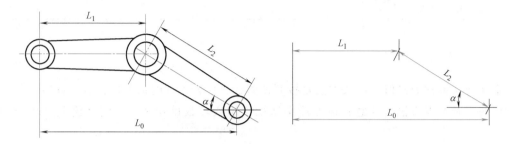

图 7-5　平面尺寸链

将平面尺寸链中各有关组成环按平行于封闭环方向投影，就可将平面尺寸链简化为直线尺寸链来计算。

（3）空间尺寸链　尺寸链的全部环位于空间不平行的平面上，称为空间尺寸链。

对于空间尺寸链，一般按三维坐标分解，化成平面尺寸链或直线尺寸链，然后根据需要，在特定平面上求解。

3. 按照构成尺寸链各环的几何特征分类

（1）长度尺寸链　表示两要素之间距离的尺寸为长度尺寸。由长度尺寸构成的尺寸链，称为长度尺寸链，如图7-2和图7-3所示。

（2）角度尺寸链　表示两要素之间位置的尺寸为角度尺寸。由角度尺寸构成的尺寸链，称为角度尺寸链。它各环尺寸为角度量，或平行度、垂直度等。

由各角度组成封闭多边形，这时 α_1、α_2、α_3 及 α_0 构成一个角度尺寸链，如图7-6所示。

7.1.3　尺寸链的作用

在拟订加工工艺时，若测量基准、定位基准或工序基准与设计基准不重合，需按照工艺尺寸链原理进行工序尺寸及其公差的计算。在零件加工（测量）或机械的装配过程中，遇到的尺寸不是孤立的，往往是相互联系的。

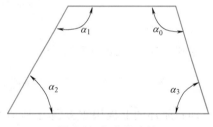

图 7-6　角度尺寸链

机器是由许多零件装配而成的，这些零件加工误差的累积将影响装配精度。在分析具有累积误差的装配精度时，首先应找出影响这项精度的相关零件，并分析其具体影响因素，然后确定各相关零件具体影响因素的加工精度。为便于分析，可将有关影响因素按照一定的顺序一个一个地连接起来，形成封闭链，这个封闭链即为装配尺寸链。显然，装配后的精度或技术要求是通过把零部件装配好后才最后形成的，是由相关零部件上的有关尺寸和角度位置关系所间接保证的。因此，在装配尺寸链中，装配精度是封闭环，相关零件的设计尺寸是组成环。如何查找对某装配精度有影响的相关零件，进而选择合理的装配方法和确定这些零件的加工精度，是建立装配尺寸链和求解装配尺寸链的关键。

🔖 7.2 尺寸链的计算

7.2.1 完全互换法解尺寸链

完全互换法也称为极值法。该方法是按照误差综合后最不利的情况进行分析计算，是尺寸链计算的一种基本方法。注意：该方法不适用于组成环数目较多且封闭环公差又较小的情况。

完全互换法计算公式如下。

1. 封闭环的公称尺寸 A_0

它等于所有增环的公称尺寸 A_{iz} 之和减去所有减环的公称尺寸 A_{ij} 之和，即

$$A_0 = \sum_{i=1}^{n} A_{iz} - \sum_{i=n+1}^{m} A_{ij} \tag{7-3}$$

式中，n 是增环环数；m 是全部组成环数。

2. 封闭环的上极限尺寸 A_{0max}

它等于所有增环的上极限尺寸之和减去所有减环的下极限尺寸之和，即

$$A_{0max} = \sum_{i=1}^{n} A_{iz\,max} - \sum_{i=n+1}^{m} A_{ij\,min} \tag{7-4}$$

3. 封闭环的下极限尺寸 A_{0min}

它等于所有增环的下极限尺寸之和减去所有减环的上极限尺寸之和，即

$$A_{0min} = \sum_{i=1}^{n} A_{iz\,min} - \sum_{i=n+1}^{m} A_{ij\,max} \tag{7-5}$$

4. 封闭环的上极限偏差 ES_0

由式（7-4）减式（7-3）得

$$ES_0 = \sum_{i=1}^{n} ES_{iz} - \sum_{i=n+1}^{m} EI_{ij} \tag{7-6}$$

即封闭环的上极限偏差等于所有增环的上极限偏差之和减去所有减环的下极限偏差之和。

5. 封闭环的下极限偏差 EI_0

由式（7-5）减式（7-3）得

$$EI_0 = \sum_{i=1}^{n} EI_{iz} - \sum_{i=n+1}^{m} ES_{ij} \tag{7-7}$$

即封闭环的下极限偏差等于所有增环的下极限偏差之和减去所有减环的上极限偏差之和。

6. 封闭环公差 T_0

由式（7-4）减式（7-5）得

$$T_0 = \sum_{i=1}^{m} T_i \qquad (7\text{-}8)$$

即封闭环公差等于所有组成环公差之和。

由式（7-8）可以看出：

1）$T_0 > T_i$，即封闭环公差最大，精度最低。因此在零件尺寸链中应尽可能选取最不重要的尺寸作为封闭环。在装配尺寸链中，封闭环往往是装配后应达到的要求，不能随意选定。

2）T_0 一定时，组成环数越多，则各组成环公差必然越小，经济性越差。

因此，设计中应遵守"最短尺寸链"原则，即使组成环数尽可能少。

例 7-1　在图 7-7a 所示齿轮部件中，轴是固定的，齿轮在轴上回转，设计要求齿轮左右端面与挡环之间有间隙，现将此间隙集中在齿轮右端面与右挡环左端面之间，按工作条件要求 $A_0 = 0.10 \sim 0.45\text{mm}$，已知：$A_1 = 43^{+0.20}_{+0.10}$，$A_2 = A_4 = 5^{\ 0}_{-0.05}$，$A_3 = 30^{\ 0}_{-0.10}$，$A_5 = 3^{\ 0}_{-0.05}$。

试问所规定的零件公差及极限偏差能否保证齿轮部件装配后的技术要求？

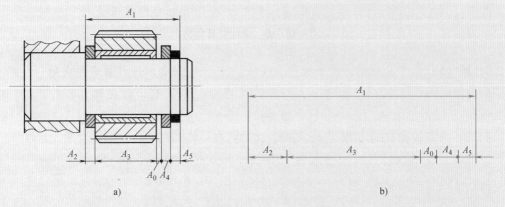

图 7-7　装配尺寸链校核计算示例

解　1）画尺寸链图，区分增环、减环。齿轮部件的间隙 A_0 是装配过程最后形成的，是尺寸链的封闭环，$A_1 \sim A_5$ 是 5 个组成环。如图 7-7b 所示。其中 A_1 是增环，A_2、A_3、A_4、A_5 是减环。

2）计算封闭环的公称尺寸。将各组成环的公称尺寸，代入式（7-3）得

$$A_0 = A_1 - (A_2 + A_3 + A_4 + A_5) = 43\text{mm} - (5\text{mm} + 30\text{mm} + 5\text{mm} + 3\text{mm}) = 0$$

3）校核封闭环的极限尺寸。由式（7-4）和式（7-5）得

$$A_{0\max} = A_{1\max} - (A_{2\min} + A_{3\min} + A_{4\min} + A_{5\min})$$

$$= 43.20\text{mm} - (4.95\text{mm} + 29.90\text{mm} + 4.95\text{mm} + 2.95\text{mm}) = 0.45\text{mm}$$

$$A_{0\min} = A_{1\min} - (A_{2\max} + A_{3\max} + A_{4\max} + A_{5\max})$$

$$= 43.10\text{mm} - (5\text{mm} + 30\text{mm} + 5\text{mm} + 3\text{mm}) = 0.10\text{mm}$$

4）校核封闭环的公差。将各组成环的公差代入式（7-8）得

$$T_0 = T_1 + T_2 + T_3 + T_4 + T_5$$

$$= 0.10\text{mm} + 0.05\text{mm} + 0.10\text{mm} + 0.05\text{mm} + 0.05\text{mm} = 0.35\text{mm}$$

计算结果表明，所规定的零件公差及极限偏差恰好保证齿轮部件装配的技术要求。

例7-2　图7-8a所示为某齿轮箱的一部分，根据使用要求，间隙 $A_0 = 1 \sim 1.75\text{mm}$，若已知：$A_1 = 140\text{mm}$，$A_2 = 5\text{mm}$，$A_3 = 101\text{mm}$，$A_4 = 50\text{mm}$，$A_5 = 5\text{mm}$。试按极值法计算 $A_1 \sim A_5$ 各尺寸的极限偏差与公差。

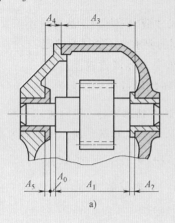
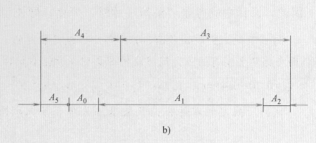

a)　　　　　　　　　　　　　　　　　　b)

图 7-8　设计计算示例

解　1）画尺寸链图，区分增环、减环。间隙 A_0 是装配过程最后形成的，是尺寸链的封闭环，$A_1 \sim A_5$ 是 5 个组成环，如图 7-8b 所示。其中 A_3、A_4 是增环，A_1、A_2、A_5 是减环。

2）计算封闭环的公称尺寸。由式（7-3）得

$$A_0 = A_3 + A_4 - (A_1 + A_2 + A_5) = 101\text{mm} + 50\text{mm} - (140\text{mm} + 5\text{mm} + 5\text{mm}) = 1\text{mm}$$

所以 $A_0 = 1^{+0.750}_{0}\text{mm}$。

3）用等公差等级法确定各组成环的公差。首先计算各组成环的平均公差等级系数 a，即

$$a = \frac{T_0}{\sum i_i} = \frac{750\mu\text{m}}{2.52\mu\text{m} + 0.73\mu\text{m} + 2.17\mu\text{m} + 1.56\mu\text{m} + 0.73\mu\text{m}} = 97.3$$

由标准公差等级系数表查得，接近 IT11 级。

根据各组成环的公称尺寸，从标准公差表查得各组成环的公差为

$$T_2 = T_5 = 75\mu\text{m}, \quad T_3 = 220\mu\text{m}, \quad T_4 = 160\mu\text{m}$$

根据各组成环的公差之和不得大于封闭环公差，由式（7-8）计算 T_1 为

$$\begin{aligned}
T_1 &= T_0 - (T_2 + T_3 + T_4 + T_5) \\
&= 750\mu\text{m} - (75\mu\text{m} + 220\mu\text{m} + 160\mu\text{m} + 75\mu\text{m}) \\
&= 220\mu\text{m}
\end{aligned}$$

4）确定各组成环的极限偏差。通常各组成环的极限偏差按"入体原则"配置，即内尺寸按 H 配置，外尺寸按 h 配置；一般长度尺寸的极限偏差按"对称原则"即按 JS（或 js）配置，因此，组成环 A_1 作为调整尺寸，其余各组成环的极限偏差为

$$A_2 = A_5 = 5^{\ 0}_{-0.075}$$

$$A_3 = 101^{+0.220}_{0}$$

$$A_4 = 50^{+0.160}_{0}$$

5）计算组成环 A_1 的极限偏差。由式（7-6）和式（7-7）得

$$ES_0 = ES_3 + ES_4 - EI_1 - EI_2 - EI_5 = 0.75mm$$

$$0.75mm = +0.220mm + 0.160mm - EI_1 - (-0.075mm) - (-0.075mm)$$

$$EI_1 = -0.220mm$$

$$EI_0 = EI_3 + EI_4 - ES_1 - ES_2 - ES_5$$

$$0mm = 0mm + 0mm - ES_1 - 0mm - 0mm$$

$$ES_1 = 0mm$$

所以，A_1 的极限偏差为

$$A_1 = 140^{0}_{-0.220}mm$$

7.2.2　大数互换法解尺寸链

由生产实践可知，在成批生产和大量生产中，零件局部提取尺寸的分布是随机的，多数情况下可考虑成正态分布或偏态分布。换句话说，如果加工中工艺调整中心接近公差带中心时，大多数零件的尺寸分布于公差带中心附近，靠近极限尺寸的零件数目极少。因此，可利用这一规律，将组成环公差放大，这样不但使零件易于加工，同时又能满足封闭环的技术要求，从而获得更大的经济效益。当然，此时封闭环超出技术要求的情况是存在的，但其概率很小，所以这种方法称为大数互换法。

根据概率论和数理统计的理论，大数互换法解尺寸链的基本公式如下。

1. 封闭环公差

由于在大批量生产中，封闭环 A_0 的变化和组成环 A_i 的变化都可视为随机变量，且 A_0 是 A_i 的函数，则可按随机函数的标准偏差的求法得

$$\sigma_0 = \sqrt{\sum_{i=1}^{m} \xi_i^2 \sigma_i^2} \tag{7-9}$$

式中，σ_0、σ_1、$\cdots$、σ_m 是封闭环和各组成环的标准偏差；ξ_1、ξ_2、$\cdots$、ξ_m 是传递系数。

若组成环和封闭环尺寸偏差均服从正态分布，分布范围与公差带宽度一致，且

$$T_i = 6\sigma_i$$

此时封闭环的公差与组成环公差的关系为

$$T_0 = \sqrt{\sum_{i=1}^{m} \xi_i^2 T_i^2} \tag{7-10}$$

如果考虑到各组成环的分布不为正态分布时，式中应引入相对分布系数 K，对不同的分布，K 大小可由表7-1查出，则

$$T_0 = \sqrt{\sum_{i=1}^{m} \xi_i^2 K_i^2 T_i^2} \tag{7-11}$$

2. 封闭环中间偏差

上极限偏差与下极限偏差的平均值为中间偏差，用 Δ 表示，即

$$\Delta = \frac{ES+EI}{2} \tag{7-12}$$

当各组成环为对称分布时，封闭环中间偏差为各组成环中间偏差的代数和，即

$$\Delta_0 = \sum_{i=1}^{m} \xi_i \Delta_i \tag{7-13}$$

当组成环为偏态分布或其他不对称分布时，则平均偏差相对中间偏差之间偏移量为 $e\frac{T}{2}$，e（表 7-1）称为相对不对称系数（对称分布 $e=0$），即

$$\Delta_0 = \sum_{i=1}^{m} \xi_i \left(\Delta_i + e_i \frac{T_i}{2} \right) \tag{7-14}$$

3. 封闭环极限偏差

封闭环上极限偏差等于中间偏差加二分之一封闭环公差，下极限偏差等于中间偏差减二分之一封闭环公差，即

$$EI_0 = \Delta_0 - \frac{1}{2}T_0 \tag{7-15}$$

$$ES_0 = \Delta_0 + \frac{1}{2}T_0 \tag{7-16}$$

表 7-1　典型分布曲线与 K、e 值

分布特征	正态分布	三角分布	均匀分布	瑞利分布	偏态分布	
					外尺寸	内尺寸
分布曲线	-3σ　3σ			$e\frac{T}{2}$	$e\frac{T}{2}$	$e\frac{T}{2}$
K	1	1.22	1.73	1.14	1.17	1.17
e	0	0	0	-0.28	0.26	-0.26

例 7-3　用大数互换法解例 7-2。

解　步骤 1）和 2）同例 7-2。

3）确定各组成环公差。设各组成环尺寸偏差均接近正态分布，则 $K_i = 1$，又因该尺寸链为线性尺寸链，故

$$|\xi_i| = 1$$

按等公差等级法，由式（7-11）得

$$T_0 = \sqrt{T_1^2 + T_2^2 + T_3^2 + T_4^2 + T_5^2} = a\sqrt{i_1^2 + i_2^2 + i_3^2 + i_4^2 + i_5^2}$$

所以

$$a = \frac{T_0}{\sqrt{i_1^2 + i_2^2 + i_3^2 + i_4^2 + i_5^2}} = \frac{750\mu m}{\sqrt{2.52^2 + 0.73^3 + 2.17^2 + 1.56^2 + 0.73^2}\ \mu m} \approx 196.56$$

由标准公差等级系数表查得，接近 IT12 级。根据各组成环的公称尺寸，从标准公差表查得各组成环的公差为

$$T_1 = 400\mu m, \quad T_2 = T_5 = 120\mu m, \quad T_3 = 350\mu m, \quad T_4 = 250\mu m$$

则

$$T_0' = \sqrt{0.4^2 + 0.12^2 + 0.35^2 + 0.25^2 + 0.12^2}\, mm = 0.611mm < 0.750mm = T_0$$

可见，确定的各组成环公差是正确的。

4）确定各组成环的极限偏差。按"入体原则"确定各组成环的极限偏差为

$$A_1 = 140^{+0.200}_{-0.200}\, mm$$

$$A_2 = A_5 = 5^{\ 0}_{-0.120}\, mm$$

$$A_3 = 101^{+0.350}_{\ 0}\, mm$$

$$A_4 = 50^{+0.250}_{\ 0}\, mm$$

5）校核确定的各组成环的极限偏差能否满足使用要求。设各组成环尺寸偏差均接近正态分布，则 $e = 0$。

计算封闭环的中间偏差，由式（7-13）得

$$\Delta_0' = \sum_{i=1}^{5} \xi_i \Delta_i = \Delta_3 + \Delta_4 - \Delta_1 - \Delta_2 - \Delta_5$$

$$= 0.175mm + 0.125mm - 0mm - (0.060mm) - (-0.060mm) = 0.420mm$$

计算封闭环的极限偏差，由式（7-15）得

$$ES' = \Delta_0' + \frac{1}{2}T_0' = 0.420mm + \frac{1}{2} \times 0.611mm \approx 0.726mm < 0.750mm = ES_0$$

$$EI' = \Delta_0' - \frac{1}{2}T' = 0.420mm - \frac{1}{2} \times 0.611mm \approx 0.115mm > 0mm = EI_0$$

以上计算说明确定的组成环极限偏差是满足使用要求的。

由例 7-2 和例 7-3 相比较可以算出，用大数互换法计算尺寸链，可以在不改变技术要求所规定的封闭环公差的情况下，组成环公差放大约 60%，而实际上出现不合格件的可能性却很小（仅有 0.27%），这会给生产带来显著的经济效益。

习题七

7-1 孔中插键槽，如图 7-9 所示，其加工顺序为：加工孔 $A_1 = \phi 40^{+0.1}_{\ 0}\, mm$，插键槽 A_2，磨孔至 $A_3 = \phi 40^{+0.05}_{\ 0}\, mm$，最后要求得到 $A_0 = \phi 44^{+0.08}_{\ 0}\, mm$，求 $A_2 = ?$

7-2 有一孔、轴配合，装配前轴需镀铬，镀铬层厚度是 8～12μm，镀铬后应满足 $\phi 80H8/f7$，问轴在镀铬前的尺寸及其极限偏差为多少？

7-3 如图 7-10 所示的零件，封闭环为 A_0，其尺寸变动范围为 $11.9 \sim 12.1$mm，试按完全互换法校核图中的尺寸标注能否满足尺寸 A_0 的要求？

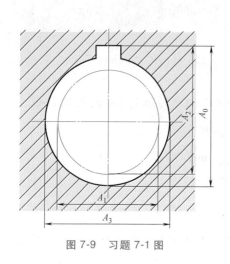

图 7-9 习题 7-1 图

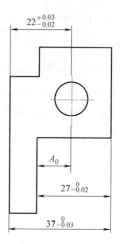

图 7-10 习题 7-3 图

7-4 选择题。

1）在零件尺寸链中，应选择_____尺寸作为封闭环。

A. 最不重要的   B. 最重要的   C. 不太重要的

2）在装配尺寸链中，封闭环的公差往往体现了机器或部件的精度，因此在设计中应使形成此封闭环的尺寸链的环数_____。

A. 越小越好   B. 多少均可   C. 越多越好

3）各增环的上极限尺寸之和减去_____，即为封闭环的上极限尺寸。

A. 各减环的下极限尺寸之和

B. 各增环的下极限尺寸之和

C. 各减环的上极限尺寸之和

4）对封闭环有直接影响的为_____。

A. 所有增环   B. 所有减环   C. 全部组成环

5）封闭环的公称尺寸等于_____。

A. 所有增环的公称尺寸之和

B. 所有减环的公称尺寸之和

C. 所有增环的公称尺寸之和减去所有减环的公称尺寸之和

D. 所有减环的公称尺寸之和减去所有增环的公称尺寸之和

6）封闭环的公差是_____。

A. 所有增环的公差之和

B. 所有增环与减环的公差之和

C. 所有减环的公差之和

D. 所有增环的公差之和减去所有减环的公差之和

第8章

常用典型零件的精度设计

教学导读 ‖

通过本章的学习，需要掌握滚动轴承结合、单键和花键结合以及螺纹结合的精度设计。要求学生掌握的知识点为：滚动轴承的公差等级、滚动轴承和外壳孔及轴颈结合的配合选择、普通螺纹极限与配合的选择、键联结精度的选择。

8.1 滚动轴承结合的精度设计

滚动轴承是机器上应用极为广泛的一种标准部件，起着传动支承作用，具有摩擦力小、消耗功率小、起动容易以及更换简便等优点。滚动轴承结构形式多样，按滚动体的形状不同可分为球轴承和滚子轴承；按其所能承受的载荷方向不同，可分为主要承受径向载荷的向心轴承（图 8-1a）、仅承受轴向载荷的推力轴承（图 8-1b）和能同时承受径向、轴向载荷的向心推力轴承（图 8-1c、图 8-1d）。

a)   b)   c)   d)

图 8-1 滚动轴承的类型

a) 深沟球轴承   b) 推力球轴承   c) 圆锥滚子轴承   d) 角接触球轴承

滚动轴承结构如图 8-2 所示，一般由内圈、外圈、滚动体和保持架四部分组成。

在通常情况下，内圈与传动轴的轴颈配合较紧，并随轴一起旋转，以传递转矩；外圈与轴承座或机械外壳孔构成过渡配合，起支承作用；滚动体是承载并使轴承形成滚动摩擦的元件，其尺寸、形状和数量由承载能力和载荷方向等因素决定；保持架是一种隔离元件，其主要作用是将滚动体均匀分开，使每个滚动体承受相等的载荷，并保持滚动体在轴承内、外滚道间正常滚动。

向心滚动轴承是内互换性和外互换性的典型体现，内、外圈滚道与滚动体间的配合为内互换性，滚动轴承内圈与轴颈的配合、滚动轴承外圈与外壳孔的配合为外互换性。

滚动轴承的工作性能和使用寿命取决于多种因素，包括轴承本身的制造精度，与外壳孔、传动轴的配合性质，以及外壳孔、传动轴轴颈的尺寸精度、几何公差和表面粗糙度等。

图 8-2 滚动轴承结构

8.1.1 滚动轴承的公差等级及应用

滚动轴承的精度主要是由轴承的尺寸公差及旋转精度决定的。根据 GB/T 307.3—2005《滚动轴承 通用技术规则》规定，滚动轴承按其尺寸公差和旋转精度分为 0、6（或 6X）、5、4、2 五个公差等级，公差等级依次由低到高，0 级精度最低，2 级精度最高。其中，仅向心轴承有 2 级，其他类型的轴承则无 2 级；圆锥滚子轴承有 6X 级，而无 6 级。

滚动轴承的尺寸公差包括轴承内径 d、外径 D、内圈宽度 B、外圈宽度 C 和圆锥滚子轴承装配高度 T 等尺寸的制造公差，如图 8-3 所示。滚动轴承的旋转精度包括成套轴承内、外圈的径向圆跳动；成套轴承内、外圈端面对滚道的跳动；内圈基准端面对内孔的跳动；外径表面母线对基准端面的斜向跳动等。

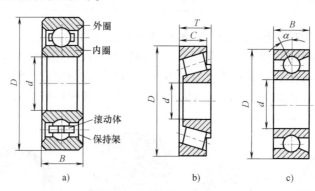

图 8-3 滚动轴承各公称尺寸

a）深沟球轴承　b）圆锥滚子轴承　c）角接触球轴承

滚动轴承各级公差的应用情况如下。

0 级（普通精度级）轴承在机械制造业中应用范围最广，主要应用于中等载荷、中等转速和旋转精度要求不高的一般机构中，如普通机床、汽车和拖拉机的变速机构，普通机床的进给机构，普通电机、水泵及农工机械的旋转机构等。

6（或 6X）级（中等精度级）轴承应用于旋转精度和转速较高的旋转机构中，如普通机床的主轴轴系、精密机床传动轴系等。

5 级、4 级（较高级、高级）轴承应用于旋转精度和转速高的旋转机构中，如精密机床的主轴轴系，精密仪器、仪表和机械的旋转机构等。

2 级（精密级）轴承应用于旋转精度和转速很高的旋转机构中，如精密坐标镗床、高精度齿轮磨床和数控机床等的主轴轴系。

主轴轴承作为机床的基础配件，其性能直接影响机床的转速、刚性、抗振性能、切削性能、噪声、温升及热变形等，进而影响加工零件的精度、表面质量等。因此，高性能的机床必须配用高性能的轴承，各级轴承在机床主轴上的应用见表 8-1。

表 8-1 各级轴承在机床主轴上的应用

轴承类型	公差等级	应 用 情 况
深沟球轴承	4	高精度磨床、丝锥磨床、螺纹磨床、磨齿机、插齿刀磨床
角接触球轴承	5	精密镗床、内圆磨床、齿轮加工机床
	6	卧式车床、铣床
单列圆柱滚子轴承	4	精密丝杠车床、高精度车床、高精度外圆磨床
	5	精密车床、精密铣床、转塔车床、普通外圆磨床、多轴车床、镗床
	6	卧式车床、自动车床、铣床、立式车床
向心短圆柱滚子轴承、调心滚子轴承	6	精密车床及铣床后轴承
圆锥滚子轴承	4	坐标镗床、磨齿机
	5	精密车床、精密铣床、镗床、精密转塔车床、滚齿机
	6X	铣床、车床
推力球轴承	6	一般精度车床

8.1.2 滚动轴承和轴颈、外壳孔结合的极限与配合

1. 滚动轴承内、外径的公差带及其特点

滚动轴承是标准件，根据国家标准规定，其外圈与外壳孔的配合采用基轴制，内圈与轴颈的配合采用基孔制。

滚动轴承的内、外圈属于宽度较小的薄壁零件，精度要求很高，在制造和存放过程中极易产生变形（如变成椭圆形），但当轴承内圈与轴颈、外圈与外壳孔装配后，其内、外圈的圆度将受到轴颈及外壳孔形状的影响，这种变形比较容易得到矫正。因此，对公差等级为0、6、5 级的轴承，为便于制造，国家标准只规定了轴承单一平面平均内径 d_{mp} 和单一平面平均外径 D_{mp} 的公差；对公差等级较高的 4、2 级的向心轴承，为限制其变形，国家标准中既规定了单一平面平均内径 d_{mp} 和单一平面平均外径 D_{mp} 的公差，同时还规定了轴承单一内径 d_s 和单一外径 D_s 的公差，以确定内、外圈结合直径的公差带，控制轴承的变形程度及轴承与轴颈和外壳孔的配合精度。

（1）滚动轴承内径的公差带及其特点　滚动轴承是标准件，为使轴承便于互换和大量生产，轴承内圈与轴颈的配合采用基孔制，即以轴承内圈的尺寸为基准。但内圈内径的公差带位置却与一般基准孔的公差带位置不同，如图 8-4 所示。国家标准中规定了内圈内径公差带位于以公称直径 d 为零线的下方，即上极限偏差为零，下极限偏差为负值。

这种特殊的基准孔公差带不同于 GB/T 1800.2 中基准孔 H 的公差带，此分布特点主要鉴于轴承配合的特殊需要。在通常情况下，轴承内圈随轴一起转动，为防止内圈和轴颈之间产生相对滑动而导致结合面磨损，影响轴承的工作性能，因此两者的配合应具有一定的过盈。但由于内圈是薄壁零件，容易产生弹性变形、影响轴承内部游隙的大小；且内圈需要经常维修拆换，故过盈量不能太大。若选用一般基准孔的

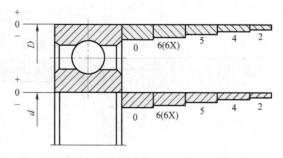

图 8-4 滚动轴承内、外径公差带

过盈配合，则其过盈量太大；若改用过渡配合，则可能出现间隙，不能保证具有一定的过盈，因而不能满足轴承的工作需要；若采用非标准配合，则又不符合标准化和互换性原则。

图 8-4 所示的内径公差带分布特点可使内圈与轴颈形成过渡配合时，不但能保证获得不大的过盈量，而且还不会出现间隙，从而满足了轴承内圈与轴颈的配合要求，同时又可按标准偏差来加工轴。

（2）滚动轴承外径的公差带及其特点　滚动轴承的外圈与外壳孔的配合采用基轴制，即以轴承外圈的尺寸为基准。因轴承外圈安装在外壳孔中，通常不旋转，机器工作时温度升高会使轴热膨胀而产生轴向延伸，因此两端轴承中应有一端采用游动支承，可使外圈与外壳孔的配合稍微松一点，使之能补偿轴的热胀伸长量，允许轴与轴承一起轴向移动；否则，轴容易产生弯曲，致使内部卡死，影响正常运转。滚动轴承的外圈与外壳孔两者之间的配合不要求太紧，公差带仍遵循一般基准轴的规定，分布于零线下方，其上极限偏差为零，下极限偏差为负值，如图 8-4 所示。轴承外径的公差带与基本偏差为 h 的公差带相类似，但公差值不同。

2. 轴颈、外壳孔的公差带

由于滚动轴承是标准件，轴承内圈内径和外圈外径的公差带在制造时已确定，因此轴承内圈与轴颈、外圈与外壳孔的配合性质需由轴颈和外壳孔的公差带决定。为满足不同松紧度的配合性质要求，GB/T 275—2015 对轴颈规定了 17 种常用公差带，如图 8-5 所示；对外壳孔规定了 16 种常用公差带，如图 8-6 所示。该公差带仅适用于以下场合。

1）轴承外形尺寸符合 GB/T 273.3—2015《滚动轴承　外形尺寸总方案　第 3 部分：向心轴承》的规定。

2）轴承的公差等级为 0 级和 6（6X）级。

3）轴承的游隙为 N 组。

4）轴为实心或厚壁钢制轴。

5）外壳为铸钢或铸铁。

轴颈常用公差带如图 8-5 所示，由于轴承内圈内径的公差带位于零线下方，所以内圈与轴颈的配合比《极限与配合》国家标准中基孔制同名配合要紧些。例如：当其与 g5、g6、h5、h6 等轴构成配合时，由原来的间隙配合变成过渡配合；与 k5、k6、m5、m6 等轴构成配合时，得到比一般基孔制过渡配合时的过盈量稍大的过盈配合，其余配合也都有所变紧。

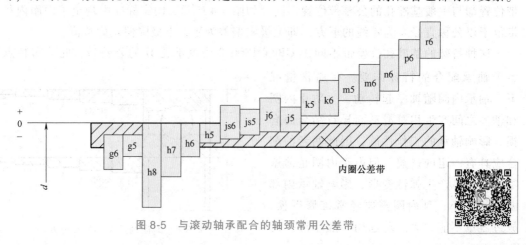

图 8-5　与滚动轴承配合的轴颈常用公差带

对于轴承外圈与外壳孔的配合，与《极限与配合》国家标准中基轴制同名配合相比，虽然公差带大小有所不同，但配合性质基本一致，如图8-6所示。

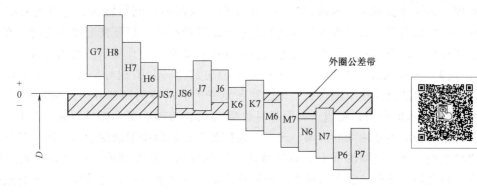

图 8-6　与滚动轴承配合的外壳孔常用公差带

8.1.3　影响滚动轴承和轴颈、外壳孔配合选择的主要因素

滚动轴承的工作性能在很大程度上取决于轴承与外壳孔、轴颈的配合质量。因此，正确选择轴承与外壳孔、轴颈的配合，对于保证机器正常运转、提高轴承寿命、充分发挥轴承的承载能力影响很大。选择轴承配合时，应综合考虑轴承所承受的载荷类型和大小、工作温度、轴承类型和尺寸、旋转精度和速度、轴承安装和拆卸等一系列影响因素。

1. 载荷类型

作用在轴承上的合成径向载荷是由定向载荷和旋转载荷合成的。若合成径向载荷的作用方向是固定不变的，称为定向载荷（如带轮的拉力或齿轮的作用力）；若合成径向载荷的作用方向是随套圈（内圈或外圈）一起旋转的，则称为旋转载荷（如机件的转动离心力或镗孔时的切削力）。根据套圈工作时相对于合成径向载荷的方向，可将载荷分为三种类型：局部载荷、循环载荷和摆动载荷，如图8-7所示。轴承套圈相对于载荷的旋转状态不同，该套圈与轴颈或外壳孔配合的松紧度也应不同。

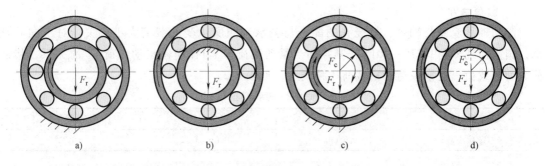

图 8-7　滚动轴承套圈承受的载荷类型

a)　内圈——循环载荷　b)　内圈——局部载荷　c)　内圈——循环载荷　d)　内圈——摆动载荷
　　外圈——局部载荷　　　外圈——循环载荷　　　外圈——摆动载荷　　　外圈——循环载荷

（1）局部载荷　作用于轴承上的合成径向载荷与套圈相对静止，即载荷方向始终不变地作用在套圈滚道的局部区域上，该套圈所承受的载荷称为局部载荷。图8-7a所示的外圈

和图 8-7 b 所示的内圈，两者都承受方向和大小均不变的径向载荷 F_r 的作用。例如：减速器转轴两端滚动轴承的外圈，汽车、拖拉机车轮轮毂中滚动轴承的内圈，都是局部载荷的典型实例。为保证套圈滚道的磨损均匀，承受局部载荷的套圈与轴颈、外壳孔的配合应稍松一些，一般选用较松的过渡配合或间隙量较小的间隙配合，以便使套圈滚道间的摩擦力矩带动套圈转位，从而在一定程度上避免滚道局部区域磨损、延长轴承的使用寿命。

（2）循环载荷　作用于轴承上的合成径向载荷与套圈相对旋转，即合成载荷方向依次作用在套圈滚道的整个圆周上，该套圈所承受的载荷称为循环载荷。图 8-7a 所示的内圈和图 8-7 b 所示的外圈，相当于套圈相对载荷 F_r 方向旋转，受到循环载荷的作用。例如：减速器转轴两端的滚动轴承的内圈，汽车、拖拉机车轮轮毂中滚动轴承的外圈，都是循环载荷的典型实例。此时套圈的受力特点是载荷呈周期作用，套圈滚道产生均匀磨损。在通常情况下，承受循环载荷的套圈与轴颈、外壳孔的配合应稍紧一些，可选用过盈配合或较紧的过渡配合，以避免它们之间产生相对滑动使配合面发热加速磨损。其过盈量的大小以不使套圈与轴颈、外壳孔的配合面间产生爬行现象为原则。

（3）摆动载荷　作用于轴承上的合成径向载荷与套圈在一定区域内相对摆动，即合成载荷方向按一定规律变化，往复作用在套圈滚道的局部圆周上，该套圈所承受的载荷称为摆动载荷。如图 8-7c、d 所示，轴承套圈承受一个大小、方向均固定的径向载荷 F_r 和一个旋转的径向载荷 F_c，两者的合成径向载荷大小将由小到大，再由大到小，周期性变化。

由图 8-8 可知，当 $F_r > F_c$ 时，F_r 与 F_c 的合成载荷在 AB 区域内摆动，则不旋转套圈相对于合成载荷方向摆动，而旋转套圈相对于合成载荷方向旋转；当 $F_r < F_c$ 时，F_r 与 F_c 的合成载荷则沿整个圆周变动，因此不旋转套圈就相对于合成载荷方向旋转，而旋转套圈则相对于合成载荷方向摆动。承受摆动载荷的套圈，其配合要求与承受循环载荷时相同或略松一些，以提高轴承的使用寿命。

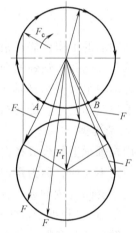

图 8-8　摆动载荷

2. 载荷大小

滚动轴承套圈与轴颈、外壳孔的配合与轴承套圈所承受的载荷大小有关。对于向心轴承，国家标准 GB/T 275—2015 按其径向当量动载荷 P_r 与径向额定动载荷 C_r 的关系，将载荷分为轻载荷、正常载荷和重载荷三种类型，见表 8-2。

表 8-2　载荷类型

载荷类型	轻载荷	正常载荷	重载荷
P_r/C_r	$\leqslant 0.06$	$>0.06 \sim 0.12$	>0.12

轴承在重载荷或冲击载荷作用下，套圈容易产生变形，使配合面受力不均匀，引起配合松动，影响轴承的工作性能。因此，载荷越大，过盈量应越大，且承受变化载荷的配合应比承受平稳载荷的配合紧一些。

3. 径向游隙

按 GB/T 4604.1—2012《滚动轴承　游隙　第 1 部分：向心轴承的径向游隙》的规定，

滚动轴承的径向游隙共分为五组：2组、N组、3组、4组、5组，游隙依次由小到大，其中N组为基本游隙组。

轴承的径向游隙应适中，过大的游隙会引起较大的径向圆跳动和轴向圆跳动，使轴承产生较大的振动和噪声；而过小的游隙会使轴承滚动体与套圈产生较大的接触应力，加剧轴承工作时的摩擦发热，致使轴承寿命降低。

由于过盈配合及温度影响，轴承的工作游隙小于原始游隙。N组径向游隙值适用于一般的运转条件、常温状态及常用的过盈配合；对于采用较紧配合、内外圈温差较大、需要降低摩擦力矩及深沟球轴承承受较大轴向载荷或需改善调心性能的工况，宜采取3、4、5组游隙值。

4. 工作温度

轴承工作时，因摩擦发热及其他热源的影响，套圈的温度会高于相配零件的温度。内圈的热膨胀使之与轴颈的配合变松，而外圈的热膨胀则使之与外壳孔的配合变紧。因此，当轴承工作温度高于100°C时，应对所选的配合进行适当的修正，以保证轴承的正常运转。

5. 其他因素

(1) 轴承尺寸　滚动轴承的尺寸越大，选用的配合应越紧。但对于重型机械上的特大尺寸轴承，应采用较松的配合。

(2) 轴承组件的轴向游动　轴承组件在运转过程中易受热导致轴产生微量伸长。为避免安装着不可分离型轴承的轴因受热伸长而产生弯曲，轴承外圈与外壳孔的配合应松一些，并且在轴承外圈端面与端盖端面之间留有适当的轴向间隙，以允许轴带动轴承一起做微量的轴向移动。

(3) 旋转精度及速度　对载荷较大且旋转精度要求较高的轴承，为消除弹性变形和振动的影响，旋转套圈应避免采用间隙配合，但也不宜过紧。对精密机床的轻载荷高精度轴承，为避免相配件形状误差对轴承的旋转精度产生影响，常采用较小的间隙配合。当轴承的旋转速度较高且又在冲击振动载荷下工作时，轴承与轴颈及外壳孔的配合最好都选用过盈配合。当其他条件相同时，轴承转速越高，配合应越紧。

(4) 轴颈与外壳孔的结构和材料　剖分式外壳孔比整体式外壳孔与轴承外圈的配合要松些，以避免箱盖和箱座装配时夹扁轴承外圈；空心轴颈比实心轴颈、薄壁壳体比厚壁壳体、轻合金壳体比钢或铸铁壳体与轴承套圈的配合稍紧些，以保证足够的连接强度。

(5) 轴承的安装与拆卸　为便于轴承的安装与拆卸，宜采用较松的配合。若要求装拆方便但又要紧配合时，可采用分离型轴承或内圈带锥孔、紧定套或退卸套的轴承。

综上所述，影响滚动轴承配合的因素很多，通常难以用计算法确定，所以在实际生产中一般采用类比法选择轴承的配合。

8.1.4　滚动轴承和轴颈、外壳孔结合的精度设计

与滚动轴承配合的外壳孔和轴颈的精度包括它们的尺寸公差带、几何公差和表面粗糙度参数值。

1. 轴颈和外壳孔公差带的确定

与滚动轴承配合的轴颈和外壳孔的标准公差等级应与轴承的公差等级协调。

与0级、6级轴承配合的轴颈一般选IT6，外壳孔一般选IT7。

在旋转精度和运转平稳性有较高要求的场合，轴颈一般选IT5，外壳孔一般选IT6。

采用类比法确定轴颈和外壳孔的公差带时，可参照表 8-3～表 8-6 进行选择。

表 8-3　安装向心轴承的轴颈公差带（摘自 GB/T 275—2015）

圆 柱 孔 轴 承						
运转状态		载荷状态	深沟球轴承、调心球轴承和角接触球轴承	圆柱滚子轴承和圆锥滚子轴承	调心滚子轴承	公差带
说明	举例		轴承公称内径/mm			
旋转的内圈载荷及摆动载荷	一般通用机械、电动机、泵、内燃机、直齿轮传动装置、铁路机车车辆的轴箱、牵引电动机、破碎机等	轻载荷	≤18	—	—	h5
			>18～100	≤40	≤40	j6①
			>100～200	>40～140	>40～100	k6①
			—	>140～200	>100～200	m6①
		正常载荷	≤18	—	—	j5、js5
			>18～100	≤40	≤40	k5②
			>100～140	>40～100	>40～65	m5②
			>140～200	>100～140	>65～100	m6
			>200～280	>140～200	>100～140	n6
			—	>200～400	>140～280	p6
			—	—	>280～500	r6
		重载荷	—	>50～140	>50～100	n6③
				>140～200	>100～140	p6③
				>200	>140～200	r6③
				—	>200	r7③
固定的内圈载荷	静止轴上的各种轮子、张紧轮、绳轮等	所有载荷	所有尺寸			f6 g6 h6 j6
仅有轴向载荷		所有尺寸				j6、js6
圆 锥 孔 轴 承						
所有载荷	铁路机车车辆轴箱	装在退卸套上	所有尺寸			h8(IT6)④⑤
	一般机械传动	装在紧定套上	所有尺寸			h9(IT7)④⑤

① 凡精度有较高要求的场合，应选用 j5、k5、m5 分别代替 j6、k6、m6。
② 圆锥滚子轴承、角接触球轴承配合对游隙影响不大，可用 k6、m6 分别代替 k5、m5。
③ 重载荷下轴承游隙应选大于 N 组。
④ 凡精度要求较高或转速要求较高的场合，应选用 h7（IT5）代替 h8（IT6）等。
⑤ IT6、IT7 表示圆柱度公差数值。

表 8-4　安装向心轴承的外壳孔公差带（摘自 GB/T 275—2015）

运转状态		载荷状态	其他状态	公差带①	
说明	举例			球轴承	滚子轴承
固定的外圈载荷	一般机械、铁路机车车辆轴箱、电动机、泵、曲轴主轴承、牵引电动机等	较、正常、重	轴向易移动，可采用剖分式外壳	H7、G7②	
		冲击	轴向能移动，可采用整体或剖分式外壳	J7、JS7	
摆动载荷		轻、正常		J7、JS7	
		正常、重		K7	
		冲击		M7	
旋转的外圈载荷	张紧轮、轮毂轴承等	轻	轴向不移动，采用整体式外壳	J7	K7
		正常		K7、M7	M7、N7
		重			N7、P7

① 并列公差带随尺寸的增大从左至右选择，对旋转精度有较高要求时，可相应提高一个公差等级。
② 不适用于剖分式外壳。

表 8-5 安装推力轴承的轴颈公差带（摘自 GB/T 275—2015）

载荷状态		推力球轴承和推力圆柱滚子轴承	推力调心滚子轴承、推力角接触球轴承、推力圆锥滚子轴承	公差带
		轴承公称内径/mm		
反轴向载荷		所有尺寸		j6 或 js6
固定的轴圈载荷	径向和轴向联合载荷	—	≤250	j6
			>250	js6
旋转的轴圈载荷或摆动载荷		—	≤200	k6①
			>200～400	m6①
			>400	n6①

① 要求较小过盈时，可用 j6、k6、m6 分别代替 k6、m6、n6。

表 8-6 安装推力轴承的外壳孔公差带（摘自 GB/T 275—2015）

载荷状态		轴承类型	公差带	备 注
反轴向载荷		推力球轴承	H8	
		推力圆柱、圆锥滚子轴承	H7	
		推力调心滚子轴承	—	外壳孔与座圈配合间隙为 0.001D（D 为轴承公称外径）
固定的座圈载荷	径向和轴向联合载荷	推力角接触球轴承、推力调心滚子轴承、推力圆锥滚子轴承	H7	
旋转的座圈载荷或摆动载荷			K7	一般工作条件
			M7	有较大径向载荷时

2. 轴颈和外壳孔几何公差与表面粗糙度参数值的选择

轴颈和外壳孔的公差带确定后，为保证轴承的工作性能，还应对它们分别规定几何公差和表面粗糙度参数值，可参照表 8-7、表 8-8 选取。

（1）轴颈和外壳孔的几何公差 为了保证轴承与轴颈、外壳孔的配合性质，轴颈和外壳孔应分别采用包容要求和最大实体要求的零几何公差。对于轴颈，在采用包容要求Ⓔ的同时，为了保证同一根轴上两个轴颈的同轴度精度，还应规定这两个轴颈的轴线分别对它们的公共轴线的同轴度公差。

对于外壳上支承同一根轴的两个轴承孔，应按关联要素采用最大实体要求的零几何公差 φ0Ⓜ来规定这两个孔的轴线分别对它们公共轴线的同轴度公差，以同时保证指定的配合性质和同轴度精度。

此外，无论轴颈或外壳孔，若存在较大的形状误差，则轴承与它们安装后，套圈会因此而产生变形。为保证轴承正常工作，必须对轴颈和外壳孔规定严格的圆柱度公差，见表 8-7。

轴肩和外壳孔肩的端面是安装轴承的轴向定位面，若它们存在较大的垂直度误差，则轴承安装后会产生歪斜而导致滚动体与滚道接触不良，轴承工作时会引起振动和噪声，影响旋转精度，造成局部磨损，因此应规定轴肩和外壳孔肩的端面对基准轴线的轴向圆跳动公差，见表 8-7。

（2）轴颈和外壳孔的表面粗糙度　轴颈和外壳孔的表面粗糙度会直接影响配合的性质和连接的可靠性。因此，与滚动轴承内、外圈配合的表面都有较高的表面粗糙度要求，见表8-8。

表8-7　轴颈和外壳孔的几何公差（摘自 GB/T 275—2015）

公称尺寸/mm		圆柱度				轴向圆跳动			
		轴颈		外壳孔		轴颈		外壳孔	
		轴承公差等级							
		0	6(6X)	0	6(6X)	0	6(6X)	0	6(6X)
>	≤	公差值/μm							
—	6	2.5	1.5	4	2.5	5	3	8	5
6	10	2.5	1.5	4	2.5	6	4	10	6
10	18	3	2	5	3	8	5	12	8
18	30	4	2.5	6	4	10	6	15	10
30	50	4	2.5	7	4	12	8	20	12
50	80	5	3	8	5	15	10	25	15
80	120	6	4	10	6	15	10	25	15
120	180	8	5	12	8	20	12	30	20
180	250	10	7	14	10	20	12	30	20
250	315	12	8	16	12	25	15	40	25
315	400	13	9	18	13	25	15	40	25
400	500	15	10	20	15	25	15	40	25

表8-8　轴颈和外壳孔以及端面的表面粗糙度参数值（摘自 GB/T 275—2015）

轴颈或外壳孔直径/mm		轴或外壳孔配合表面直径公差等级					
		IT7		IT6		IT5	
		表面粗糙度参数值/μm					
		Ra					
>	≤	磨	车	磨	车	磨	车
—	80	1.6	3.2	0.8	1.6	0.4	0.8
80	500	1.6	3.2	1.6	3.2	0.8	1.6
端面		3.2	6.3	3.2	6.3	1.6	3.2

3. 轴颈和外壳孔的精度设计示例

例8-1　已知某通用减速器输出轴装有6211型深沟球轴承（内径 $d=55$mm，外径 $D=100$mm，径向额定动载荷 $C_r=43200$N），如图8-9所示。它的工作条件为：轴承内圈随轴旋转，外圈固定不动，其承受的径向当量动载荷 $P_r=1650$N。试确定轴颈和外壳孔的公差带、几何公差和表面粗糙度参数值，并将它们分别标注在装配图和零件图上。

解　1）轴承公差等级的确定。因减速器属于一般机械，轴的转速不高，故选用0级轴承即可满足要求。

2）轴颈和外壳孔公差带的选取。根据工作条件，轴承所承受的径向当量动载荷 $P_r=1650$N≤$0.06C_r=2592$N，属于轻载荷。又因为轴承内圈相对于载荷方向旋转，而外圈相对于载荷方向固定，查表8-3和表8-4分别选取轴颈的公差带为φ55j6，外壳孔的公差带为φ100H7，并将其标注在图8-9所示的装配图上。

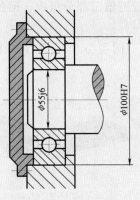

图 8-9 装配图标注

3）几何公差和表面粗糙度参数值的选取。根据表8-7，轴颈的圆柱度公差为0.005mm，轴肩轴向圆跳动公差为0.015mm；外壳孔的圆柱度公差为0.010mm，孔肩的轴向圆跳动公差为0.025mm。

根据表8-8，轴颈 Ra 值为 $0.8\mu m$，轴肩端面 Ra 值为 $6.3\mu m$；外壳孔 Ra 值为 $1.6\mu m$，孔肩端面 Ra 值为 $3.2\mu m$。

4）图样标注。将确定好的各项精度设计参数标注在相应的零件图上，如图8-10所示。

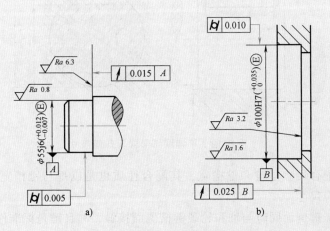

图 8-10 轴颈和外壳孔在零件图的标注示例

a）轴颈标注示例 b）外壳孔标注示例

8.2 单键、花键结合的精度设计

键和花键主要用于轴与轴上传动件（如齿轮、带轮、联轴器等）之间实现周向固定以传递转矩的可拆联结。其中，有些还能用作导向联结，如变速箱中变速齿轮内花键与花键轴的联结。

8.2.1 单键联结

单键联结由键、轴键槽和轮毂键槽三部分组成，通过键的侧面与轴键槽及轮毂键槽的侧面相互接触来传递转矩。

单键结构形式多样，按形状不同可分为平键（图 8-11a）、半圆键（图 8-11b）、楔键（图 8-11c）、切向键（图 8-11d）。

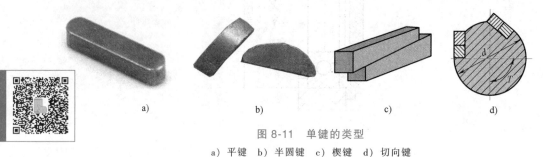

图 8-11　单键的类型

a）平键　b）半圆键　c）楔键　d）切向键

平键联结形式与几何尺寸如图 8-12 所示。键和轴键槽、轮毂键槽的宽度 b 是配合尺寸，应规定较严的公差；而键的高度 h 和长度 L 以及轮毂键槽的深度 t_2 皆是非配合尺寸，应给予较松的公差。

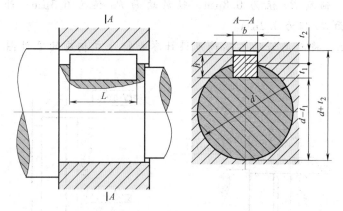

图 8-12　平键联结形式与几何尺寸

平键联结的配合尺寸是键和键槽宽，其配合性质也是以键与键槽宽的配合性质来体现的，其他为非配合尺寸。

平键联结由于键侧面同时与轴和轮毂键槽侧面接触，并且键是标准件，由型钢制成，因此采用基轴制配合，其公差带如图 8-13 所示。为了保证键与键槽侧面接触良好而又便于拆装，键与键槽采用过渡配合或小间隙配合。其中，键与轴键槽的配合应较紧，而键与轮毂键槽的配合可较松。对于导向平键，要求键与轮毂键槽之间做轴向相对移动，要有较好的导向性，因此宜采用具有适当间隙的间隙配合。

GB/T 1095—2003《平键　键槽的剖面尺寸》对键和键槽规定了三种基本联结，见表 8-9。

键宽 b（公差带按 h8）、键高 h（公差带按 h11）、平键长度 L（公差带按 h14）和轴键槽长度 L（公差带按 H14）的公差值按其公称尺寸从 GB/T 1800.1 中查取，键槽宽 b 及其他非配合尺寸公差规定见表 8-10。

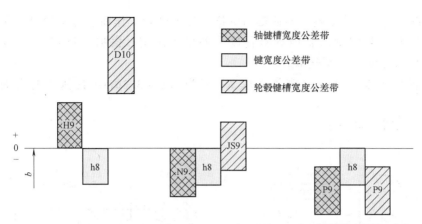

图 8-13　键宽与键槽宽的公差带

表 8-9　普通平键的三种基本联结

联结种类	宽度 b 的公差带			应用范围
	键	轴键槽	轮毂键槽	
松联结		H9	D10	主要用于导向平键
正常联结	h8	N9	JS9	单件和成批生产且载荷不大时
紧密联结		P9	P9	传递重载、冲击载荷或双向转矩时

表 8-10　普通平键键槽尺寸与公差（摘自 GB/T 1095—2003）　　　　　（单位：mm）

轴	键	键　槽									
			宽度 b						深度		
				极限偏差					轴 t_1		毂 t_2
公称直径 d	公称尺寸 $b×h$	公称尺寸 b	松联结		正常联结		紧密联结		公称尺寸	极限偏差	公称尺寸	极限偏差
			轴 H9	毂 D10	轴 N9	毂 JS9	轴和毂 P9					
≤6~8	2×2	2	+0.025 0	+0.060 +0.020	-0.004 -0.029	±0.0125	-0.006 -0.031	1.2		1.0	
>8~10	3×3	3						1.8		1.4	
>10~12	4×4	4	+0.030 0	+0.078 +0.030	0 -0.030	±0.015	-0.012 -0.042	2.5	+0.10 0	1.8	+0.10 0
>12~17	5×5	5						3.0		2.3	
>17~22	6×6	6						4.0		2.8	
>22~30	8×7	8	+0.036 0	+0.098 +0.040	0 -0.036	±0.018	-0.015 -0.051	4.0		3.3	
>30~38	10×8	10						5.0		3.3	
>38~44	12×8	12	+0.043 0	+0.012 +0.050	0 -0.043	±0.0215	-0.018 -0.061	5.0		3.3	
>44~50	14×9	14						5.5		3.8	
>50~58	16×10	16						6.0	+0.20 0	4.3	+0.20 0
>58~65	18×11	18						7.0		4.4	
>65~75	20×12	20	+0.052 0	+0.149 +0.065	0 -0.052	±0.026	-0.022 -0.074	7.5		4.9	
>75~85	22×14	22						9.0		5.4	
>85~95	25×14	25						9.0		5.4	
>95~110	28×16	28						10.0		6.4	

注：$d-t_1$ 和 $d+t_2$ 两个组合尺寸的极限偏差按相应的 t_1 和 t_2 的极限偏差选取，但 $d-t_1$ 极限偏差值应取负号。

为了限制几何误差的影响，不使键与键槽装配困难和工作面受力不均等，在国家标准中，对轴键槽和轮毂键槽对轴线的对称度公差做了规定。根据键槽宽 b，一般按 GB/T 1184—1996 中对称度 7~9 级选取。

　　表面粗糙度值要求为：键槽侧面取 Ra 值为 $1.6 \sim 3.2\mu m$；其他非配合面取 Ra 值为 $6.3\mu m$。

　　图样标注如图 8-14 所示。

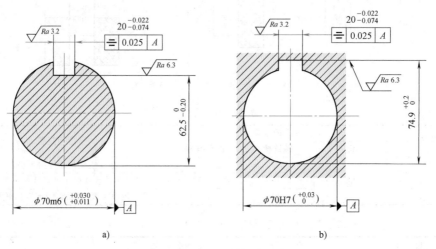

图 8-14　图样标注

8.2.2　花键联结

　　与单键联结相比，花键联结具有下列优点：定心精度高；导向性好；承载能力强。因而它在机械中获得广泛应用。

　　花键联结分为固定联结与滑动联结两种。花键联结的使用要求为：保证联结强度及传递转矩可靠；定心精度高；滑动联结还要求导向精度及移动灵活性，固定联结要求可装配性。按齿形的不同，花键分为矩形花键（图 8-15a）、渐开线花键（图 8-15b）和三角花键（图 8-15c），其中矩形花键应用最广泛。

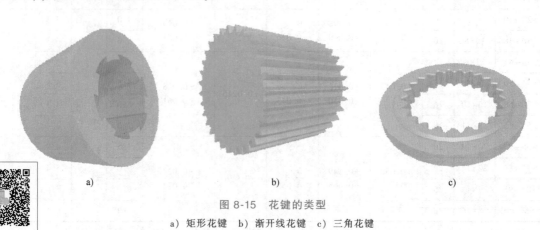

图 8-15　花键的类型

a）矩形花键　b）渐开线花键　c）三角花键

1. 花键定心方式

花键有大径 D、小径 d 和键（槽）宽 B 三个主要尺寸参数，若要求这三个尺寸同时起配合定心作用，以保证内、外花键同轴度是很困难的，而且也无必要。因此，为了改善其加工工艺性，只需将其中一个参数加工得较准确，使其起配合定心作用。

由于转矩的传递是通过键和键槽两侧面来实现的，因此，键宽和键槽宽不论是否作为定心尺寸，都要求有较高的尺寸精度。

根据定心要素的不同，分为三种定心方式：大径 D 定心、小径 d 定心、键宽 B 定心，如图 8-16 所示。

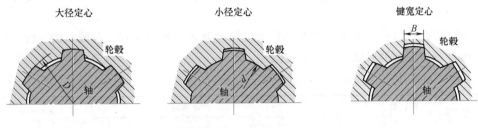

图 8-16　花键的定心方式

矩形花键国家标准（GB/T 1144—2001）规定，矩形花键用小径定心，因为小径定心有一系列优点。

当用大径定心时，内花键定心表面的精度依靠拉刀保证，而当内花键定心表面硬度要求高（40HRC 以上）时，热处理后的变形难以用拉刀修正；当内花键定心表面粗糙度要求高（$Ra<0.63\mu m$）时，用拉削工艺也难以保证；在单件、小批生产及大规格花键中，内花键也难以用拉削工艺，因为该种加工方式不经济。

采用小径定心时，内花键热处理后的变形可用内圆磨修复，而且内圆磨可达到更高的尺寸精度和更高的表面粗糙度要求；外花键小径精度可用成形磨削保证。所以，小径定心的定心精度更高，定心稳定性较好，使用寿命长，有利于产品质量的提高。

2. 矩形花键的极限与配合

GB/T 1144—2001 规定矩形花键的小径 d、大径 D 及键（槽）宽 B 的公差带如图 8-17 所示，尺寸公差带与装配型式见表 8-11。

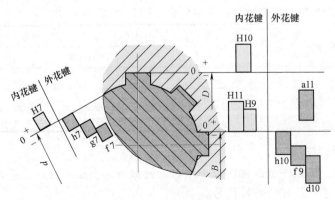

图 8-17　矩形花键的公差带

对内花键规定了拉削后热处理和不热处理两种。国家标准中规定，按装配型式分为滑动配合、紧滑动配合和固定配合三种。它们的区别在于，前两种在工作过程中花键套可在轴上移动。

花键联结采用基孔制，目的是减少拉刀的数目。

对于精密传动用的内花键，当需要控制键侧配合间隙时，键槽宽公差带可选用 H7，一般情况下可选用 H9。

当内花键小径公差带为 H6 和 H7 时，允许与高一级的外花键配合。

为保证装配性能要求，小径极限尺寸应遵守包容要求。

各尺寸（D、d 和 B）的极限偏差，可按其公差带代号及公称尺寸从"极限与配合"相应国家标准中查出。

内、外花键的几何公差要求，主要是位置度公差要求，见表 8-12。对较长的花键，可根据产品性能自行规定键侧对轴线的平行度公差。

表 8-11　矩形花键的尺寸公差带与装配型式（摘自 GB/T 1144—2001）

内花键				外花键			装配型式
d	D	B 拉削后不热处理	B 拉削后热处理	d	D	B	
一般用							
H7	H10	H9	H11	f7	a11	d10	滑动配合
				g7		f9	紧滑动配合
				h7		h10	固定配合
精密传动用							
H5	H10	H7、H9		f5	a11	d8	滑动配合
				g5		f7	紧滑动配合
				h5		h8	固定配合
H6				f6		d8	滑动配合
				g6		f7	紧滑动配合
				h6		h8	固定配合

表 8-12　矩形花键的位置度公差（摘自 GB/T 1144—2001）

键槽宽或键宽 B/mm		3	3.5～6	7～10	12～18
		t_1/μm			
键槽宽		10	15	20	25
键宽	滑动、固定	10	15	20	25
	紧滑动	6	10	13	16

3. 花键联结图样标注

（1）装配图标注　按顺序依次标注以下项目：键数 N、小径 d 及其公差带代号、大径 D 及其公差带代号、键宽 B 及其公差带代号。

花键规格标注形式为

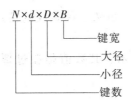

$$N \times d \times D \times B$$

键宽
大径
小径
键数

花键副在装配图上标注形式为

$$6 \times 23\frac{H7}{f7} \times 26\frac{H10}{a11} \times 6\frac{H11}{d10} \quad GB/T\ 1144—2001$$

（2）零件图标注

1）内花键标注形式。

$$6 \times 23H7 \times 26H10 \times 6H11 \quad GB/T\ 1144—2001$$

2）外花键标注形式。

$$6 \times 23f7 \times 26a11 \times 6d10 \quad GB/T\ 1144—2001$$

3）矩形花键各表面的表面粗糙度 Ra 的上限值推荐如下。

① 内花键。小径表面不大于 $0.8\mu m$，键槽侧面不大于 $3.2\mu m$，大径表面不大于 $6.3\mu m$。

② 外花键。小径表面不大于 $0.8\mu m$，键侧面不大于 $0.8\mu m$，大径表面不大于 $3.2\mu m$。

矩形花键的标注如图 8-18 所示。

单键和花键的检测与一般长度尺寸的检测类同，这里不再赘述。关于花键综合量规，请参阅其他相关书籍。

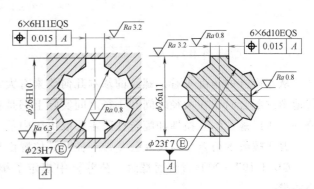

图 8-18　矩形花键的标注

8.3　螺纹结合的精度设计

螺纹在机电产品和仪器中应用甚广，按其用途可分为普通螺纹（图 8-19a）、传动螺纹

a)　　　　　　　　　　b)　　　　　　　　　　c)

图 8-19　螺纹的类型

a）普通螺纹　b）传动螺纹　c）紧密螺纹

（图 8-19b）和紧密螺纹（图 8-11c）。虽然三种螺纹的使用要求及牙型不同，但各参数对互换性的影响是一致的。

普通螺纹牙型参数如图 8-20 所示，其数值是在过螺纹轴线的断面上沿径向或轴向计值的。

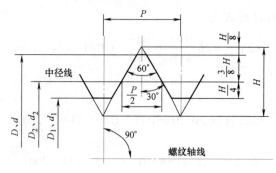

图 8-20 普通螺纹牙型参数

8.3.1 普通螺纹的极限与配合

从互换性的角度来看，螺纹的基本几何要素有大径、小径、中径、螺距和牙型半角。但普通螺纹配合时，在大径之间和小径之间实际上都是有间隙的，而螺距和牙型半角也不规定公差，所以螺纹的互换性和配合性质主要取决于中径。

普通螺纹的公差带与尺寸公差带一样，其位置由基本偏差决定，大小由公差等级决定。GB/T 197—2003《普通螺纹 公差》中规定了螺纹的大径公差带、小径公差带、中径公差带。

1. 公差等级

螺纹公差带的大小由标准公差等级确定。

内螺纹中径 D_2 和小径 D_1 的公差等级分为 4、5、6、7、8 级。

外螺纹中径 d_2 的公差等级分为 3、4、5、6、7、8、9 级，大径 d 的公差等级分为 4、6、8 级。

普通螺纹顶径公差、中径公差及公差等级分别见表 8-13 和表 8-14。

螺纹底径没有规定公差，仅规定内螺纹底径的下极限尺寸 D_{min} 应大于外螺纹大径的上极限尺寸；外螺纹底径的上极限尺寸 d_{1max} 应小于内螺纹小径的下极限尺寸。

2. 基本偏差

螺纹公差带相对于基本牙型的位置由普通螺纹的基本偏差确定。

国家标准中，对内螺纹规定了两种基本偏差，代号分别为 G、H，其基本偏差值见表 8-13。

对外螺纹规定了四种基本偏差，代号分别为 e、f、g、h，其基本偏差值见表 8-13。

3. 旋合长度

国家标准规定：螺纹的旋合长度分为三组，分别为短旋合长度、中等旋合长度和长旋合长度，并分别用代号 S、N、L 表示。

螺纹公差带和旋合长度构成螺纹的精度等级。GB/T 197—2003 将普通螺纹精度分为精密级、中等级和粗糙级三个等级，见表8-15。

表 8-13 普通螺纹的基本偏差和顶径公差（摘自 GB/T 197—2003） （单位：μm）

螺距 P /mm	内螺纹的基本偏差 EI		外螺纹的基本偏差 es				内螺纹小径公差 T_{D_1}					外螺纹大径公差 T_d		
	G	H	e	f	g	h	4	5	6	7	8	4	6	8
1	+26		−60	−40	−26		150	190	236	300	375	112	180	280
1.25	+28		−63	−42	−28		170	212	265	335	425	132	212	335
1.5	+32		−67	−45	−32		190	236	300	375	475	150	236	375
1.75	+34		−71	−48	−34		212	265	335	425	530	170	265	425
2	+38	0	−71	−52	−38	0	236	300	375	475	600	180	280	450
2.5	+42		−80	−58	−42		280	355	450	560	710	212	335	530
3	+48		85	−63	−48		315	400	500	630	800	236	375	600
3.5	+53		90	−70	−53		355	450	560	710	900	265	425	670
4	+60		95	−75	−60		375	475	600	750	950	300	475	750

表 8-14 普通螺纹的中径公差（摘自 GB/T 197—2003） （单位：μm）

公称直径/mm		螺距	内螺纹中径公差 T_{D_2}					外螺纹中径公差 T_{d_2}						
>	≤	P/mm	公差等级					公差等级						
			4	5	6	7	8	3	4	5	6	7	8	9
5.6	11.2	0.75	85	106	132	170	—	50	63	80	100	125	—	—
		1	95	118	150	190	236	56	71	90	112	140	180	224
		1.25	100	125	160	200	250	60	75	95	118	150	190	236
		1.5	112	140	180	224	280	67	85	106	132	170	212	265
11.2	22.4	1	100	125	160	200	250	60	75	95	118	150	190	236
		1.25	112	140	180	224	280	67	85	106	132	170	212	265
		1.5	118	150	190	236	300	71	90	112	140	180	224	280
		1.75	125	160	200	250	315	75	95	118	150	190	236	300
		2	132	170	212	265	335	80	100	125	160	200	250	315
		2.5	140	180	224	280	355	85	106	132	170	212	265	335
22.4	45	1	106	132	170	212	—	63	80	100	125	160	200	250
		1.5	125	160	200	250	315	75	95	118	150	190	236	300
		2	140	180	224	280	355	85	106	132	170	212	265	335
		3	170	212	265	335	425	100	125	160	200	250	315	400
		3.5	180	224	280	355	450	106	132	170	212	265	335	425
		4	190	236	300	375	475	112	140	180	224	280	355	450
		4.5	200	250	315	400	500	118	150	190	236	300	375	475

表 8-15 普通内、外螺纹的推荐公差带（摘自 GB/T 197—2003）

旋合长度		内螺纹			外螺纹		
		S	N	L	S	N	L
公差精度	精密	4H	5H	6H	（3h4h）	4h * （4g）	（5h4h） （5g4g）
	中等	5H * （5G）	<u>6H</u> 6G *	7H * （7G）	（5h6h） （5g6g）	6h <u>6g</u> 6f * 6e *	（7h6h） （7g6g） — （7e6e）
	粗糙	—	7H （7G）	8H （8G）	—	8g （8e）	（9g8g） （9e8e）

注：大量生产的精制紧固螺纹，推荐采用带下划线的公差带；带 * 号的公差带优先选用，加（）的公差带尽量不用。

8.3.2 普通螺纹极限与配合的选择

1. 螺纹公差精度与旋合长度的选择

螺纹公差精度的选择主要取决于螺纹的用途。精密级用于精密联接螺纹，即要求配合性质稳定、配合间隙小，需保证一定定心精度的螺纹联接。中等级用于一般用途的螺纹联接。粗糙级用于不重要的螺纹联接以及制造比较困难或热轧棒上加工的螺纹。

旋合长度通常选择中等旋合长度（N）。对于调整用螺纹可根据调整行程的长度选取；对于铝合金等强度较低的零件上的螺纹，可选用长旋合长度（L）；对于受力不大且空间位置所限的螺纹，可选用短旋合长度（S）。

2. 螺纹公差带与配合的选择

螺纹公差带主要根据使用要求，从表 8-15 中选择，选择时注意按照注释要求进行。

配合的选择按照以下要求进行。

1）为了保证螺母、螺栓旋合后的同轴度及强度，一般选用间隙为零的配合（H/h）。

2）为了装拆方便及改善螺纹的疲劳强度，可选用小间隙配合（H/g 和 G/h）。

3）需要涂镀保护层的螺纹，其间隙大小决定于镀层的厚度，镀层厚度为 $5\mu m$ 左右一般选 6H/6g，镀层厚度为 $10\mu m$ 左右选 6H/6e；若内、外螺纹均涂镀，则选 6G/6e。

4）在高温下工作的螺纹，可根据装配和工作时的温度差别来选定适宜的间隙配合。

8.3.3 普通螺纹的标注

普通螺纹的完整标记由螺纹特征代号（M）、尺寸代号、公差带代号、旋合长度代号（或数值）和旋向代号组成。

尺寸代号为公称直径（D、d）×Ph 导程 P 螺距，其数值单位均为 mm。对单线螺纹省略标注其导程，对粗牙螺纹可省略标注其螺距。如需要说明螺纹线数时，可在螺距的数值后加括号用英语说明，如双线（twostarts）、三线（threestarts）、四线（fourstarts）。

公差带代号是指中径和顶径公差带代号，由公差等级级别和基本偏差代号组成，中径公差带在前；若中径和顶径公差带相同，只标一个公差带代号。

中等旋合长度省略代号标注。对于左旋螺纹，标注"LH"代号，右旋螺纹省略旋向代号。尺寸、公差带代号、旋合长度代号和旋向代号间用短横线"-"分开。例如：

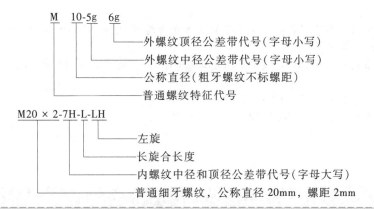

知识拓展：国外螺纹标准简介

随着我国经济的发展，国际间贸易更加密切，美国、欧洲的先进设备进入国内，国内企业承接国外产品零部件生产订单，这使得英标（英国标准）螺纹、美标（美国标准）螺纹在国内生产制造与使用中已是常见现象，为此，对国外常见螺纹进行简要介绍。

1. 英标螺纹（螺纹牙型角55°）

英标螺纹包括 BSW——英国标准惠氏螺纹（粗牙）、BSF——英国标准惠氏螺纹（细牙）、G——非密封管螺纹、PT—55°密封管螺纹、R——锥管外螺纹、RC——锥管内螺纹。

PT 是 PipeThread 的缩写，是55°密封管螺纹，属惠氏螺纹，多用于欧洲及英联邦国家。它常用于水及煤气管行业，锥度规定为 1:16。国家标准可查阅 GB/T 7306—2000。

G 是 55°非密封管螺纹，属惠氏螺纹。标记为 G 代表圆柱螺纹，国家标准可查阅 GB/T7307—2001。另外螺纹中的 1/4、1/2、1/8 标记是指螺纹尺寸的直径，单位是英寸（in），行内人通常用分来称呼螺纹尺寸，一 in 等于 8 分，1/4in 就是 2 分，如此类推。

2. 美标螺纹（螺纹牙型角60°）

美标螺纹主要分为统一螺纹（代号：UN）、60°密封管螺纹（代号：NPT）、机械联接螺纹（代号：NPSM），其中 NPT 是 National（American）PipeThread 的缩写，属于美国标准的 60°密封管螺纹，用于北美地区。

1) 美标常用螺纹，由螺纹直径、特征代号、精度等级构成。特征代号与螺纹类型一览表见表 8-16。

表 8-16　特征代号与螺纹类型一览表

螺纹类型	特征代号	牙型特征	备注	螺纹精度等级
统一螺纹	UNC	粗牙螺纹	常用普通螺纹	UN 系列螺纹精度等级有两种，即 2A、3A 为外螺纹精度，2B、3B 为内螺纹精度
	UNF	细牙螺纹		
	UNEF	特细牙螺纹		
	UN	定螺距螺纹		
60°密封管螺纹	NPT			NPT 的锥度为 1:16
机械联接螺纹	NPSM		用于一般管联接	精度等级有一种，即 2A 为外螺纹精度，2B 为内螺纹精度

2）粗牙系列：3/8-16UNC-2A（其中 3/8in 为螺纹直径，16 为 16 牙/in，UNC 为粗牙代号，2A 为精度等级）。

3）细牙系列：3/8-28UNF-2A（细牙是 28 牙/in，大于粗牙 16 牙/in，小于特细牙 32 牙/in）。

4）特细牙系列：3/8-32UNEF-2A。

5）定螺距系列：3/8-20UN-2A（定螺距 20 牙）。

习 题 八

8-1　填空题

1）矩形花键可以采用（　　　　　　　　　　）定心。

2）平键联结配合的主要参数是（　　　　　），基准制采用（　　　　　　）．

3）在选择轴承与轴颈或外壳孔的配合时，对于承受（　　　）载荷的套圈，应选择较紧的配合；对于承受（　　　）载荷的套圈，应选择较松的配合。

4）滚动轴承的公差等级分为五级，其中最低的是（　　　）级；选择轴承配合所考虑首要的因素是（　　　）。

5）决定螺纹的旋合性和配合质量的主要参数是（　　　）、（　　　）和（　　　）。

8-2　花键联结的主要优点有哪些？

8-3　花键联结的定心方式有哪几种？国家标准规定的定心方式是哪一种？

8-4　为什么滚动轴承国家标准将轴承内径的公差带分布在零线下侧？

8-5　选择滚动轴承与轴颈、外壳孔的配合时，应主要考虑哪些因素？

8-6　轴承套圈承受的载荷有哪几种？

第 9 章

渐开线圆柱齿轮精度的评定与设计

📖 **教学导读** Ⅲ

　　通过本章的学习，需要掌握渐开线圆柱齿轮精度的评定以及渐开线圆柱齿轮精度标准。要求学生掌握的知识点为：渐开线圆柱齿轮精度标准及评定参数、齿轮副精度标准。其中渐开线圆柱齿轮精度的评定是本章的重点和难点，涉及机械设计及机械制造等理论知识。

🔧 9.1　渐开线圆柱齿轮精度的评定

9.1.1　齿轮传动的使用要求

　　图 9-1 所示为汽车变速器中的变速齿轮、倒档齿轮。齿轮传动的类型很多，齿轮传动应用又极为广泛，对不同工况、不同用途的齿轮传动，其使用要求也是多方面的。归纳起来，使用要求可分为传动精度和齿侧间隙两个方面，其中传动精度又分为传递运动的准确性、传递运动的平稳性和载荷分布的均匀性三个方面。故一般情况下齿轮传动的使用要求分为以下四个方面。

　　1. 传递运动的准确性

　　传递运动的准确性是指齿轮在一转范围内，产生的最大转角误差要限制在一定的范围内，使齿轮副传动比变化小，以保证传递运动的准确性。

　　齿轮作为传动的主要零件，要求它能准确地传递运动，即保证主动轮

图 9-1　汽车变速器中的变速齿轮、倒档齿轮

转过一定转角时，从动轮按传动比转过一个相应的转角。从理论上来讲，传动比应保持恒定不变。但由于齿轮加工误差和齿轮副的安装误差，使从动轮的实际转角不同于理论转角，产生了转角误差 $\Delta\varphi$，导致两轮之间的传动比产生以一转为周期地变化。可见，齿轮转过一转的范围

内，从动轮产生的最大转角误差反映齿轮副传动比的变动量，即反映齿轮传动的准确性。

2. 传递运动的平稳性

传递运动的平稳性是指齿轮在转过一个齿距的范围内，其最大转角误差应限制在一定范围内，使齿轮副瞬时传动比变化小，以保证传递运动的平稳性。

齿轮在传递运动过程中，由于受齿廓误差、齿距误差等影响，从一对轮齿过渡到另一对轮齿的齿距的范围内，也存在着较小的转角误差，并且在齿轮一转中多次重复出现，导致一个齿距内瞬时传动比也在变化。一个齿距内瞬时传动比如果过大，将引起冲击、噪声和振动，严重时会损坏齿轮。可见，为保证齿轮传动的平稳性，应限制齿轮副瞬时传动比的变动量，也就是要限制齿轮转过一个齿距内转角误差的最大值。

3. 载荷分布的均匀性

载荷分布的均匀性是指在轮齿啮合过程中，工作齿面沿全齿高和全齿长上保持均匀接触，并且接触面积尽可能大。

齿轮在传递运动中，由于受各种误差的影响，齿轮的工作齿面不可能全部均匀接触。如载荷集中于局部齿面，将使齿面磨损加剧，甚至轮齿折断，严重影响齿轮使用寿命。

可见，为保证载荷分布的均匀性，齿轮工作面应有足够的精度，使啮合能沿全齿面（齿高、齿长方向）均匀接触。

4. 齿轮副侧隙的合理性

齿轮副侧隙的合理性是指一对齿轮啮合时，在非工作齿面间应留有合理的间隙，如图9-2所示，否则会出现卡死或烧伤现象。

齿轮副侧隙对储藏润滑油、补偿齿轮传动受力后的弹性变形和热变形、补偿齿轮及其传动装置的加工误差和安装误差都是有必要的。但对于需要反转的齿轮传动装置，侧隙又不能太大，否则回程误差及冲击都较大。为保证齿轮副侧隙的合理性，可在几何要素方面，对齿厚和齿轮箱体孔中心距偏差加以控制。

齿轮在不同的工作条件下，对上述四个方面的要求有所不同。例如：机床、减速器、汽车等中的一般动力齿轮，通常对传动运动的平稳性和载荷分布的均

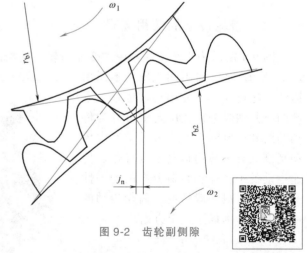

图9-2　齿轮副侧隙

匀性有所要求；矿山机械、轧钢机上的动力齿轮，主要对载荷分布的均匀性和齿轮副侧隙有严格要求；汽轮机上的齿轮，由于转速高、易发热，为了减少噪声、振动、冲击和避免卡死，对传动运动的平稳性和齿轮副侧隙有严格要求；百分表、千分表以及分度头中的齿轮，由于精度高、转速低，要求传递运动准确，一般情况下要求齿轮副侧隙为零。

9.1.2　渐开线圆柱齿轮精度的评定参数

1. 传递运动准确性的评定项目

（1）切向综合总偏差 F'_i　它是指被测齿轮与测量齿轮单面啮合时，被测齿轮一转内，

齿轮分度圆上实际圆周位移与理论圆周位移的最大差值，如图 9-3 所示。

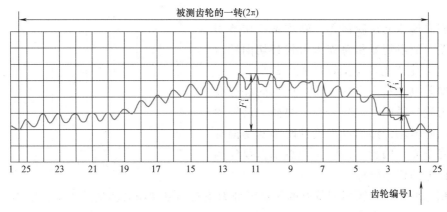

图 9-3　切向综合偏差

切向综合总偏差反映齿轮一转中的转角误差，说明齿轮运动的不均匀性，在一转过程中，其转速忽快忽慢，呈周期性变化。

切向综合总偏差既反映切向误差又反映径向误差，是评定传递运动准确性较为完善的综合性指标。当切向综合总误差小于或等于所规定的允许值时，表示齿轮可以满足传递运动准确性的使用要求。

测量切向综合总偏差，可在单啮仪上进行。被测齿轮在适当的中心距下（有一定的侧隙）与测量齿轮单面啮合，同时要加上一个轻微而足够的载荷。根据比较装置的不同，单啮仪可分为机械式、光栅式、磁分度式和地震仪式等。

（2）齿距累积总偏差 F_p　齿距累积偏差 F_{pk} 是指在端平面上，在接近齿高中部的与齿轮轴线同心的圆上，任意 k 个齿距的实际弧长与理论弧长的代数差，如图 9-4 所示。理论上，它等于这 k 个齿距的各单个齿距偏差的代数和。除另有规定，齿距累积偏差 F_{pk} 值被限定在不大于 1/8 的圆周上评定。因此，F_{pk} 的允许值适用于齿距数 k 为 $2\sim z/8$ 的弧段内。通常，F_{pk} 取 $k=z/8$ 就足够了。如果对于特殊的应用（如高速齿轮）还需检验较小弧段，并规定相应的 k 值。

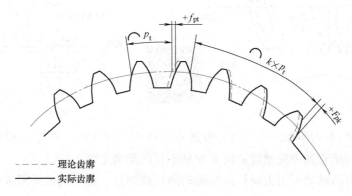

图 9-4　单个齿距偏差与齿距累积偏差

齿距累积总偏差 F_p 是指齿轮同侧齿面任意弧段（$k=1\sim z$）内的最大齿距累积偏差。

它表现为齿距累积偏差曲线的总幅值，如图9-5所示。

齿距累积总偏差能反映齿轮一转中偏心误差引起的转角误差，故齿距累积总误差可代替切向综合总偏差 F_i' 作为评定齿轮传递运动准确性的项目。但齿距累积总偏差只是有限点的误差，而切向综合总偏差可反映齿轮每瞬间传动比变化。显然，齿距累积总偏差在反映齿轮传递运动准确性时不及切向综合总偏差那样全面。因此，齿距累积总偏差仅作为切向综合总偏差的代用指标。

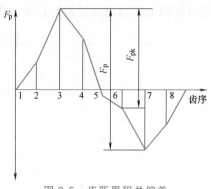

图 9-5　齿距累积总偏差

齿距累积总偏差和齿距累积偏差的测量可分为绝对测量和相对测量。其中，以相对测量应用最广，中等模数的齿轮多采用这种方法。

测量仪器有齿距仪（可测7级精度以下齿轮，如图9-6所示）和万能测齿仪（可测4～6级精度齿轮，如图9-7所示）。这种相对测量是以齿轮上任意一齿距为基准，把仪器指示表调整为零，然后依次测出其余各齿距相对于基准齿距之差，称为相对齿距偏差；然后将相对齿距偏差逐个累加，计算出最终累加值的平均值，并将平均值取其相反数与各相对齿距偏差相加，获得绝对齿距偏差（提取齿距相对于理论齿距之差）；最后再将绝对齿距偏差累加，累加值中的最大值与最小值之差即为被测齿轮的齿距累积总偏差。

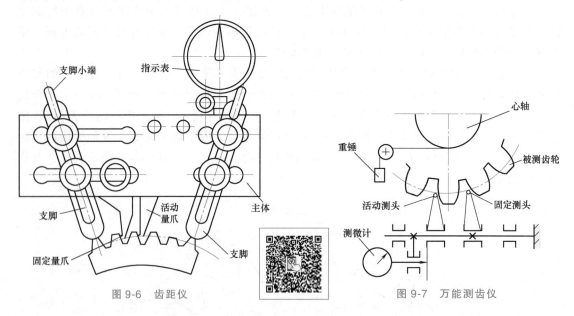

图 9-6　齿距仪　　　　　　　　　　　　　图 9-7　万能测齿仪

（3）齿轮齿圈径向圆跳动 F_r　它是指测头（球形、圆柱形、砧形）相继置于被测齿轮的每个齿槽内时，从它到齿轮轴线的最大和最小径向距离之差。

齿轮齿圈径向圆跳动可用齿圈径向圆跳动测量仪测量，测头制成球形或圆柱形插入齿槽中，也可制成V形测头卡在轮齿上（图9-8），与齿高中部双面接触。

被测齿轮一转所测得的相对于轴线径向距离的总变动幅度值，即是齿轮齿圈径向圆跳动，如图9-9所示。从图中看出偏心量是径向圆跳动的一部分。

由于齿轮径向圆跳动的测量是以齿轮孔的轴线为基准，仅反映径向误差；齿轮一转中最大误差只出现一次，是长周期误差；它仅作为影响传递运动准确性中属于径向性质的单项性指标。因此，采用这一指标必须与能揭示切向误差的单项性指标组合，才能全面评定传递运动准确性。

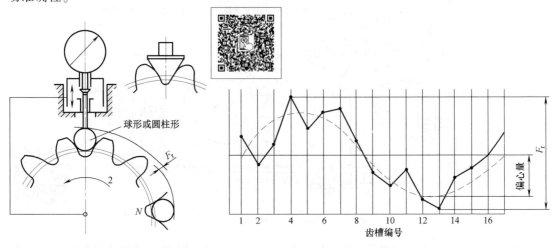

图 9-8 齿轮齿圈径向圆跳动的测量　　　　图 9-9 齿轮齿圈径向圆跳动

（4）径向综合总偏差 F_i'' 它是指在径向（双面）综合检验时，被测齿轮的左右齿面同时与测量齿轮接触，并转过一整圈时出现的中心距最大值和最小值之差，如图 9-10 所示。

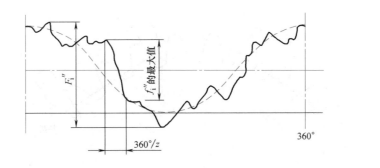

图 9-10 径向综合偏差

径向综合总偏差是在齿轮双面啮合综合检查仪（图 9-11）上进行测量的。将被测齿轮与测量齿轮分别安装在双面啮合综合检查仪的两平行心轴上。在弹簧作用下，两齿轮做紧密无侧隙的双面啮合，使被测齿轮回转一周。被测齿轮一转中指示表的最大读数差值（即双啮中心距的总变动量）即为被测齿轮的径向综合总偏差 F_i''。由于其中心距变动主要反映径向误差，也就是说径向综合总偏差 F_i'' 主要反映径向误差，它可代替径向圆跳动 F_r，并且可综合反映齿形、齿厚均匀性等误差在径向上的影响。因此径向综合总偏差 F_i'' 也是作为影响传递运动准确性指标中属于径向性质的单项性指标。

用齿轮双面啮合综合检查仪测量径向综合总偏差，测量状态与齿轮的工作状态不一致，测量结果同时受左、右两侧齿廓和测量齿轮的精度以及总重合度的影响，不能全面地反映传递运动准确性要求。由于仪器测量时的啮合状态与切齿时的状态相似，能够反映齿轮坯和刀具的安装误差，并且仪器结构简单，环境适应性好，操作方便，测量效率高，故在大批量生产中常用此项指标。

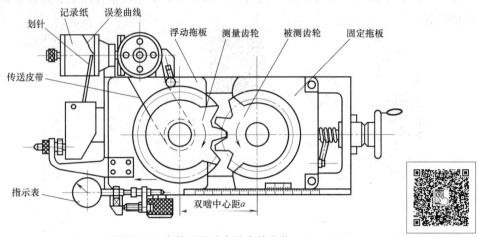

图 9-11　齿轮双面啮合综合检查仪

（5）公法线长度变动 ΔF_{W}　它是指在齿轮一周范围内，提取公法线长度的最大值与最小值之差，如图 9-12 所示。考虑到该评定指标的实用性和科研工作的需要，对其评定理论和测量方法仍加以介绍（GB/T 10095.1 和 GB/T 10095.2 均无此定义）。

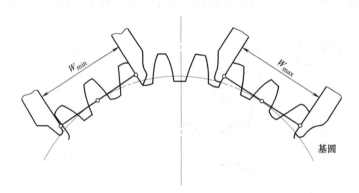

图 9-12　公法线长度变动

公法线即基圆的切线，渐开线圆柱齿轮的公法线长度 W 是指跨越 k 个齿的两异侧齿廓的平行切线间的距离，理想状态下公法线应与基圆相切。

公法线长度变动 ΔF_{W} 一般可用公法线千分尺或万能测齿仪进行测量。

公法线千分尺是用相互平行的圆盘测头，插入齿槽中进行公法线长度变动的测量（图 9-13），$\Delta F_{\mathrm{W}} = W_{\max} - W_{\min}$。

若被测齿轮轮齿分布疏密不均，则实际公法线的长度就会有变动。但公法线长度变动的测量不是以齿轮基准孔轴线为基准，其反映齿轮加工

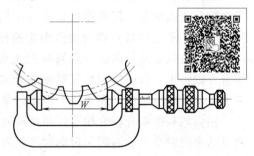

图 9-13　公法线长度变动的测量

时的切向误差，不能反映齿轮的径向误差，可作为影响传递运动准确性指标中属于切向性质的单项性指标。

必须注意，测量时应使量具的测量面与轮齿的齿高中部接触。为此，测量所跨齿数 k 应按下式计算，即

$$k = \frac{z}{9} + 0.5$$

综上所述，影响传递运动准确性的误差为齿轮一转中出现一次的长周期误差，主要包括径向误差和切向误差。评定传递运动准确性的指标中，能同时反映径向误差和切向误差的综合性指标有切向综合总偏差 F_i'、齿距累积总偏差 F_P（齿距累积偏差 F_{PK}）；只反映径向误差或切向误差两者之一的单项指标有径向圆跳动 F_r、径向综合总偏差 F_i'' 和公法线长度变动 ΔF_W。使用时，可选用一个综合性指标，也可选用两个单项性指标的组合（径向指标与切向指标各选一个）来评定，才能全面反映对传递运动准确性的影响。

2. 传递运动平稳性的评定项目

（1）一齿切向综合偏差 f_i'　它是指齿轮在一个齿距内的切向综合总偏差，即在切向综合偏差记录曲线上小波纹的最大幅度值（图 9-3）。一齿切向综合偏差是 GB/T 10095.1 规定的检验项目，但不是必检项目。

齿轮每转过一个齿距，都会引起转角误差，即出现许多小的峰谷。在这些短周期误差中，峰谷的最大幅度值即为一齿切向综合偏差 f_i'。f_i' 既反映了短周期的切向误差，又反映了短周期的径向误差，是评定齿轮传递运动平稳性较全面的指标。一齿切向综合偏差 f_i' 是在单面啮合综合检查仪上测量切向综合总偏差的同时测出的。

（2）一齿径向综合偏差 f_i''　它是指当被测齿轮与测量齿轮啮合一整圈时，对应一个齿距（$360°/z$）的径向综合偏差值，即在径向综合偏差记录曲线上小波纹的最大幅度值（图 9-10），其波长常常为齿距。一齿径向综合偏差是 GB/T 10095.2 规定的检验项目。

一齿径向综合偏差 f_i'' 也反映齿轮的短周期误差，但与一齿切向综合偏差 f_i' 是有差别的。f_i'' 只反映刀具制造和安装误差引起的径向误差，而不能反映机床传动链短周期误差引起的周期切向误差。因此，用一齿径向综合偏差评定齿轮传递运动平稳性不如用一齿切向综合偏差评定全面。

但由于双啮仪结构简单，操作方便，在成批生产中仍广泛采用，所以一般用一齿径向综合偏差作为评定齿轮传递运动平稳性的代用综合指标。

一齿径向综合偏差 f_i'' 是在双面啮合综合检查仪上测量径向综合总偏差的同时测出的。

（3）齿廓偏差　它是指实际齿廓对设计齿廓的偏离量，其在端平面内且垂直于渐开线齿廓的方向计值。

1）齿廓总偏差 F_a。它是指在计值范围内，包容实际齿廓迹线的两条设计齿廓迹线间的距离，如图 9-14a 所示。

2）齿廓形状偏差 f_{fa}。它是指在计值范围内，包容实际齿廓迹线的两条与平均齿廓迹线完全相同的曲线间的距离，且两条曲线与平均齿廓迹线的距离为常数，如图 9-14b 所示。

3）齿廓倾斜偏差 f_{Ha}。它是指在计值范围内，两端与平均齿廓迹线相交的两条设计齿廓迹线间的距离，如图 9-14c 所示。

齿廓偏差的存在使两齿面啮合时产生传动比的瞬时变动。如图 9-15 所示，两理想齿廓

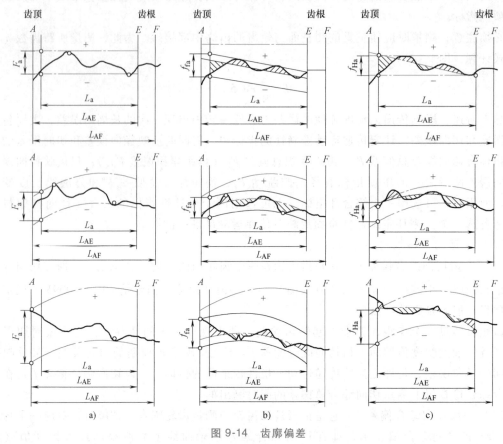

图 9-14 齿廓偏差

a）齿廓总偏差 b）齿廓形状偏差 c）齿廓倾斜偏差

应在啮合线上的点 a 接触，由于齿廓偏差，使接触点由 a 变到 a'，引起瞬时传动比的变化。这种接触点偏离啮合线的现象在一对轮齿啮合转动过程中要多次发生，其结果使齿轮一转内的传动比发生了高频率、小幅度地周期性变化，产生振动和噪声，从而影响齿轮传递运动平稳性。因此，齿廓偏差是影响齿轮传递运动平稳性中属于转齿性质的单项性指标。它必须与揭示换齿性质的单项性指标组合，才能评定齿轮传递运动平稳性。

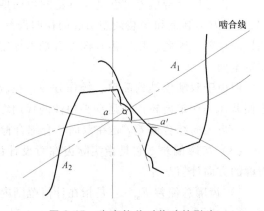

图 9-15 齿廓偏差对传动的影响

渐开线齿轮的齿廓总误差可在专用的单圆盘渐开线检查仪上进行测量，其工作原理如图 9-16 所示。被测齿轮与一直径等于该齿轮基圆直径的基圆盘同轴安装，当用手轮移动纵拖板时，直尺与由弹簧力紧压其上的基圆盘互做纯滚动，位于直尺边缘上的测量头与被测齿廓接触点相对于基圆盘的运动轨迹是理想渐开线。若被测齿廓不是理想渐开线，测量头摆动经杠杆在指示表上读出其齿廓总偏差。

单圆盘渐开线检查仪结构简单，传动链短，若装调适当，可获得较高的测量精度。但测量不同基圆直径的齿轮时，必须配换与其直径相等的基圆盘。所以，这种单圆盘渐开线检查仪适用于产品比较固定的场合。对于批量生产的不同基圆半径的齿轮，可在通用基圆盘式渐开线检查仪上测量，而不需要更换基圆盘。

（4）基圆齿距偏差 f_{pb}　它是指实际基圆齿距与公称基圆齿距的代数差，如图 9-17 所示。GB/T 10095.1 中没有定义评定参数基圆齿距偏差，而在 GB/Z 18620.1 中给出了这个检验参数。

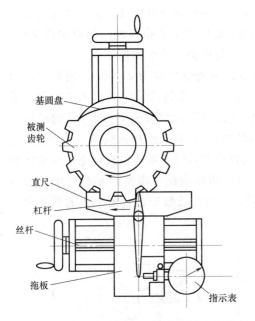

图 9-16　单圆盘渐开线检查仪的工作原理

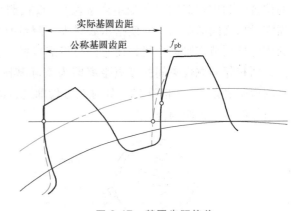

图 9-17　基圆齿距偏差

齿轮副正确啮合的基本条件之一是两齿轮的基圆齿距必须相等。而基圆齿距偏差的存在会引起传动比的瞬时变化，即从上一对轮齿换到下一对轮齿啮合的瞬间发生碰撞、冲击，影响传动的平稳性，如图 9-18 所示。如图 9-18a 所示，当主动轮基圆齿距大于从动轮基圆齿距时，第一对齿 A_1、A_2 啮合终止时，第二对齿 B_1、B_2 尚未进入啮合。此时，A_1 的齿顶将沿着 A_2 的齿根"刮行"（称为顶刃啮合），发生啮合线外的啮合，使从动轮突然降速，直到 B_1 和

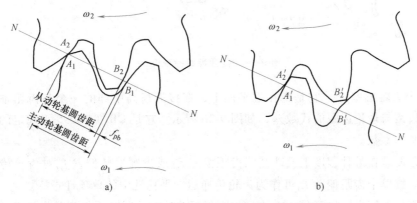

图 9-18　基圆齿距偏差对传动平稳性的影响

B_2进入啮合时，使从动轮又突然加速。因此，从一对齿啮合过渡到下一对齿啮合的过程中，瞬间传动比产生变化，引起冲击，产生振动和噪声。

如图 9-18b 所示，当主动轮基圆齿距小于从动轮基圆齿距时，第一对齿 A_1'、A_2' 的啮合尚未结束，第二对齿 B_1'、B_2' 就已开始进入啮合。此时，B_2' 的齿顶反向撞向 B_1' 的齿腹，使从动轮突然加速，强迫 A_1' 和 A_2' 脱离啮合。B_2' 的齿顶在 B_1' 的齿腹上"刮行"，同样产生顶刃啮合，直到 B_1' 和 B_2' 进入正常啮合，恢复正常转速时为止。这种情况比前一种更坏，因为冲击力与运动方向相反，故引起更大的振动和噪声。

上述两种情况都在轮齿替换啮合时发生，在齿轮一转中多次重复出现，影响传递运动平稳性。因此，基圆齿距偏差可作为评定齿轮传递运动平稳性中属于换齿性质的单项性指标。它必须与反映转齿性质的单项性指标组合，才能评定齿轮传递运动平稳性。

基圆齿距偏差通常采用基圆齿距检查仪进行测量，可测量模数为 $2 \sim 16$mm 的齿轮，如图 9-19a 所示。活动量爪的另一端经杠杆系统与指示表相连，旋转微动螺杆可调节固定量爪的位置。利用仪器附件（如组合量块），按被测齿轮基圆齿距的公称值 P_b 调节活动量爪与固定量爪之间的距离，并使指示表对零。测量时，将固定量爪和支脚插入齿槽（图 9-19b），利用螺杆调节支脚的位置，使它们与齿廓接触，借以保持测量时量爪的位置稳定。摆动检查仪，两相邻同侧齿廓间的最短距离即为实际基圆齿距（指示表指示出实际基圆齿距对公称基圆齿距之差）。在相隔 120° 处对左右齿廓进行测量，取所有读数中绝对值最大的数作为被测齿轮的基圆齿距偏差 f_{pb}。

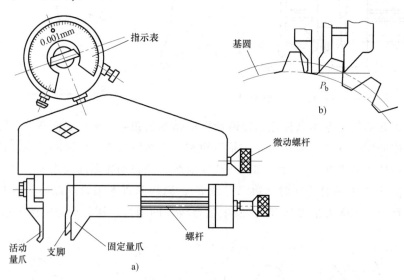

图 9-19　基圆齿距检查仪

（5）单个齿距偏差 f_{pt}　它是指在端平面上，在接近齿高中部的一个与齿轮轴线同心的圆上，实际齿距与理论齿距的代数差，如图 9-20 所示。它是 GB/T 10095.1 规定的评定齿轮几何精度的基本参数。

单个齿距偏差在某种程度上反映基圆齿距偏差 f_{pb} 或齿廓形状偏差 f_{fa} 对齿轮传递运动平稳性的影响。故单个齿距偏差 f_{pt} 可作为齿轮传递运动平稳性中的单项性指标。

单个齿距偏差用齿距仪测量，在测量齿距累积总偏差的同时可得到单个齿距偏差值。用相对法测量时，理论齿距是指在某一测量圆周上对各齿测量得到的所有实际齿距的平均值。在测得的各个齿距偏差中，可能出现正值或负值，以其最大数字的正值或负值作为该齿轮的单个齿距偏差值。

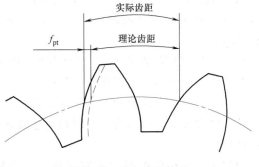

图 9-20　单个齿距偏差

综上所述，影响齿轮传递运动平稳性的误差，为齿轮一转中多次重复出现的短周期误差，主要包括转齿误差和换齿误差。

评定传递运动平稳性的指标中，能同时反映转齿误差和换齿误差的综合性指标有一齿切向综合偏差 f_i'、一齿径向综合偏差 f_i''；

只反映转齿误差或换齿误差两者之一的单项指标有齿廓偏差、基圆齿距偏差 f_{pb} 和单个齿距偏差 f_{pt}。

使用时，可选用一个综合性指标，也可选用两个单项性指标的组合（转齿指标与换齿指标各选一个）来评定，才能全面反映对传递运动平稳性的影响。

3. 载荷分布均匀性的评定项目

螺旋线偏差是指在端面基圆切线方向上测得的实际螺旋线偏离设计螺旋线的量。

（1）螺旋线总偏差 F_β　它是指在计值范围内，包容实际螺旋线迹线的两条设计螺旋线迹线间的距离，如图 9-21a 所示。

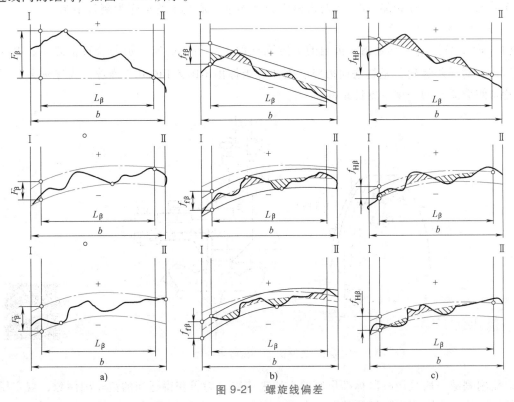

图 9-21　螺旋线偏差

a）螺旋线总偏差　b）螺旋线形状偏差　c）螺旋线倾斜偏差

（2）螺旋线形状偏差 $f_{f\beta}$　它是指在计值范围内，包容实际螺旋线迹线的两条与平均螺旋线迹线完全相同的曲线间的距离，且两条曲线与平均螺旋线迹线的距离为常数，如图9-21b所示。

（3）螺旋线倾斜偏差 $f_{H\beta}$　它是指在计值范围的两端与平均螺旋线迹线相交的两条设计螺旋线迹线间的距离，如图9-21c所示。

由于实际齿线存在形状误差和位置误差，使两齿轮啮合时的接触线只占理论长度的一部分，从而导致载荷分布不均匀。螺旋线总偏差是齿轮的轴向误差，是评定载荷分布均匀性的单项性指标。

螺旋线总偏差的测量方法有展成法和坐标法。展成法的计量仪器有单盘式渐开线螺旋检查仪、分级圆盘式渐开线螺旋检查仪、杠杆圆盘式通用渐开线螺旋检查仪以及导程仪等。坐标法的计量仪器有螺旋线样板检查仪、齿轮测量中心以及三坐标测量机等。直齿圆柱齿轮的螺旋线总偏差的测量较为简单，图9-22所示为用小圆柱测量螺旋线总偏差的原理图。被测齿轮装在心轴上，心轴装在两顶尖座或等高的V形块上，在齿槽内放入小圆柱，以检验平板作为基面，用指示表分别测小圆柱在水平方向和垂直方向两端的高度差。此高度差乘上 B/L（B 为齿宽，L 为圆柱长）即近似为齿轮的螺旋线总偏差。为避免

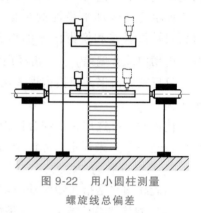

图9-22　用小圆柱测量螺旋线总偏差

安装误差的影响，应在相隔180°的两齿槽中分别测量，取其平均值作为测量结果。

4. 影响侧隙的单个齿轮评定项目

（1）齿厚偏差 f_{sn}　它是指在齿轮的分度圆柱面上，齿厚的实际值与公称值之差，如图9-23所示。对于斜齿轮，是指法向齿厚。该评定指标由GB/Z 18620.2推荐。齿厚偏差是反映齿轮副侧隙要求的一项单项性指标。

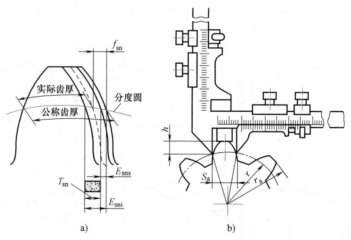

a)　　　　　　　　　b)

图9-23　齿厚偏差与齿厚游标卡尺

齿轮副侧隙一般是用减薄标准齿厚的方法来获得。为了获得适当的齿轮副侧隙，规定用齿厚的极限偏差来限制实际齿厚偏差，即 $E_{sni} < f_{sn} < E_{sns}$。一般情况下，$E_{sns}$ 和 E_{sni} 分别为齿厚

的上下极限偏差，且均为负值。

按照定义，齿厚是指分度圆弧齿厚，为了测量方便常以分度圆弦齿厚计值。图 9-23 所示为用齿厚游标卡尺测量分度圆弦齿厚的情况。测量时，以齿顶圆作为测量基准，通过调整纵向来确定分度圆的高度 h；再从宽度游标尺上读出分度圆弦齿厚的提取值 S_a。

对于标准圆柱齿轮，分度圆高度 h、分度圆弦齿厚的公称值 S 及齿厚偏差 f_{sn} 按下式计算，即

$$h = m\left[1 + \frac{z}{2}\left(1 - \cos\frac{90°}{z}\right)\right]$$

$$S = mz\sin\frac{90°}{z}$$

$$f_{sn} = S_a - S$$

式中，m 是齿轮模数；z 是齿数。

由于用齿厚游标卡尺测量时，对测量技术要求高，测量精度受齿顶圆误差的影响大，测量精度不高，故它仅用在公法线千分尺不能测量齿厚的场合，如大螺旋角斜齿轮、锥齿轮、大模数齿轮等。测量精度要求高时，分度圆高度 h 应根据齿顶圆实际直径进行修正。

（2）公法线长度偏差　它是指在齿轮一周内，实际公法线长度 W_a 与公称公法线长度 W 之差，如图 9-24 所示。该评定指标由 GB/Z 18620.2 推荐。

公法线长度偏差是齿厚偏差的函数，能反映齿轮副侧隙的大小，可规定极限偏差（上极限偏差 E_{bns}，下极限偏差 E_{bni}）来控制公法线长度偏差。

对外齿轮：

$$W + E_{bni} \leq W_a \leq W + E_{bns}$$

对内齿轮：

$$W - E_{bni} \leq W_a \leq W - E_{bns}$$

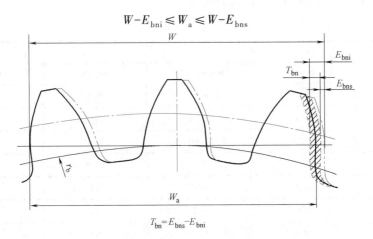

$$T_{bn} = E_{bns} - E_{bni}$$

图 9-24　公法线长度偏差

公法线长度偏差的测量方法与前面所介绍的公法线长度变动的测量方法相同，在此不再赘述。

应该注意的是，测量公法线长度偏差时，需先计算被测齿轮公法线长度的公称值 W，然后按 W 值组合量块，用以调整两量爪之间的距离。沿齿圈进行测量，所测公法线长度与公称值之差，即为公法线长度偏差。

9.2 渐开线圆柱齿轮精度标准

9.2.1 渐开线圆柱齿轮精度等级

1. 精度等级

GB/T 10095.1 对单个齿轮规定了 13 个精度等级（注意：GB/T 10095.2 对径向综合偏差 F_i'' 和 f_i'' 规定了 9 个精度等级），从高到低分别用阿拉伯数字 0、1、2、3、…、12 表示。

其中 0~2 级齿轮要求非常高，属于未来发展级。

3~5 级称为高精度等级。

6~8 级称为中精度等级（最常用）。

9 为较低精度等级，10~12 为低精度等级。

在文件需叙述齿轮精度要求时，应注明 GB/T 10095.1 或 GB/T 10095.2。

2. 齿轮精度相关要求

有关齿轮轮齿精度（齿廓偏差、相邻齿距偏差等）的参数数值，只有明确其特定的旋转轴线时才有意义。当测量时齿轮围绕旋转的轴线如有改变，则这些参数测量值也将改变，因此，在齿轮的图样上必须把规定轮齿公差的基准轴线明确表示出来，事实上整个齿轮的几何形状均以其为基准。

齿面粗糙度影响齿轮的传动精度、表面承载能力和抗弯强度，也必须加以控制。

表 9-1 和 9-2 列出了国家标准推荐的齿面粗糙度允许值和齿轮坯径向和轴向圆跳动公差。

齿轮坯尺寸公差按照表 9-3 中的推荐值选用。

表 9-1 齿面粗糙度允许值 摘自（GB/Z 18620.4—2008） （单位：μm）

齿轮精度等级	Ra		Rz	
	$m_n < 6$	$6 \leqslant m_n \leqslant 25$	$m_n < 6$	$6 \leqslant m_n \leqslant 25$
5	0.5	0.63	3.2	4.0
6	0.8	1.00	5.0	6.3
7	1.25	1.60	8.0	10
8	2.0	2.5	12.5	16
9	3.2	4.0	20	25
10	5.0	6.3	32	40
11	10.0	12.5	63	80
12	20	25	125	160

表 9-2 齿轮坯径向和轴向圆跳动公差 （单位：μm）

分度圆直径 d/mm	齿轮精度等级			
	3、4	5、6	7、8	9~12
~125	7	11	18	28

（续）

分度圆直径 d/mm	齿轮精度等级			
	3、4	5、6	7、8	9~12
>125~400	9	14	22	36
>400~800	12	20	32	50
>800~1600	18	28	45	71

表 9-3 齿轮坯尺寸公差 （单位：μm）

齿轮精度等级		6	7	8	9	10
孔	尺寸公差	IT6	IT7		IT8	
轴	尺寸公差	IT5	IT6		IT7	
齿顶圆直径偏差		IT8			IT9	

注：当齿顶圆作为加工基准时，按照表中数值选用；不作为测量齿厚的基准时，尺寸公差按 IT11 给定，但不大于 $0.1m_n$。

3. 齿轮精度等级标注

（1）齿轮精度等级相同的标注 格式如下：

7 GB/T 10095.1—2008
————— 标准号
————— 齿轮精度等级 7

该标注含义为：齿轮各项偏差项目均为 7 级精度且符合 GB/T 10095.1—2008 要求。

（2）齿轮精度等级不同的标注 格式如下：

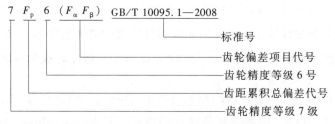

7 F_p 6 （F_α F_β）GB/T 10095.1—2008
————— 标准号
————— 齿轮偏差项目代号
————— 齿轮精度等级 6 号
————— 齿距累积总偏差代号
————— 齿轮精度等级 7 级

该标注含义为：齿轮各项偏差项目均应符合 GB/T 10095.1—2008 要求，F_p 为 7 级精度，F_α、F_β 均为 6 级精度。

4. 齿轮精度等级的应用

齿轮精度等级的应用见表 9-4，供选择齿轮精度等级时参考。

表 9-4 齿轮精度等级的应用

工作条件	圆周速度/（m/s）		应 用	精度等级
	直齿	斜齿		
机床	>30	>50	高精度和精密分度链端的齿轮	4
	>15~30	>30~50	一般精度分度链末端的齿轮、高精度和精密的中间齿轮	5
	>10~15	>15~30	V级机床主传动的齿轮、一般精度齿轮的中间齿轮、III级及以上精度机床的进给齿轮、油泵齿轮	6
	>6~10	>8~15	IV级及以上精度机床的进给齿轮	7
	<6	<8	一般精度机床齿轮	8
			没有传动要求的手动齿轮	9

（续）

工作条件	圆周速度/（m/s）		应　　　用	精度等级
	直齿	斜齿		
动力传动		>70	用于很高速度的透平传动齿轮	4
		>30	用于很高速度的透平传动齿轮、重型机械进给机构齿轮、高速重载齿轮	5
		<30	高速传动齿轮、有高可靠性要求的工业齿轮、重型机械的传动齿轮、作业率很高的起重运输机齿轮	6
	<15	<25	高速和适度功率或大功率和适度速度条件下的齿轮,冶金、矿山、林业、石油、轻工、工程机械和小型工业齿轮箱（通用减速器）有可靠性要求的齿轮	7
	<10	<15	中等速度较平稳传动的齿轮,冶金、矿山、林业、石油、轻工、工程机械和小型工业齿轮箱（通用减速器）的齿轮	8
	≤4	≤6	一般性工作和噪声要求不高的齿轮、受载低于计算载荷的齿轮、速度大于1m/s的开式齿轮传动和转盘的齿轮	9
航空船舶和车辆	>35	>70	需要很高的平稳性、低噪声的航空和船用齿轮	4
	>20	>35	需要高的平稳性、低噪声的航空和船用齿轮	5
	≤20	≤35	用于高速传动有平稳性及低噪声要求的机车、航空、船舶和轿车的齿轮	6
	≤15	≤25	用于有平稳性和噪声要求的航空、船舶和轿车的齿轮	7
	≤10	≤15	用于中等速度较平稳传动的载重汽车和拖拉机的齿轮	8

9.2.2　偏差允许值

GB/T 10095.1—2008 和 GB/T 10095.2—2008 规定：偏差表格中的数值是用对 5 级精度规定的公式乘以级间公比计算出来的，两相邻精度等级的级间公比等于 $\sqrt{2}$。

5 级精度未圆整的计算值乘以 $\sqrt{2}^{(Q-5)}$，即可得到任一精度等级的待求值，式中 Q 是待求值的精度等级数。

国家标准中各偏差允许值表或极限偏差数值表列出的数值是按此规律计算并圆整后得到的。如果计算值大于 $10\mu m$，则圆整到最接近的整数；如果小于 $10\mu m$，则圆整到最接近的相差小于 $0.5\mu m$ 的小数或整数；如果小于 $5\mu m$，则圆整到最接近的相差小于 $0.1\mu m$ 的一位小数或整数。

表 9-5 和表 9-6 分别列出了几种偏差允许值。

表 9-5　F_β、$f_{f\beta}$、$f_{H\beta}$ 偏差允许值（摘自 GB/T 10095.1—2008）　　（单位：μm）

分度圆直径 d/mm	偏差项目	螺旋线总偏差 F_β				螺旋线形状偏差 $f_{f\beta}$ 和螺旋线倾斜偏差 $\pm f_{H\beta}$			
	精度等级 齿宽 b/mm	5	6	7	8	5	6	7	8
≥5~20	≥4~10	6.0	8.5	12	17	4.4	6.0	8.5	12
	>10~20	7.0	9.5	14	19	4.9	7.0	10	14
>20~50	≥4~10	6.5	9.0	13	18	4.5	6.5	9.0	13
	>10~20	7.0	10	14	20	5.0	7.0	10	14
	>20~40	8.0	11	16	23	6.0	8.0	12	16

（续）

分度圆直径 d/mm	偏差项目	螺旋线总偏差 F_β				螺旋线形状偏差 $f_{f\beta}$和螺旋线倾斜偏差 $\pm f_{H\beta}$			
	齿宽 b/mm ＼ 精度等级	5	6	7	8	5	6	7	8
>50~125	≥4~10	6.5	9.5	13	19	4.8	6.5	9.5	13
	>10~20	7.5	11	15	21	5.5	7.5	11	15
	>20~40	8.5	12	17	24	6.0	8.0	12	17
	>40~80	10	14	20	28	7.0	10	14	20
>125~280	≥4~10	7.0	10	14	20	5.0	7.0	10	14
	>10~20	8.0	11	16	22	5.5	8.0	11	16
	>20~40	9.0	13	18	25	6.5	9.0	13	18
	>40~80	10	15	21	29	7.5	10	15	21
	>80~160	12	17	25	35	8.5	12	17	25
>280~560	≥10~20	8.5	12	17	24	6.0	8.5	12	17
	>20~40	9.5	13	19	27	7.0	9.5	14	19
	>40~80	11	15	22	31	8.0	11	16	22
	>80~160	13	18	26	36	9.0	13	18	26
	>160~250	15	21	30	43	11	15	22	30

表9-6　F_i''、f_i''偏差允许值（摘自 GB/T 10095.2—2008）　　　（单位：μm）

分度圆直径 d/mm	公差项目	径向综合总偏差 F_i''				一齿径向综合总偏差 f_i''			
	模数 m_n /mm ＼ 精度等级	5	6	7	8	5	6	7	8
≥5~20	≥0.2~0.5	11	15	21	30	2.0	2.5	3.5	5.0
	>0.5~0.8	12	16	23	33	2.5	4.0	5.5	7.5
	>0.8~1.0	12	18	25	35	3.5	5.0	7.0	10
	>1.0~1.5	14	19	27	38	4.5	6.5	9.0	13
>20~50	≥0.2~0.5	13	19	26	37	2.0	2.5	3.5	5.0
	>0.5~0.8	14	20	28	40	2.5	4.0	5.5	7.5
	>0.8~1.0	15	21	30	42	3.5	5.0	7.0	10
	>1.0~1.5	16	23	32	45	4.5	6.5	9.0	13
	>1.5~2.5	18	26	37	52	6.5	9.5	13	19
>50~125	≥1.0~1.5	19	27	39	55	4.5	6.5	9.0	13
	>1.5~2.5	22	31	43	61	6.5	9.5	13	19
	>2.5~4.0	25	36	51	72	10	14	20	29
	>4.0~6.0	31	44	62	88	15	22	31	44
	>6.0~10	40	57	80	114	24	34	48	67

（续）

分度圆直径 d/mm	公差项目 精度等级 模数 m_n /mm	径向综合总偏差 F_i''				一齿径向综合总偏差 f_i''			
		5	6	7	8	5	6	7	8
>125~280	≥1.0~1.5	24	34	48	68	4.5	6.5	9.0	13
	>1.5~2.5	26	37	53	75	6.5	9.5	13	19
	>2.5~4.0	30	43	61	86	10	15	21	29
	>4.0~6.0	36	51	72	102	15	22	31	44
	>6.0~10	45	64	90	127	24	34	48	67
>280~560	≥1.0~1.5	30	43	61	86	4.5	6.5	9.0	13
	>1.5~2.5	33	46	65	92	6.5	9.5	13	19
	>2.5~4.0	37	52	73	104	10	15	21	29
	>4.0~6.0	42	60	84	119	15	22	31	44
	>6.0~10	51	73	103	145	24	34	48	68

表 9-7 列出了齿轮的检验组，供生产与采购企业参考选用。

表 9-7 齿轮的检验组

检验组	检验项目	精度等级	计量仪器	备注
1	F_p、F_α、F_β、F_r、E_{sn} 或 E_{bn}	3~9	齿距仪、齿轮跳动检查仪、齿厚游标卡尺或公法线千分尺	单件、小批量
2	F_p、F_{pk}、F_α、F_β、F_r、E_{sn} 或 E_{bn}	3~9	齿距仪、齿轮跳动检查仪、齿厚游标卡尺或公法线千分尺	单件、小批量
3	F_i''、f_i''、E_{sn} 或 E_{bn}	6~9	双啮仪、齿厚游标卡尺或公法线千分尺	大批量
4	f_{pt}、F_r、E_{sn} 或 E_{bn}	10~12	齿距仪、齿轮跳动检查仪、齿厚游标卡尺或公法线千分尺	大批量
5	F_i''、f_i''、F_β、E_{sn} 或 E_{bn}	3~6	单啮仪、齿厚游标卡尺或公法线千分尺	大批量

9.3 齿轮副的评定指标

9.3.1 轴线的平行度偏差

轴线平面上的平行度偏差是指一对齿轮的轴线在其基准平面上投影的平行度偏差，如图 9-25 所示。

垂直平面上的平行度偏差是指一对齿轮的轴线在垂直于基准平面，且平行于基准轴线的平面上投影的平行度偏差，偏差的最大推荐值为

$$f_{\Sigma\beta} = \frac{L}{2b}F_\beta \qquad (9-1)$$

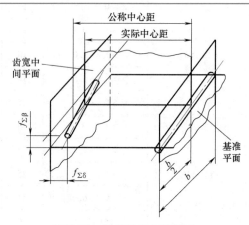

图 9-25 轴线的平行度偏差

注意：在等于全齿宽的长度上测量，其中 L 是轴承跨距，b 是齿宽。

轴线平面上的平行度偏差的最大推荐值为

$$f_{\Sigma\delta} = 2f_{\Sigma\beta} \tag{9-2}$$

由于齿轮轴要通过轴承安装在箱体或其他构件上，所以轴线的平行度误差与轴承的跨距 L 有关。一对齿轮副的轴线若产生平行度偏差，必然会影响齿面的正常接触，使载荷分布不均匀，同时还会使侧隙在全齿宽上大小不等。为此，必须对齿轮副轴线的平行度偏差进行控制。

9.3.2　中心距偏差

中心距偏差是指在齿轮副的齿宽中间平面内，实际中心距与公称中心距之差。

注意：当实际中心距小于公称（设计）中心距时，会使侧隙减小；反之，会使侧隙增大。为保证侧隙要求，要求用中心距允许偏差来控制中心距偏差。

国家标准规定中心距极限偏差值如下。

5~6级齿轮精度等级的极限偏差值：0.5IT7。

7~8级齿轮精度等级的极限偏差值：0.5IT8。

9~10级齿轮精度等级的极限偏差值：0.5IT9。

9.3.3　齿轮副的传动性能四项指标

针对齿轮副传动的基本使用要求，国家标准对其传动误差规定了四项控制指标。

1. 传动总偏差（产品齿轮副）F'

它是指按设计中心距安装好的齿轮副，在啮合转动足够多的转数内，一个齿轮相对于另一个齿轮的实际转角与公称转角之差的总幅度值。

2. 齿传动偏差（产品齿轮副）f'

它是指安装好的齿轮副，在啮合转动足够多的转数内，一个齿轮相对于另一个齿轮，在一个齿距内的实际转角与公称转角之差的最大幅度值，以分度圆上弧长计值。

3. 接触斑点

接触斑点是指装配好的齿轮副，在轻微制动下，运转后齿面上分布的接触擦亮痕迹，如图9-26所示。

接触斑点的大小在齿面展开图上用百分比计算。

沿齿长方向为接触痕迹的长度（扣除超过模数值的断开部分 c）与工作长度之比的百分数，即

$$\frac{b''-c}{b'}\times100\%$$

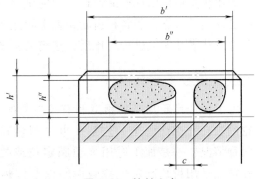

图 9-26　接触斑点

沿齿高方向为接触痕迹的平均高度与工作高度之比的百分数，即

$$\frac{h''}{h'}\times100\%$$

4. 齿轮副的侧隙

圆周侧隙 j_{wt} 是指安装好的齿轮副，当其中一个齿轮固定时，另一齿轮圆周的晃动量，以分度圆上弧长计值，如图 9-27a 所示。

法向侧隙 j_{bn} 是指安装好的齿轮副，当工作齿面接触时，非工作齿面之间的最小距离，如图 9-27b 所示。

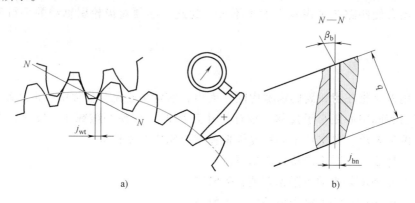

图 9-27　齿轮副的侧隙

🖈 9.4　齿轮类零件精度设计

齿轮类零件包括齿轮、蜗杆和蜗轮等。齿轮类零件精度设计包括齿轮啮合精度设计与齿轮坯精度设计两部分。齿轮精度等级选择的主要依据是齿轮传动的用途、使用条件及对它的技术要求，即要考虑传递运动的精度、齿轮的圆周速度、传递的功率、工作持续时间、振动与噪声、润滑条件、使用寿命及生产成本等的要求，同时还要考虑工艺的可能性和经济性。

齿轮精度等级的选择方法主要有计算法和类比法两种。一般实际工作中，多采用类比法。

类比法是根据以往产品设计、性能试验以及使用过程中所累积的成熟经验，以及长期使用中已证实其可靠性的各种齿轮精度等级选择的技术资料，经过与所设计的齿轮在用途、工作条件及技术性能上进行对比后，选定其精度等级。

9.4.1　齿轮坯精度设计

为了保证齿轮加工的精度和有关参数的测量，基准面要优先规定其尺寸和几何公差。齿轮的轴孔和端面既是工艺基准也是测量和安装的基准。齿轮的齿顶圆作为测量基准时有两种情况：一是加工时用齿顶圆定位或找正，此时需要控制齿顶圆的径向圆跳动；另一种情况是用齿顶圆定位检验齿厚或基圆齿距尺寸公差，此时要控制齿顶圆公差和径向圆跳动。

齿轮基准面的尺寸公差和几何公差的项目与相应数值都与传动的工作条件有关，通常按齿轮精度等级确定其公差值。齿轮坯精度设计项目见表 9-8。

表 9-8　齿轮坯精度设计项目

种类	项目名称	处理方法
尺寸公差	齿顶圆直径的极限偏差	其值可查表9-3,再查国家标准确定
	轴孔或齿轮轴轴颈的公差	其值可查表
	键槽宽度 b 的极限偏差和键槽深度尺寸的极限偏差	其值可查表8-10确定
几何公差	齿轮齿顶圆的径向圆跳动公差	其值可查国家标准确定
	齿轮轴向的跳动公差	其值可查表9-2确定
	齿轮轴孔的圆柱度公差	其值约为轴孔直径尺寸公差的 0.3 倍,并圆整到标准几何公差值
	键槽的对称度和平行度公差	其值可取轮毂键槽宽度公差的 2 倍;键槽的平行度公差,其值可取轮毂键槽宽度公差的 0.5 倍。以上所取的公差值均应圆整到标准几何公差值

9.4.2　齿轮啮合精度设计

圆柱齿轮啮合特性表应列入的基本参数有齿数、模数、齿形角、径向变位系数等,还应列出齿轮精度等级以及轮齿检验项目,评定单个齿轮的加工精度的检验项目有齿距偏差、齿廓总偏差、螺旋线总偏差及齿厚偏差,检验项目选择与齿轮的精度等级和计量仪器有关。

9.4.3　齿轮精度设计示例

例 9-1　某通用减速器中有一对直齿圆柱齿轮副,模数 $m=4$mm,小齿轮的齿数 $z_1=30$,齿宽 $b_1=40$mm,大齿轮的齿数 $z_2=96$,齿宽 $b_2=40$mm,齿形角 $\alpha=20°$。两齿轮的材料均为 45 号钢,箱体材料为 HT200,其线膨胀系数分别为 $\alpha_c=11.5\times10^{-6}$/℃,$\alpha_x=10.5\times10^{-6}$/℃,其中齿轮工作温度为 $t_c=60$℃,箱体工作温度 $t_x=30$℃,采用喷油润滑,传递最大功率 7.5kW,转速 $n=1280$r/min,小批量生产。两轴承跨距 $L=100$mm,试确定齿轮精度等级、检验项目及齿轮坯公差,并绘制齿轮零件图。

解　1) 确定精度等级。根据齿轮圆周速度、使用要求等确定齿轮的精度等级。圆周速度 v 为

$$v=\pi dn/(1000\times60)=[\pi\times4\times30\times1280/(1000\times60)]\text{m/s}=8.04\text{m/s}$$

一般减速器对齿轮传递运动准确性的要求不高,故根据以上两方面的情况,选取齿轮精度等级为 8 级。故该齿轮的精度应为:8　GB/T 10095.1—2008。

2) 确定齿厚偏差。

① 计算最小极限侧隙。

影响齿轮副最小法向侧隙的因素主要为齿轮副的工作温度、润滑方式及圆周速度,其相应的最小侧隙值分别为 j_{bnmin1}、j_{bnmin2}。齿轮副最小法向侧隙为 j_{bnmin},其值为上述两者之和,即

$$j_{bnmin}=j_{bnmin1}+j_{bnmin2}$$

齿轮副的工作温度变化所需最小侧隙值为

$$j_{\text{bnmin1}} = a(\alpha_c \Delta t_c - \alpha_x \Delta t_x) 2\sin\alpha$$

式中，a 是中心距（mm）；α_c 是齿轮材料的线膨胀系数（1/℃）；α_x 是箱体材料的线膨胀系数（1/℃）；Δt_c、Δt_x 是齿轮和箱体工作温度与标准温度（20℃）的温度（℃）；α 是法向齿形角（°）。

$$j_{\text{bnmin1}} = [4\times(30+96)/2]\text{mm}\times[11.5\times10^{-6}\times(60-20)-10.5\times10^{-6}\times(30-20)]\times2\sin20° = 61\mu m$$

齿轮副润滑方式及圆周速度所需最小侧隙值：对于喷油润滑，最小侧隙按照圆周速度确定，当 $v \leqslant 10\text{m/s}$，$j_{\text{bnmin2}} = 10m_n$ μm

所以

$$j_{\text{bnmin2}} = 10m_n = (10\times4)\mu m = 40\mu m$$

于是

$$j_{\text{bnmin}} = (61+40)\mu m = 101\mu m$$

② 计算齿轮齿厚上极限偏差　当两齿轮的齿厚均为最大值时，获得最小侧隙 j_{bnmin}，即

$$j_{\text{bnmin}} = -(E_{\text{sns1}} + E_{\text{sns2}})\cos\alpha$$

设两啮合齿轮的齿厚上极限偏差相等，齿厚上极限偏差 $E_{\text{sns1}} = E_{\text{sns2}} = E_{\text{sns}}$，则

$$j_{\text{bnmin}} = -2E_{\text{sns}}\cos\alpha$$

所以

$$E_{\text{sns}} = -j_{\text{bnmin}}/(2\cos\alpha)$$

$$E_{\text{sns}} = 101\mu m/(2\cos20°) = -54\mu m$$

③ 计算齿轮齿厚下极限偏差。齿厚的下极限偏差

$$E_{\text{sni1}} = E_{\text{sns1}} - T_{\text{sn}}, \quad E_{\text{sni2}} = E_{\text{sns2}} - T_{\text{sn}}$$

齿厚公差

$$T_{\text{sn}} = \sqrt{F_r^2 + b_r^2}\, 2\tan\alpha$$

查表得

$$F_r = 44\mu m$$

另

$$b_r = 1.26\text{IT9} = 1.26\times87\mu m = 109.62\mu m$$

$$T_{\text{sn}} = (\sqrt{44^2+109.62^2}\times2\tan20°)\mu m = 86\mu m$$

$$E_{\text{sni1}} = E_{\text{sns1}} - T_{\text{sn}} = (-54-86)\mu m = -140\mu m$$

故小齿轮为 8GB/T 10095—2008。

3）选择检验项目及其偏差值。本减速器齿轮属于中等精度，齿廓尺寸不大，生产规模为小批量生产，小齿轮的公差值及项目如下。

① 单个齿距偏差的极限偏差 f_{pt}。查表确定 $f_{\text{pt}} = \pm18\mu m$。

② 齿距累积总偏差 F_p。查表得 $F_p = 55\mu m$。

③ 齿廓总偏差 F_a 查表得 $F_a = 27\mu m$。

4）齿轮坯技术要求。查表可得：齿轮轴的尺寸公差和几何公差、齿顶圆直径公差、齿轮坯基准面径向圆跳动和轴向圆跳动公差，齿轮各面的表面粗糙度推荐值。

5）绘制小齿轮零件图。将选取的齿轮精度等级、齿厚偏差、检验项目及偏差、极限偏差和齿轮坯技术条件等标注在齿轮的零件图上，如图9-28所示。

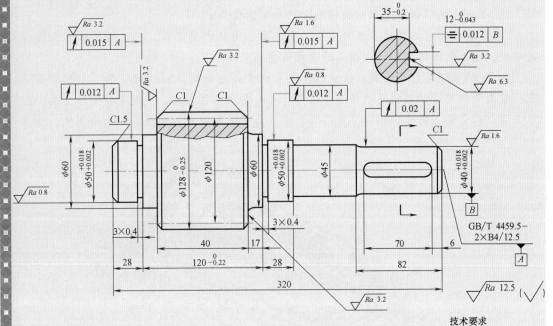

技术要求
1. 未注圆角R1.5。
2. 调质220～250HBW。

模数m	4	基圆齿距偏差 f_{pb}	±0.016
齿数z	30	螺旋线总偏差 F_{β}	0.024
齿形角α	20°	单个齿距偏差 f_{pt}	±0.018
精度等级	8 GB/T 10095—2008	齿距累积总偏差 F_p	0.055
齿圈径向圆跳动公差 F_r	0.044	齿廓总偏差 F_a	0.027
齿厚上极限偏差	−0.054	齿厚下极限偏差	−0.140

图 9-28　小齿轮零件作图

知识拓展：汽车变速器简介

汽车变速器主要由变速齿轮（成对）、换档同步器、换档拨叉、传动轴及中间轴、轴承和油封、倒档齿轮、变速器外壳等组成，如图9-29所示。

1. 变速器的功能

1）改变传动比，扩大驱动轮转矩和转速的变化范围，以适应经常变化的行驶条件，同时使发动机在有利的工况下工作。

2）在发动机旋转方向不变情况下，使汽车能倒退行驶。

3）利用空档，中断动力传递，以使发动机能够起动、怠速，并便于变速器换档或进行动力输出。

2. 变速器类型

1）手动变速器通过不同的齿轮组合产生变速变矩。

2）最常见的自动变速器是液力自动变速器，由液力变矩器、行星齿轮和液压操纵系统组成，通过液力传递和齿轮组合的方式来达到变速变矩。

3）无级变速器也属于自动变速器，具有比传统自动变速器结构简单、体积更小等优点。它由两组变速轮盘和一条传动带组成，可自由改变传动比，实现全程无级变速，能克服普通自动变速器突然换档、节气门反应慢、油耗高等缺点，使汽车的车速变化平稳。

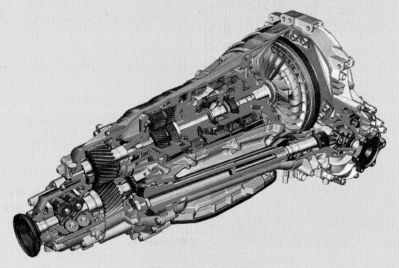

图 9-29　汽车变速器

习 题 九

9-1　已知直齿圆柱齿轮副，模数 $m = 5mm$，齿形角 $\alpha = 20°$，齿数 $z_1 = 20$，$z_2 = 100$，内孔 $d_1 = 25mm$，$d_2 = 80mm$，图样标注为 6GB/T 10095.1—2008 和 6GB/T 10095.2—2008。

1）试确定两齿轮 f_{pt}、F_P、F_α、F_β、F''_i、f''_i、F_r 的允许值。

2）试确定两齿轮内孔和齿顶圆的尺寸公差、齿顶圆的径向圆跳动公差以及轴向圆跳动公差。

9-2　某轿车一对传动齿轮 $z_1 = 23$，$z_2 = 54$，$m = 2.75mm$，$\alpha = 20°$，$b_1 = 26mm$，$b_2 = 22mm$，$n_1 = 1700r/min$，试完成小齿轮零件图。

9-3　已知一通用减速器的一对齿轮，$z_1 = 25$，$z_2 = 100$，$m = 3.5mm$，$\alpha = 20°$，小齿轮是主动齿轮，转速为 1400r/min。试确定小齿轮的精度等级。

9-4　在滚齿加工中，产生齿圈径向圆跳动误差和公法线长度变动误差的原因分别是什么？有何不同？为何上述两项指标单独使用均不能充分评定齿轮的运动准确性？

第 10 章

机械精度设计示例

教学导读 |||

以减速器工作轴和箱体等典型零件为例，从尺寸精度、几何精度和表面粗糙度等方面进行综合设计，从而使学习者对精度设计，尤其是几何精度设计有一个全面认识，并为机械零件设计奠定基础。要求学生掌握的知识点为：轴类零件精度设计、箱体类零件精度设计内容。其中轴类零件与箱体类零件的精度设计是本章的重点和难点。

10.1 轴类零件的精度设计

轴类零件一般都是回转体，如图 10-1 所示，主要是设计直径尺寸和轴向长度尺寸。设计直径尺寸时，应特别注意有配合关系的部位。当有几处部位直径相同时，都应逐一设计并注明，不得省略。即使是圆角和倒角也应标注无遗，或者在技术要求中说明。

确定轴向长度尺寸时，既要考虑零件尺寸的精度要求，又要符合机械加工的工艺过程，不致给机械加工造成困难或给操作者带来不便。因此，需要考虑基准面和尺寸链问题。

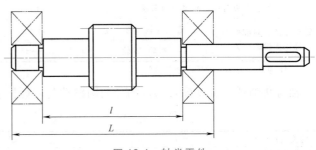

图 10-1 轴类零件

从图 10-1 中分析其装配关系可知，与两轴承端面接触的两轴肩之间的距离 l 对尺寸精度有一定的要求，而外形长度 L 和其余各轴段长度可按自由尺寸公差加工。

10.1.1 尺寸公差的确定

1. 配合部位的公差

安装传动零件（齿轮、蜗轮、带轮、链轮等）、轴承以及其他回转件与密封处轴的直径公差，公差值按装配图中选定的配合性质从国家标准中选择确定。

2. 键槽的尺寸公差

键槽的宽度和深度的极限偏差按键联结国家标准规定选择确定。为了检验方便，键槽一

般标注尺寸 $d-t_1$ 极限偏差（此时极限偏差取负值）。

3. 轴的长度公差

在减速器中一般不进行尺寸链的计算，可以不必设计确定长度公差，一般采用自由公差，按 h12、h13 或 H12、H13 确定。

10.1.2 几何公差的确定

根据传动精度和工作条件等，各重要表面可确定以下各处的几何公差。

1. 配合表面的圆柱度公差

与滚动轴承或齿轮（蜗轮）等配合的表面，其圆柱度公差约为轴直径公差的 1/4。

与联轴器和带轮等配合的表面，其圆柱度公差约为轴直径公差的（0.6~0.7）倍。

2. 配合表面的径向圆跳动公差

轴与齿轮、蜗轮配合部位的径向圆跳动公差可按表 10-1 确定。

轴与两滚动轴承配合部位的径向圆跳动公差：

对球轴承为 IT6，对滚子轴承为 IT5。

轴与橡胶油封接触部位的径向圆跳动公差：

轴转速 $n \leqslant 500\text{r/min}$，取 0.1mm；

$n>500 \sim 1000\text{r/min}$，取 0.07mm；

$n>1000 \sim 1500\text{r/min}$，取 0.05mm；

$n>1500 \sim 3000\text{r/min}$，取 0.02mm。

表 10-1　轴与齿轮、蜗轮配合部位的径向圆跳动公差

齿轮精度等级或运动精度等级		6	7、8	9
轴在安装轮毂部位的 径向圆跳动公差	圆柱齿轮和锥齿轮	2IT3	2IT4	2IT5
	蜗杆、蜗轮	—	2IT5	2IT6

注：IT 为轴配合部分的标准公差值。

轴与联轴器、带轮配合部位的径向圆跳动公差可按表 10-2 确定。

表 10-2　轴与联轴器、带轮配合部位的径向圆跳动公差

转速/（r/min）	300	600	1000	1500	3000
径向圆跳动公差/mm	0.08	0.04	0.024	0.016	0.008

3. 轴肩的轴向圆跳动公差

与滚动轴承端面接触：对球轴承约取（1~2）IT5；对滚子轴承约取（1~2）IT4。与齿轮、蜗轮轮毂端面接触，当轮毂宽度 l 与配合直径 d 的比值 <0.8 时，可按表 10-3 确定轴向圆跳动公差；当比值 $l/d \geqslant 0.8$ 时，可不标注轴向圆跳动公差。

表 10-3　轴与齿轮、蜗轮轮毂端面接触处的轴肩轴向圆跳动公差

精度等级或接触精度等级	6	7、8	9
轴肩的轴向圆跳动公差	2IT3	2IT4	2IT5

4. 平键键槽两侧面相对轴线的平行度和对称度

平行度公差约为键槽宽度公差的 1/2。

对称度公差约为键槽宽度公差的 1/3。

5. 轴的尺寸公差和几何公差设计与标注示意图

图 10-2 所示为轴的尺寸公差和几何公差设计与标注示意图。

表 10-4 列出了轴上应设计与标注的几何公差项目及其对工作性能的影响。

注意：按以上推荐确定的几何公差值，应圆整至相应的标准公差值。

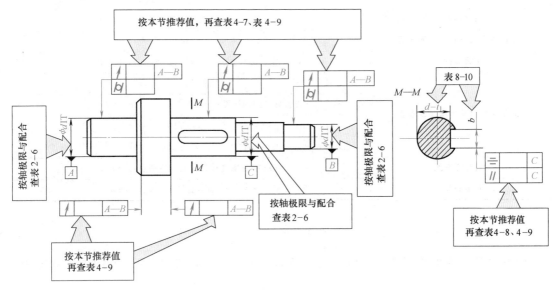

图 10-2 轴的尺寸公差和几何公差设计与标注示意图

表 10-4 轴上应设计与标注的几何公差项目及其对工作性能的影响

内容	项目	符号	对工作性能的影响
形状公差	与传动零件相配合表面的 圆度 圆柱度 与轴承相配合表面的 圆度 圆柱度	○ /⊘/	影响传动零件与轴配合的松紧及对中性 影响轴承与轴配合的松紧及对中性
位置和跳动公差	齿轮和轴承的定位端面相对应配合表面的 轴向圆跳动 同轴度 全跳动	↗ ◎ ↗	影响齿轮和轴承的定位及其承载的均匀性
跳动公差	与传动零件相配合的表面以及与轴承相配合的表面相对于基准轴线的径向圆跳动或全跳动	↗ ↗↗	影响传动零件和轴承的运转偏心
位置和方向公差	键槽相对轴中心线的 对称度 平行度 （要求不高时不注）	═ //	影响键承载的均匀性及装拆的难易

注：按以上推荐确定的几何公差值，应圆整至相应的标准公差值。

10.1.3 表面粗糙度的确定

轴的各个表面都需要进行加工，其表面粗糙度数值可按表 10-5 中推荐值确定或查其他手册。

表 10-5　轴加工表面粗糙度数值（推荐）

加工表面	表面粗糙度 Ra 值/μm		
与传动件及联轴器等轮毂相配合的表面	1.6～0.4		
与普通公差等级轴承相配合的表面	0.8（当轴承内径 $d\leqslant80$mm） 1.6（当轴承内径 $d>80$mm）		
与传动件及联轴器相配合的轴肩表面	3.2～1.6		
与滚动轴承相配合的轴肩表面	1.6		
平键键槽	6.3～3.2、3.2～1.6（工作面），12.5～6.3（非工作面）		
与轴承密封装置相接触的表面	毡封油圈	橡胶油封	间隙或迷宫式
	与轴接触处的圆周速度/（m/s）		3.2～1.6
	≤3	>3～5	>5～10	
	3.2～1.6	0.8～0.4	0.4～0.2	
螺纹牙型表面	0.8（精密精度螺纹）、1.6（中等精度螺纹）		
其他表面	6.3～3.2（工作面）、12.5～6.3（非工作面）		

10.1.4　轴类零件精度设计与标注示例

图 10-3 所示为轴的零件图示例。为了使图上表示的内容层次分明，便于辨认和查找，

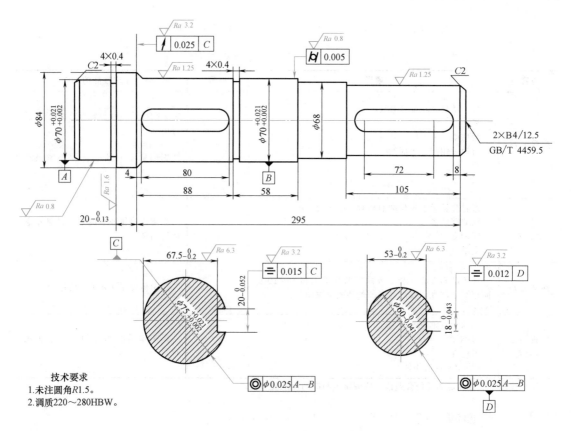

图 10-3　轴的零件图示例

对于不同的内容应分别划区标注，如在轴的主视图下方集中标注轴向尺寸和代表基准的符号，如图 10-3 中的 A、B、C；在轴的主视图上方可标注几何公差以及表面粗糙度等。

10.2　箱体类零件的精度设计

10.2.1　液压缸几何精度设计

液压与气压传动中，液压缸是其关键零件，其三维实体图如图 10-4 所示。考虑液压缸结构特点、制造工艺和检测方法等因素进行设计，如图 10-5 所示，具体说明如下。

1）为保证与柱塞的配合性和密封性，要求液压缸孔的形状误差不得超过尺寸公差，故 $\phi76H7$ 孔采用包容要求Ⓔ。

2）为使与柱塞接触均匀、密封性好和柱塞运动的平稳性，对圆柱面的圆度和素线直线度均提出了要求，确定孔 $\phi76H7$ 采用圆柱度公差，其值为 0.005mm。由于尺寸公差和包容要求还不能保证达到应有的圆柱度要求，故进一步提出高精度的圆柱度要求，其圆柱度公差值 0.005mm 远小于尺寸公差值 0.03mm。

图 10-4　液压缸三维实体图

3）孔 $\phi76H7$ 轴线对右端面遵守最大实体要求且公差允许值为零，即遵守包容要求。当孔处于最大实体状态时，孔的轴线对基准平面 C（液压缸右端面）的垂直度公差为零，当孔偏离最

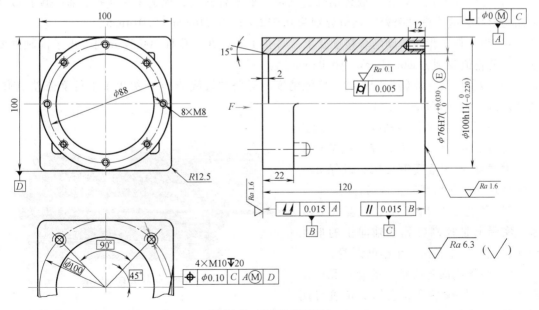

图 10-5　液压缸零件图

大实体状态到达最小实体状态时，垂直度公差值可增大到 0.03mm（等于尺寸公差值），它能使柱塞移动具有一定的导向精度。

4）右端面 C 对左端面 B 的平行度公差值为 0.015mm，以保证两端面与装配零件紧密结合。

5）左端面轴向全跳动公差值为 0.015mm，主要控制左端面对孔轴线的垂直度误差，由于轴向全跳动误差比垂直度误差的检测方法简便，所以采用了轴向全跳动公差。

6）螺钉孔的位置度公差值为 $\phi0.10$mm，其是保证螺钉孔间距的位置误差，以保证螺钉的可装配性。

第一基准为 C 以保证螺钉孔首先垂直于右端面 C。

第二基准为 A 以保证螺钉孔与液压缸孔平行，由于螺钉的可装配性与液压缸 $\phi76H7$ 孔的尺寸精度有关，故采用了最大实体要求。即当液压缸孔为最大实体状态（尺寸为 $\phi76$mm）时，位置度公差值为 $\phi0.10$mm，当液压缸孔偏离最大实体尺寸时，螺钉孔轴线在保证垂直于基准平面 C 的情况下，允许成组移动，其移动量为尺寸公差给予的补偿值。

第三基准为 D，以保证螺钉孔到下底面的位置。

10.2.2 减速器箱体几何精度设计

减速器箱体是典型的箱体类零件，选取装有一对斜齿轮和一对锥齿轮的减速器箱体为例说明其设计过程，其三维实体图如图 10-6 所示，零件图如图 10-7 所示。

设计说明：

1）为满足箱体上表面与箱盖结合较好连接要求、高密封要求以及各孔轴线与箱体的上表面获得共面要求，箱体上表面规定平面度公差，其值为 0.06mm。

2）Ⅰ—Ⅴ各孔轴线的位置度公差值为 0.3mm，并规定箱体上表面为基准面，以保证各孔轴线共面在箱体的上表面上。

3）为保证各孔与轴瓦（或传动轴的轴颈）的配合性质，规定Ⅰ—Ⅱ孔、Ⅲ—Ⅳ孔以及Ⅴ孔的形状公差为圆度公差，其值分别为 0.012mm、0.016mm、0.014mm。

4）为了保证齿轮传动啮合精度要求，对孔Ⅰ和孔Ⅱ、孔Ⅲ和孔Ⅳ分别提出了同轴度要求，其公差值分别为 $\phi0.03$mm、$\phi0.04$mm。

5）为了保证一对斜齿轮的啮合接触精度，对公共轴线 B 与 A 提出了平行度公差要求，其公差值均为 0.06mm。

6）孔Ⅴ轴线对公共轴线的位置度公差值为 $\phi0.1$mm，它主要是保证孔Ⅴ轴线对公共轴线 A 的垂直度要求，以保证一对锥齿轮的接触精度和正常啮合。

7）各孔都给出素线平行度公差要求，实际上是控制各孔在轴向上的形状误差，主要防止各孔产生锥度误差。

8）箱体侧面各凸缘上的螺钉孔以及箱体上平面的螺栓孔，它们的位置可用

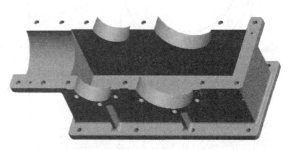

图 10-6 箱体三维实体图

尺寸公差控制，也可用位置度公差控制。如果工厂批量生产减速器箱体，应采用位置度公差

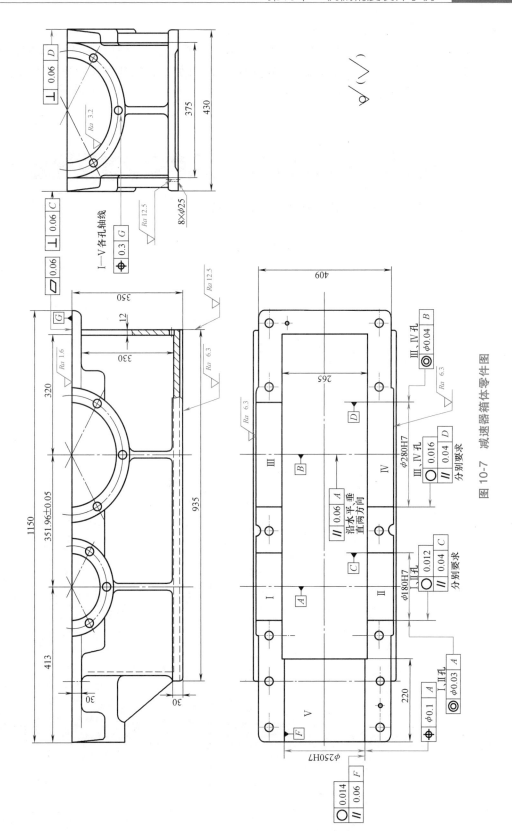

图 10-7 减速器箱体零件图

控制各螺钉孔和螺栓孔的位置误差。

9）箱体侧面平面是孔Ⅰ和孔Ⅱ、孔Ⅲ和孔Ⅳ的基准面，其垂直度公差要求以保证孔轴中心线与箱体两侧面的方向关系，通常箱体两侧面同时加工，故其垂直度公差值大小相同，均为 0.06mm，但其基准因各孔位置不同而不同。

习 题 十

10-1 轴类零件精度设计应包括哪几方面的设计？

10-2 箱体类零件几何精度设计包括哪些内容？

国家标准术语、标准号演化一览表

序号	现行标准及其术语	旧标准及其术语	备注
1	GB/T 1800.1—2009	GB/T 1800.1—1997、GB/T 1800.2—1998、GB/T 1800.3—1998	标准号
	公称尺寸	基本尺寸	
	上极限偏差	上偏差	
	下极限偏差	下偏差	
	上极限尺寸	最大极限尺寸	
	下极限尺寸	最小极限尺寸	
	实际（组成）要素	实际尺寸	
	提取组成要素的局部尺寸	局部实际尺寸	
	尺寸要素		
2	GB/T 1800.2—2009	GB/T 1800.4—1999	标准号
3	GB/T 1801—2009	GB/T 1801—1999	标准号
4	GB/T 10095.1—2008	GB/T 10095.1—2001	标准号
	k 相继齿距数	k 连续的齿距数	
	齿距累积总偏差	齿距累积总公差	
	齿廓总偏差	齿廓总公差	
	螺旋线总偏差	螺旋线总公差	
	切向综合总偏差	切向综合总公差	
5	GB/T 10095.2—2008	GB/T 10095.2—2001	标准号
	径向综合总偏差	径向综合总公差	
6	GB/T 3505—2009	GB/T 3505—2000	标准号
	截面高度 c	水平位置 c	
	轮廓单元的平均高度	轮廓单元的平均线高度	
7	GB/T 1031—2009	GB/T 1031—1995	标准号
	Rsm	S_m	
	Rz	R_y	
	lr	l	
		微观不平度十点高度	

（续）

序号	现行标准及其术语	旧标准及其术语	备注
8	GB/T 1182—2008	GB/T 1182—1996	标准号
	几何公差	形状和位置公差	
	导出要素	中心要素	
	组成要素	轮廓要素	
	提取要素	测得要素（实际要素）	
	方向公差	定向公差	
	位置公差	定位公差	
	公称要素（理想要素）	理想要素	
	LE		线素
	CZ		公共公差带
	NC		不凸起
	ACS		任意横截面
9	GB/T 3177—2009	GB/T 3177—1997	标准号
	最大实体尺寸	最大实体极限	
	最小实体尺寸	最小实体极限	
10	GB/T 4249—2009	GB/T 4249—1996	标准号
	最大实体边界		
	最小实体边界		
	包容要求	包容原则	
		零形位公差	

参考文献

[1] 王长春，孙步功，王东胜. 互换性与测量技术基础［M］. 3版. 北京：北京大学出版社，2015.

[2] 王长春，孙步功. 互换性与测量技术基础［M］. 2版. 北京：北京大学出版社，2010.

[3] 韩进宏，王长春. 互换性与测量技术基础［M］. 北京：中国林业出版社，北京大学出版社，2006.

[4] 刘巽尔. 相关要求［M］. 北京：中国标准出版社，2006.

[5] 刘巽尔. 极限与配合［M］. 北京：中国标准出版社，2004.

[6] 任晓莉，钟建华. 公差配合与量测实训［M］. 北京：北京理工大学出版社，2007.

[7] 廖念钊. 互换性与测量技术基础［M］. 北京：中国计量出版社，2002.

[8] 王伯平. 互换性与测量技术基础［M］. 北京：机械工业出版社，2004.

[9] 李柱，徐振高，蒋向前. 互换性与测量技术［M］. 北京：高等教育出版社，2004.